A+U高校建筑学与城市规划专业教材

高层公共建筑设计

——建筑学专业设计院实习教程

卜德清　张　勃　编著

中国建筑工业出版社

图书在版编目（CIP）数据

高层公共建筑设计——建筑学专业设计院实习教程／卜德清，张勃
编著．—北京：中国建筑工业出版社，2012.12（2024.6重印）
A+U高校建筑学与城市规划专业教材
ISBN 978-7-112-14946-9

Ⅰ．①高…　Ⅱ．①卜…②张…　Ⅲ．①高层建筑－公共建筑－建筑
设计－高等学校－教材　Ⅳ．①TU242

中国版本图书馆 CIP 数据核字（2012）第 288988 号

本书是A+U高校建筑学与城市规划专业教材中的一册。全面、系统地介绍了高层建筑设计所涉及的各项基础专业知识，内容编排符合设计课程的要求，适用于设计课程教学。主要内容有高层建筑概述、城市设计与场地设计、场地规划与设计、高层办公建筑、高层旅馆设计、高层建筑结构设计、高层建筑防火设计、高层建筑地下汽车库设计、高层建筑设备、高层建筑造型设计，人防工程等。

本书适用于高等学校建筑学、城乡规划学等专业的教师与学生参考使用，也适用于建筑设计与建筑规划人员、建筑管理与施工管理人员等相关从业人员。

责任编辑：陈　桦　杨　琪
责任设计：董建平
责任校对：王雪竹　刘梦然

A+U 高校建筑学与城市规划专业教材
高层公共建筑设计
——建筑学专业设计院实习教程
卜德清　张　勃　编著
＊
中国建筑工业出版社出版、发行（北京海淀三里河路9号）
各地新华书店、建筑书店经销
北京雅盈中佳图文设计公司制版
建工社（河北）印刷有限公司印刷
＊
开本：787×1092毫米　1/16　印张：$17\frac{3}{4}$　字数：430千字
2013年9月第一版　2024年6月第四次印刷
定价：**49.00** 元
ISBN 978-7-112-14946-9
　　（34483）

卜德清

男，1966年生。

哈尔滨工业大学建筑学硕士（原哈尔滨建筑工程学院），现任北方工业大学建筑工程学院副教授、硕士生导师、建筑系四年级建筑设计课组长，兼任中国城市建设研究院建筑设计所副所长。

著作有《当代建筑与室内设计师精品系列——卜德清建筑设计》、《中国古代与近现代建筑》和《现代家庭室内装修及其材料》。主持高层宾馆项目方案设计及施工图设计，主要包括包头万號国际酒店（建成）、鄂尔多斯慧能大酒店、乌兰国际大酒店（建成）以及包头市青山宾馆5号楼（建成）等十多个项目。

研究方向为：高层建筑设计；以高层酒店为主；城市综合体设计；城市设计。

张勃

男，1970年生。

工学博士（清华大学），现任北方工业大学建筑工程学院副院长、教授、硕士生导师、城镇发展与遗产保护研究所所长，兼任中国戏曲学院客座教授、中国建筑学会工业遗产专业委员会委员、《古建园林技术》编委、中国舞台美术学会会员、舞美工程与剧场建筑研究中心副主任。美国加州州立理工大学访问学者、中国台湾慈光禅学会访问学者。

著作有《当代北京建筑艺术风气与社会心理》、《中西方建筑比较》、《衣食住行话文明：建筑》、《汉传佛教建筑礼拜空间探源》，参与主编《小城镇规划建设丛书》。主持设计北京工商大学良乡校区工科楼群、参与了北京谢枋得祠、香山寺、恭王府花园、青海瞿昙寺、山西稷王庙、丽江王家庄教堂等调查和保护规划设计。

近年来还参与了城市交通规划、高层建筑综合体、传统园林假山、城市立体农场等领域的研究。2004年、2008年两次获得北京市教育教学成果二等奖。

前　言

近年来，随着中国建筑行业的蓬勃发展，高层建筑的建设规模也得到了快速增长。建筑市场对高层建筑设计的综合品质寄予了更高的期望，同时也对设计人员的专业素质和设计能力提出了更高的要求。

对于高等院校建筑学专业而言，高层建筑设计是大学本科教育设计课程中重要的选题之一。本书尽可能全面、系统地介绍了高层建筑设计所涉及的各项基础专业知识，内容编排符合设计课程的教学要求，适用于设计课程教学。内容包括高层建筑与城市环境的关系、高层建筑场地设计、高层建筑设计基本原理、高层建筑设计防火规范、高层宾馆设计原理、高层建筑结构设计原理、高层建筑设备设计与建筑设计、高层建筑人民防空设计要求等。

书中或有疏漏、不妥之处，请读者批评和指正。

参与本书编写的还有李静、沈鑫、刘文轩、董妍博、徐荣丽。编写过程中，尚得到白秦鹏、王小斌、白玉星和李志永的大力协助，谨致谢！

编者
2013 年 2 月

目　录

第1章　概述 ·· 1

1.1　高层建筑 ·· 2

1.2　高层建筑的特点 ·· 3

1.3　高层建筑的六个发展阶段 ·· 5

1.4　高层建筑的发展及发展中存在的矛盾 ·· 11

1.5　高层建筑的展望 ·· 13

1.6　世界最高建筑排行 ·· 16

第2章　城市设计与场地设计 ·· 21

2.1　城市设计与场地设计的相关概念 ·· 22

2.2　城市设计与场地设计的相关理论 ·· 24

2.3　城市设计与场地设计的要素 ·· 26

推荐书目 ·· 29

第3章　场地设计与规划 ·· 31

3.1　场地设计的过程概述 ·· 32

3.2　前期调查研究和基础资料的收集 ·· 32

3.3　场地总体布局设计 ·· 34

3.4　场地道路及交通系统设计 ·· 38

3.5　广场、步行街等城市公共空间设计 ·· 41

3.6　场地绿化、景观小品设计 ·· 43

3.7　场地管线设计简述 ·· 46

3.8　总平面绘制 ·· 47

第4章　高层办公建筑 ·· 57

4.1　高层办公建筑的组织类型及特点 ·· 58

4.2　高层办公室门厅的空间组织形式 ·· 60

4.3　高层办公楼办公室空间组织类型 ·· 61

4.4　高层办公建筑标准层设计 ·· 65

4.5　优秀实例解析 ·· 81

第5章　高层旅馆设计 ··· **83**

  5.1　高层旅馆建筑发展概况 ··· 84

  5.2　酒店的空间功能分区与流线 ·· 90

  5.3　客房部分设计 ··· 95

  5.4　入口接待部分设计 ·· 108

  5.5　餐饮空间设计 ··· 116

  5.6　其他公共活动部分设计 ·· 125

  5.7　后勤服务及管理部分设计 ·· 132

  推荐书目 ··· 142

第6章　高层建筑结构设计 ··· **143**

  6.1　高层建筑结构设计概述 ·· 144

  6.2　高层建筑结构体系 ·· 145

  6.3　高层建筑结构的布置 ·· 158

第7章　高层建筑防火设计 ··· **167**

  7.1　概述 ··· 168

  7.2　建筑分类和耐火等级 ·· 169

  7.3　防火设计 ·· 170

  7.4　超高层建筑防火设计 ·· 181

  推荐书目 ··· 182

第8章　高层建筑地下汽车库设计 ··· **183**

  8.1　地下汽车库类型 ·· 184

  8.2　坡道式地下汽车库 ·· 185

  8.3　机械式地下汽车库 ·· 193

  推荐书目 ··· 193

第9章　高层建筑设备 ··· **195**

  9.1　绪论 ··· 196

9.2　高层建筑空调系统 ······················· 197

9.3　高层建筑电气系统 ······················· 202

9.4　高层建筑给水排水系统 ··················· 216

9.5　设备层与竖井 ··························· 227

第 10 章　高层建筑造型设计 ················· **229**

10.1　高层建筑体形设计的发展历程 ············· 230

10.2　高层建筑平面和形体的影响因素 ··········· 233

10.3　高层建筑形体类型 ····················· 236

10.4　高层建筑形体设计 ····················· 239

10.5　高层建筑外围护设计 ··················· 240

10.6　优秀学生作业讲评 ····················· 242

推荐书目 ································· 244

第 11 章　人防工程 ······················· **245**

11.1　概述 ································· 246

11.2　人防工程的分类 ······················· 250

11.3　人防设计 ····························· 251

图片来源 ································· **263**

参考文献 ································· **273**

第 1 章

概述

1.1 高层建筑
  1.1.1 高层建筑定义
  1.1.2 建筑高度计算
1.2 高层建筑的特点
  1.2.1 建筑特点
  1.2.2 结构特点
  1.2.3 设备上的特点
1.3 高层建筑的六个发展阶段
  1.3.1 第一代高层建筑（古代高层建筑）
  1.3.2 第二代高层建筑（1885～1900 年，功能主义，芝加哥）
  1.3.3 第三代高层建筑（1900～1930 年，折中主义与 Art-Deco，纽约）
  1.3.4 第四代高层建筑（1950～1980 年，现代主义与国际式，美国）
  1.3.5 第五代高层建筑（1980～2005 年，后现代主义、生态）
  1.3.6 第六代高层建筑（2005 年至今，新能源建筑、高节能建筑、极限建筑）
1.4 高层建筑的发展及发展中存在的矛盾
  1.4.1 高层建筑发展的原因
  1.4.2 高层建筑发展中存在的矛盾
  1.4.3 高层建筑环境心理问题
  1.4.4 对待超高层建筑的态度
1.5 高层建筑的展望
  1.5.1 绿色高层建筑
  1.5.2 地域性高层建筑
1.6 世界最高建筑排行

高层建筑设计是五年制建筑学专业学生在建筑学学习生涯中接触的第一个综合类设计题目，也是大学四年级学习中的必修课。学生们需要综合考虑地域、气候、周围环境和规划控制、结构选型及地下空间、设备、节能与智能化设计、造价、建筑安全和行为学、心理学等问题，涉及内容和知识面十分广泛。

翻开人类建筑史册，在过往几千年浩瀚的历史长河中，由于构成建筑物的物质手段和技术措施的局限性，建筑大多采用土木砖石等比较原始的材料与简单的砌筑方式，这时期的建筑都是低层的，它们在地平线上蔓延，形成紧凑的组群与拘谨的空间。早在50万年前的旧石器时代，人们利用天然的洞穴作为栖身之所，到了新石器时代，人们开始用木构架、草泥建造半穴居住所，之后人们开始在地上建造简单的建筑，从此，建筑物开始纵向地向上发展，从单层到低层，再到多层，把人类生活不断推向高空。伴随着工业革命，高层建筑粉墨登场，尤其是在钢筋混凝土、钢铁新型建材成为建筑业界的新宠后，高层建筑的发展达到前所未有的盛况，从而在建筑史的舞台上占据了一席之地，并成为了引领建筑发展的主流。而今，在某些城市的中心区域，或在风景优美的园林绿化之中，或在浩瀚的江洋之畔，都建造了不同形式、不同高度的高层建筑，这些高层建筑描绘了新的城市天际线，创造了新的城市空间形式，展现着各地区特有的文化和魅力。

1.1 高层建筑

1.1.1 高层建筑定义

"高层建筑"一词在英语中有 tall building、high-rise building、tower、skyscraper 等几种称呼。对于高层建筑，世界各国有不同的划分标准，或者说，不同的国家有不同的规定。

1）我国对高层建筑的定义

《民用建筑设计通则》GB 50352—2005 将住宅建筑按层数划分为：1～3 层为低层；4～6 层为多层；7～9 层为中高层；10 层以上为高层。

公共建筑及综合性建筑总高度超过 24m 者为高层（不包括高度超过 24m 的单层主体建筑）。

建筑物高度超过 100m 时，不论住宅或公共建筑，均为超高层。

2）国外对高层建筑的定义

在美国，24.6m 或 7 层及以上视为高层建筑；在日本，31m 或 8 层及以上视为高层建筑；在英国，把等于或大于 24.3m 的建筑视为高层建筑。中国自 2005 年起规定超过 10 层的住宅建筑和超过 24m 高的其他民用建筑为高层建筑。

1.1.2 建筑高度计算

建筑高度的计算：当为坡屋面时，应为建筑物室外设计地面到其檐口的高度；当为平屋面（包括有女儿墙的平屋面）时,应为建筑物室外设计地面到其屋面面层的高度（建筑设计防火规范 GB 50016—2006）;当同一座建筑物有多种屋面形式时,建筑高度应按上述方法分别计算后取其中最大值。局部凸出屋顶的瞭望塔、冷却塔、水箱间、微波天线间或设施、电梯机房,排风和排烟机房以及楼梯出口小间等,可不计入建筑高度内。

1.2　高层建筑的特点

1.2.1　建筑特点

1) 建筑面积大,建筑高度高,节约占地。

18 世纪末的产业革命带来了生产力发展与经济繁荣,大工业的兴起使人们不断涌入城市,人口向城市聚集造成了用地紧张,地价上涨。人口的聚集使城市范围不断扩张,用地更加局促。高层建筑的出现解决了建筑面积与用地面积之间的矛盾,在同样的建筑面积与基地面积比值下,提供了更多的地面自由空间,作为绿化休息场所或公共服务设施,更加有利于城市环境的美化。

2) 有地下室。

高层建筑一般基础较深,设置地下室可充分利用从基础至 ±0 部分的空间。其次,是为了人防要求,高层建筑地下室结构强度大,战争时不易摧毁,可为人们提供安全防护（但应进行专业人防地下室设计）。高层建筑的地下室也起到部分基础作用,尤其是在遇到软弱土壤地基时。地下室一般可作为设备层（例如水泵房、冷冻机房、变电所、车库等用房）,不占用地上建筑空间。

3) 有结构转换层。

在高层建筑裙房部分和标准层的结构形式不同的情况下,在裙房和标准层连接的部分一般设置一层 2.20m 高的结构转换层。一般将设备转换层和结构转换层合二为一。按结构功能,转换层可分为三类:①上层和下层结构类型转换。多用于剪力墙结构和框架－剪力墙结构,它将上部剪力墙转换为下部的框架,以创造一个较大的内部自由空间。②上、下层的柱网、轴线改变。转换层上、下的结构形式没有改变,但是通过转换层使下层柱的柱距扩大,形成大柱网,并常用于外框筒的下层,形成较大的入口。③同时转换结构形式和结构轴线布置。上部楼层剪力墙结构通过转换层改变为框架的同时,柱网轴线与上部楼层的轴线错开,形成上下结构不对齐的布置。

4) 建筑高度超过 100m 的公共建筑,应设置避难层（间）。 避难层的设置,自高层建筑首层至第一个避难层或两个避难层之间,不宜超过 15 层。

5) 高层建筑的楼梯间、电梯井、管道井、风道、电缆井等竖向井道多。 建筑物向高空发展,缩短了道路以及各项管线设施的长度,节约了城市建设的总投资。横向水平交通与竖向垂直交通相结合,使人们在地面上的分布空间化,节约了时间,提高了效率。

1.2.2　结构特点

与低层和多层建筑相比,高层建筑比较高,所以在建筑的稳定性、坚固性及安全性上有更高的结构技术要求。

目前,高层建筑常见的四大结构体系是:框架结构、剪力墙结构、框架—剪力墙结构和筒体结构。框架是由柱子和与柱相连的横梁所组成的承重骨架。框架一般采用钢筋混凝土作为主要结构材料，当层数较多，跨度、荷载很大时，也可采用钢材作为主要的承重骨架。另外，当为争取更多的使用空间以及跨度较大时，也可采用钢结构体系。剪力墙结构体系是利用建筑物的内、外墙作为承重骨架的一种结构体系，它除了承受竖向压力以外，还要承受由水平荷载引起的剪力和弯矩，剪力墙不但是承重结构，还能起到围护结构的作用。框架—剪力墙体系，即把框架和剪力墙两种结构共同组合在一起而形成的结构体系。它既有框架平面布置灵活的特点，又能较好地承受水平荷载，是目前国内外高层建筑中经常采用的一种结构体系。筒体结构是由框架和剪力墙结构发展而来的，它是由若干片纵横交接的框架或剪力墙所围成的筒状封闭骨架。根据筒体布置、组成、数量的不同，又可分为框架—筒体、筒中筒、组合筒三种体系。

以上四种结构体系是当前高层建筑中最常见的几种基本体系。随着生产技术的发展，轻质高强材料的应用以及施工方法的不断完善，又出现了一些新的高层结构体系：①带框框无砂混凝土墙体系；②悬挂式结构体系；③大型板材体系；④板柱结构体系；⑤桁架式框架体系；⑥盒子结构体系等。

高层建筑结构与低、多层建筑结构相比，其结构占有更重要的位置，不同的结构体系直接关系到建筑平面的布置、立面体形、楼层高度、机电管道的设置、施工技术的要求、施工工期长短和投资造价的高低等。

1.2.3 设备上的特点

1）给水排水的特点

（1）高层建筑内工作和生活的人数量较多，发生火灾的概率也大，他们远离地面，耗水量大，因此水系统必须十分可靠。

（2）高层建筑发生火灾时，由于楼高风大，火势极易迅速蔓延，因此高层建筑内必须保证消防用水。

（3）当建筑物超过一定高度后，必须在垂直方向分区供水，以免下层的给水压力过大，产生不利影响。

（4）地震和沉陷对高层建筑影响较大，因此应该避免对给水管道造成不利影响。

（5）高层建筑空调设备多，一般每层都设空调机房。

（6）各种泵房和电梯的数量也较多。

（7）需要消防用水设备、事故电源插座、消防电梯等防灾用动力。

（8）有时城市给水管网的供水压力不能满足高层建筑的供水要求，则需要另行加压，因此，在建筑的底层或部分楼层中需布置水泵站和水箱，但要注意克服设备噪声对人们生活及工作的干扰。

（9）需要设置航空障碍灯和避雷装置，尽量避免对广播和电视的影响。

（10）给水排水设备：生活水泵、排污泵、冷却水泵、消防泵等。

2）强电弱电

高层建筑是一种内容丰富、活动频繁、人员集中的建筑物，必定会使用大量机械化、自动化、电气化的设备以满足各种使用功能上的需要。

（1）为提高电梯的工作效率，电梯分为不同的运行区，在中间层设有中转站及电梯间。

（2）需要设置航空障碍灯和避雷装置。

（3）电气照明设备：安全和疏散诱导照明。

（4）电梯设备：客梯、货梯、消防电梯、景观电梯、自动扶梯等。

（5）制冷设备：冷冻机、冷却塔、风机。

（6）空调系统设备：送、回风及风机盘管。

（7）消防设备：排烟风机、正压风机。

（8）弱电系统：消防控制室、电视监控室、通信系统、智能系统等。

3）暖气通风

（1）高层建筑高度高，甚至高耸入云，四面无其他建筑物遮挡，围护结构多采用轻质材料，玻璃面较大且建筑物与室外空气接触的表面积比同容量的低层建筑物外表面积大很多，易受室外空气温度波动的影响，故其建筑围护结构的荷载比一般建筑物大。

（2）高层建筑虽占地面积不大，但建筑面积很大，在设置空调时，其装置容量也很大。

（3）高层建筑引起的静水压力很高，要求空调装置沿垂直方向分区设置。

综合以上水、电、暖三个设备专业的特点，设备对建筑设计的要求直接反映在设备管井上和设备用房中。设备管井集中在标准层核心筒内，高层建筑设计成败关键在标准层核心筒布置上。

1.3　高层建筑的六个发展阶段

1.3.1　第一代高层建筑（古代高层建筑）

上古时期西方七大建筑奇迹之中就有两座是当时的高层建筑。其一是公元前 338 年巴比伦王所建的巴比伦城巴贝尔塔（tower of Babel, Babylon），塔高约 300 英尺。另一个是亚历山大港口的灯塔，建于公元前 280 年，塔高约 500 英尺，塔身用石砌筑，塔顶常年燃点烽火，用以警告船只避免触礁，是功能需要的建筑，历经一千余年（图 1-1）。

欧洲高层建筑真正的第一个兴盛阶段是 12～14 世纪的哥特时期。巴黎圣母院（图 1-2、图 1-3）始建于 1163 年，是由教皇亚历山大三世和法王路易第七奠基的，经过 182 年之久的长期营造，至 1345 年才最后建成。整座教堂从墙壁、屋顶到每一扇门扉、窗棂，以至全部雕刻与装饰，都是用

图 1-1　亚历山大港灯塔

5

图 1-2　巴黎圣母院室内

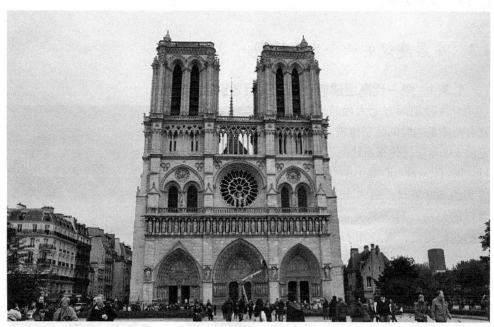

图 1-3　巴黎圣母院外观

石头砌成的。这座教堂位于法国首都巴黎的塞纳河中的斯德岛（即城岛）上。

在我国古代，人们很早就有将建筑物向高空发展的愿望与要求了，比较原始的方法就是在高台上建房子，所以古有"筑台榭，美宫室"的说法。战国时期，各国统治者竞相建造高台建筑，所谓"天子有三台"（《五经异义》）。东汉末年，曹操在他的邺城建著名的"铜雀三台"。君王之外，有钱人也都偏爱建造高楼。《洛阳伽蓝记》说："清河王怿……第宅丰大，逾于高阳。西北有楼出凌云台，俯临朝市，目极京师，古诗所谓西北有高楼，上与浮云齐者也。"这是中国古代的高台建筑。到了汉代，随着木结构技术的发展，在都城长安、洛阳开始建造木结构的较高的楼阁（图1-2）。后来，由于木结构自身易燃的致命缺点以及木结构的耐久性差和战争的破坏，我国古代高的建筑物绝大多数遭到毁坏，至今尚保存完好的基本上只有自南北朝以来历代所保留下来的宝塔了。最早的塔多采用木结构，后逐步发展为石塔、砖塔、铜塔、铁塔等。保存至今，最古老、最大的木塔是应县木塔（图1-4）。

应县木塔全名为佛宫寺释迦塔，它被称为我国华北四宝之一，位于山西省朔州市应县县城内西北角的佛宫寺内，是佛宫寺的主体建筑，建于辽清宁二年（1056年），金明

图1-4 古代的望楼

昌六年（1195年）增修完毕。它是我国现存最古老、最高大的纯木结构楼阁式建筑，是我国古建筑中的瑰宝，也是世界木结构建筑的典范。塔建造在4m高的台基上，塔高67.31m，底层直径30.27m，平面呈八角形。第一层立面重檐，以上各层均为单檐，共五层六檐，各层间夹设暗层，实为九层。因底层为重檐并有回廊，故塔的外观为六层屋檐（图1-5）。

定县开元寺料敌塔位于河北省定县开元寺内，建于北宋咸平四年至至和二年

图1-5 山西应县木塔

（1001～1055年）。定县位于北宋定州，是当时的边防重镇。这座高塔可用以瞭望敌情，所以俗称"料敌塔"。这是中国现存最高的砖塔，国务院于1961年将其公布为全国重点文物保护单位。塔为楼阁式，八角十一层，通高达84m，是中国佛塔中最高的。第一层较高，直径约25m，砖檐上有砖砌的斗栱和平座，比例较高，但并不过瘦，显得挺拔而雄健。细部也很有节制，如砖檐都用叠涩砌法，没有模仿繁细的斗栱，格调昂扬秀丽。从整个结构上看，完全符合近代筒体结构原则，所以历经九百余年尚能屹立无恙（图1-6）。

1.3.2　第二代高层建筑（1885～1900年，功能主义，芝加哥）

18世纪末至19世纪末，欧洲和美国的工业革命带来了生产力的发展与经济的繁荣。城市发展迅速，城市人口高速增长。为了在较小的土地范围内创造更多的使用面积，建筑物不得不向高空发展。在高层建筑发展前，必须解决一个重要问题，就是垂直交通的运输工具。1853年，奥蒂斯（Otis）发明了升降机，电梯的出现与不断的改进为高层建筑的发展提供了必要的条件。钢结构的发展与电梯的出现，使得高层建筑进一步发展。

1885年，由威廉·詹尼（William Jenny）设计的第一座高层建筑诞生——芝加哥家庭生命保险大楼（图1-7）。这是第一栋全部采用钢框架的建筑，10层高，但仍采用砖石自承重墙。

1.3.3　第三代高层建筑（1900～1930年，折中主义与Art-Deco，纽约）

这一时期美国的高层建筑经过两个发展阶段：

图1-6　河北定县开元寺料敌塔　　　　　图1-7　芝加哥家庭生命保险大楼

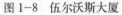

图 1-8　伍尔沃斯大厦　　　　　　图 1-9　纽约帝国大厦

(1) 1900 ~ 1920 年，折中主义时期。

(2) 1920 ~ 1940 年，艺术装饰时期。

如对摩天大楼的使用功能、建筑结构和设备各方面从技术角度出发进行综合衡量，研究摩天大楼历史的一些专家认为，1910 ~ 1913 年在纽约建造的伍尔沃斯大厦（Woolworth Building）是真正意义上的世界第一座摩天大楼。它是世界上第一个采用沉箱技术将基础落于基岩上的大楼，并在钢框架结构中发展了抗风支撑体系；它采用了高速的直达电梯和区间电梯相结合的系统；大厦每隔五层设置一个水箱，其供水系统远比当时一般的建筑复杂。伍尔沃斯大厦共 57 层，高度达 792 英尺，保持世界最高纪录达 17 年。

纽约帝国大厦（图 1-9），1931 年建成，102 层，高 381m（1250 英尺），1950 年，在顶部加建电视塔后为 448m。它标志着美国摩天楼黄金时代达到顶点，直到 1972 年共计 41 年保持为世界最高建筑物。大厦为钢框架结构，采用门洞式的连接系统，即在大梁与柱的接头处，把梁两端的厚度加大，呈 1/4 圆形，以增加梁和柱的锚接面。这种做法保证了刚度，但用钢量大，在空间使用上也不经济。大厦的总重量为 36.5 万 t，用钢 5.19 万 t，每平方米用钢 206kg。

1.3.4　第四代高层建筑（1950~1980年，现代主义与国际式，美国）

1945 年"二战"结束后，高层建筑如雨后春笋般在美国被大量兴建，并向超高层发展，继而在欧洲、亚洲、大洋洲及第三世界国家都相继出现许多高层建筑，形成了世界范围内的高层建筑的兴盛时期。

这一时期的建筑所关心的问题是如何开发材料、结构的表现力，如何单纯抽象地

图1-10 西格拉姆大厦

表达使用功能与空间组合。密斯是现代主义高层建筑的奠基人，他向人们首次展示了全新的高层建筑构想：将高层建筑的装裱全部剥去，只留下最基本的结构框架，外面覆盖纯净透明的玻璃幕墙。建于1954～1958年的西格拉姆大厦是密斯的高层建筑设计的代表作。

西格拉姆大厦位于美国纽约市中心（图1-10），建于1954～1958年，共38层，高158m，设计者是著名建筑师密斯·凡德罗和菲利普·约翰逊。大厦的设计风格体现了密斯·凡德罗一贯的主张，那就是基于对框架结构的深刻解读，发展出一种强有力的建筑美学，也就是用简化的结构体系、精简的结构构件、讲究的结构逻辑表现，使之产生没有屏障、可供自由划分的大空间，完美演绎"少即是多"的建筑原理。在西格拉姆大厦设计中，试图传达出高层建筑设计的精髓。

从"二战"到20世纪70年代中期，是世界范围内的高层建筑发展的繁荣时期。1974年建于芝加哥的西尔斯大厦，至今仍是世界最高的高层建筑之一，它的造型不仅反映了现代建筑的美学原则，也反映了其先进的结构特征，并力求创造独特的建筑上部造型和轮廓线，成为业主和企业在城市中易于识别的广告性标志。然而，现代建筑忽略了历史文脉，排斥装饰，过分强调工业化的作用，到处出现的是工业化的高层建筑造型，而忽视了建筑与人、建筑与环境的关系。

1.3.5 第五代高层建筑（1980～2005年，后现代主义、生态）

20世纪80年代，后现代主义企图完全否定现代主义，他们从历史的式样中找灵感，设计了新哥特式、新Art-Deco等带有传统意味的高层建筑，代表人物如建筑师菲利普·约翰逊等。

90年代以后，太平洋西岸的东南亚国家随着经济的起飞，其高层建筑迅速发展，成为引人注目的新的高层建筑热点；在建筑内容、风格等方面具有明显的地方特色，成为一种新的景观。

1.3.6 第六代高层建筑（2005年至今，新能源建筑、高节能建筑、极限建筑）

特点：极低能耗建筑（维护、运行）；太阳能利用；风能利用；地热利用；智能化。

每个时代的审美观都受到社会、科技、文化和经济的深刻影响，随着科学技术的突飞猛进和人类认识能力的提高，如何正确认识科学美和艺术美的问题，又在一个新的层次上被提出来。

20世纪90年代，建筑的生态设计意识与城市生态学已成为建筑师们广泛关注的重点，绿色建筑的创作和有效利用自然资源的设计技术陆续推开，将具有现代感的建筑与生态环境有机结合，将使用功能与生态环境有机结合，提倡新建筑与古建筑的对话，建造花园城市、山水城市和生态城市已成为新一代建筑师追求的建筑美学目标。

在 21 世纪，建设具有良好生态环境的亲切、舒适、方便、美丽的个性化现代城市，是建筑师面临的重大课题。

1.4　高层建筑的发展及发展中存在的矛盾

1.4.1　高层建筑发展的原因

1）地价的增长

18 世纪末的产业革命促进了生产力的发展，带来了经济的空前繁荣。大工业的快速兴起使大量人口集中到城市中来，造成用地紧张，地价开始不断上涨。地价的增长使得开发商追求在较小的土地范围内建造更多的建筑面积，建筑物不得不向高层发展，这是高层建筑发展的最根本的原因。

2）技术的发展

科学技术的不断进步，提供了多种轻质高强的建筑材料，新型的结构方式，先进的施工技术及机械设备。电梯、水暖、空调、供电、自控等现代设施的完善，使高层建筑的实现具备了必要条件。

3）人们对良好环境的追求

高层建筑节约的土地可用作绿化休息场所及公共服务设施，可以净化空气、降低噪声、调节温湿度、降低风速及美化环境。

4）节约市政工程的投资

从城市建设的角度来看，高层建筑不仅提高了建筑密度，还可以使地上、地下的各种管线相对集中，缩短道路的长度，从而降低市政工程的投资。在地价昂贵的城市中建设高层建筑，单位建筑面积造价可大为降低。

5）高层建筑的地下室是城市中的防空避难所

现代战争中，市民的死亡率远远大于军人的死亡率，因而，大城市为防备战争，必须建造防空设施以供市民避难之用。高层建筑的地下室平时作民用，战时作避难用，这样可节约另外建造人防设施的投资。

1.4.2　高层建筑发展中存在的矛盾

高层建筑是人类生活城市化、高技术化、现代化进程中的必然产物，它体现了人类文明的积累和发达。但高层建筑体量越大，外部空间效应越大，对已有环境的影响也较大。我们应看到，高层建筑在造福人类的同时，背后隐藏着种种忧虑和问题。

1）安全隐患多，救援难度系数高

高层建筑由于建筑高度很高，体量巨大，功能复杂，内部系统相互牵制，所以一个小小的意外都会带来灾难性的后果，其在机械、电器或是结构上的难题增加了发生危险的可能性，如遇地震、火灾等灾害，由于疏散困难，更易造成大的伤亡和损失。当发生火灾的时候，消防队的云梯只能到达建筑的一定高度，更高的位置就难以实施救援了。很多高层建筑采用钢结构，钢结构可以使得建筑达到更高的高度，但是，一旦发生火灾，钢结构的耐火性能很差，建筑将在瞬间倒塌，"9·11"世贸大楼的倒塌就是钢结构高层建筑发生火灾的典型实例。此外，玻璃幕墙构造上的不完善给行人带来的安全隐患也是不容忽视的问题。

11

2）导致大城市的相似性

高层建筑在发展之初就成了城市的制高点和城市的标志，但随着高层建筑的迅速膨胀和不断发展，不同的城市都建造了类似的高层建筑，使得不同的城市相似化。

3）密集高层建筑的出现对城市的影响

由于社会和经济的发展，城市内寸土寸金之地成为必争目标，因此市中心区内高层建筑非常密集。

20世纪60年代初，美国主要大城市内摩天楼林立，使环境恶化，人们很不适应，于是许多人搬到郊区居住，一些公司也迁到郊外，建立办公综合体和中心，但发觉城市与郊区之间的交通经常阻塞，能源消耗太大，工作联系以及社交活动不便，大量人口又重返城市，情愿在不如郊区的城市环境中生活和工作，以抵消交通不便、驾车费时和能源浪费。80年代起，高层建筑被迫以更大的规模发展，楼越造，价越高。城市居民在注视夹缝中的天边时，不断看到一个个新的超尺度的摩天楼吞噬掉仅存的天空。

1.4.3　高层建筑环境心理问题

高层建筑与环境、心理的关系问题，已日益引起人们的重视，在许多国家，已成为建筑科学研究的重要课题之一。高层建筑的外观与体量改变了过去城市街道的肌理与尺度，高层建筑的巨大体量完全打破了低层建筑所创造的人本尺度，使街道显得非常狭小。其次，高层建筑给城市环境带来了许多新的影响因素，而气候或环境的各种因素也对高层建筑的规划设计有许多特殊的要求。高层建筑与环境之间的相互影响是一个十分复杂的问题，主要影响有以下几方面：

1）对光环境的影响

壮丽的天空被高层建筑遮挡，人们在林立的摩天大楼的缝隙之中穿梭、生活，欣赏蓝天已变得特别困难。密集高层建筑挤占了本来就已经很少的绿地，使城市热岛效应日趋激烈，加速了大气污染物向城市中心区的聚集，使城市物理环境越来越差。高层建筑由于体量比较大，在日照下的落影很大，对落影区内的建筑、广场和道路等都有影响，危害周围人们的生活和工作环境，在北方的城市，对人们的生活影响较大，更有甚者，可能会改变地区的小气候。有些高层建筑为追求自身的造型等效果，采用了较大面积的镜面幕墙，这些高反射幕墙的反光对周边环境造成了不同程度的光污染，还会对周围建筑产生热辐射，提高周围空气的温度。这些反射幕墙不仅会干扰周围居民的生活，而且会影响道路行驶与安全。

2）地震等自然灾害

高层建筑由于高度很高，遇到地震等自然灾害的时候，不仅其建筑本身容易遭到破坏，其周围的环境也会受到破坏和影响。

3）噪声与减噪问题

高层建筑中设备很多，如为了解决垂直交通运输的电梯，在其启动运行和停靠时都会产生噪声；为控制室内温湿度和创造良好的空气条件而采用的暖通和空调系统，在工作时机器设备和管道会发出噪声等。对于这些噪声的控制，随着机器设备本身的改进，许多减振、隔声措施的采用以及在建筑设计方面注意了电梯设备管道与居住、办公等主要使用房间位置、间距的合理安排和隔声材料的运用，取得了明显的效果。

4) 风对高层建筑的影响

高层建筑如果组群关系不好或建筑单体形状不佳，均会导致恶性风流的形成，尤其是在建筑的底层，往往会形成危险的风环境，对严寒和寒冷地区的影响较大。风碰到高层建筑会因气流的收缩而产生负压，这些突然改变的气流会使行人感到很不舒服，甚至会将很重的东西刮起，这是很危险的，也会对建筑的入口产生影响，在入口产生负压区等。风吹向高层建筑时，还会引起下冲涡效应、转角效应、尾流效应、峡谷效应、漏斗效应以及屏障效应等。高层建筑风振会给人带来不舒适感，并将严重地影响人们的生活和工作。在我国目前的高层建筑设计中，对于高层建筑中人体的舒适度问题，几乎未作研究，其实，这是高层建筑设计中必须考虑的因素。

5) 雨、雪与高层建筑防水和排水

雨水的问题大量地与风的影响联系在一起，风使雨水积聚于外墙凸凹处和窗框，最常出现的问题是由雨水、雪、蒸汽或冷凝液引起的渗漏。在设计高层建筑的外墙细部、窗户或玻璃幕墙时，要特别注意采用压力均衡原理以防风、防雨水，且要能承受风力和风力驱动雨水的冲击，因此，高层建筑的外墙材料和建筑构、配件应该考虑严密的防气渗和防毛细管渗水措施。

6) 生物及化学环境

人和高层建筑存在于相关的植物、动物、微生物和空气、粉尘、化学物质之类的生物及化学环境之中，并受到它们的支撑和危害，也是高层建筑应解决好的课题。

1.4.4　对待超高层建筑的态度

超高层建筑，不仅仅是建筑史上的华丽一页，其在拓展城市空间、树立城市地标、展现城市形象和经济实力等方面也功不可没，而且在资本和智慧的集中地区"集簇"式地建设超高层建筑，也符合城市的时代精神和对于城市性的追求。然而，对于超高层建筑的发展一直都存在着争议。

支持建造超高层建筑的一方认为，超高层建筑可以成为一个城市的地标性建筑，如果某个企业的办公大楼是超高层建筑，那么，它会增强企业的信心，树立企业品牌的认知度。

反对建造超高层建筑的一方认为，超高层建筑应该是城市需求下的产物，而非单纯的建筑标志，是社会经济、城市建设与建筑技术等多重推动力共同作用的结果。由于超高层建筑的高度更高，其存在的技术问题更加突出。当它遇到火灾或者地震等自然灾害的时候，它带来的灾难性后果会更加的严重。

1.5　高层建筑的展望

1.5.1　绿色高层建筑

而今，绿色建筑已从一个建筑术语变成了社会热点，大力发展绿色建筑、有效降低碳排放量，已经成为全球建筑业的共识。

"绿色建筑"并不是简单的"节能"所能概括的，它是"在建筑的全寿命周期内，最大限度地节约资源（节能、节地、节水、节材）、保护环境和减少污染，为人们提供健康、适用和高效的使用空间，与自然和谐共生的建筑"（《绿色建筑评价标准》）。

这其中包含着"环保"、"低碳"等因素，更重要的是"全寿命周期"这几个字，它指的是"建筑材料的生产、运输、建筑施工、运行、维护、废弃、拆除、材料再生利用的全过程"。在发展高层建筑的同时，更应该尊重自然，顺应自然。

现在，很多开发商加大了对绿色节能建筑的开发力度，也建造了很多"零碳馆"之类的绿色示范项目。时至今日，绿色理念不再仅仅只是停留在口头上，已经开始落实在了具体的项目上。

竣工于 2008 年、位于纽约市曼哈顿区中心 Bryant 公园 1 号的美国银行大厦（Bank of America Tower at One Brant Park）（图 1-11）是第一座通过 LEED 最高级别白金级认证的高层建筑。Cook ＋ Fox 设计的这座玻璃与钢结构的大楼共 52 层，高 288m，虽然采用了看似普通的玻璃幕墙与钢结构结合的形式，却几乎包含了现在最为尖端的所有环保建筑技术。大楼的环保性能还包括高级地下空气循环系统以及一座利用冰储存原理而设计的余热发电站。大厦的大部分建筑材料都来自于距离纽约 500 英里以内的地区，可更新、可重复使用。设计者在大厦使用的混凝土材料中混入了 45% 的炉渣，减少了混凝土的用量，降低了整个建筑的二氧化碳生成量。大楼可以极大限度地重复使用废水和雨水，每年节省百万加仑的纯水消耗。大楼的晶面幕墙可有效利用太阳能，并且可以捕捉到光照角度的每一次改变。楼身与那些街区景观的自然、土地元素组合，形成了一幅美妙的城市画卷，刚好与其外观的圆滑形成对比。

自有 LEED 评价体系以来，短短几十年，美国已经有数千栋建筑通过了认证，仅纽约就有 500 多座建筑获得了相当高级别的评定。

现在，中国也有一些建设项目获得了 LEED 金级或银级认证。自 2006 年，建设部开始推行《绿色建筑评估标准》以来，真正认真执行标准的建筑，尤其是高层建筑并不算多，考虑最多的仍是建造成本，而不是建筑全寿命周期的能源消耗。当前，我国正在积极推行绿色建筑，并已将其纳入"十二五"规划之中。据悉，"十二五"期间，我国将力争新建绿色建筑 10 亿 m^2。绿色建筑势必将引领未来建筑的发展方向。随着环境和健康意识的增强，人们会像要求一个无污染的城市环境一样，要求生活、工作在"绿色建筑"里，而这一天的到来，也并不遥远了。

广州珠江城大厦（图 1-12）位于广州天河区珠江大道西和金穗路交界处，设计高度 309m，71 层，由中国烟草总公司广东省公司开发，上海建工（集团）总公司承建，被国外媒体喻为"世界上最节能环保的摩天大厦"，拟于 2012 年上半年交付使用。届时，大厦将实践建筑本身"零能耗"的环保理念。该写字楼将气候技术、太阳能、风能方面的创新性方案融合了起来，可自行生产其所需的能源，利用风

图 1-11　美国银行大厦

能、太阳能自行发电，甚至可以把多余的电卖给电网。

1.5.2　地域性高层建筑

高层建筑自产生之时起便一直与经济利益、技术支持和精神需求紧密联系，虽然高层建筑与一般建筑相比有着在功能造型、经济技术等方面的特殊性，但它亦同所有建筑一样不可能脱离地区文化环境的促进与制约。建筑的地域性文化是一个普遍存在的现象，任何建筑都存在于一定时空限制下的地方自然环境和社会环境中，并被赋予了相应的物质属性和社会属性。

1) 国外高层建筑的地域风格探索

高层建筑的地域性倾向最早出现在芝加哥，"一战"结束后，1921 年由格雷厄姆、安德森、普罗布斯特和怀特设计的里格利大楼和 1925 年由雷蒙德·胡德设计的论坛报大厦都追随了纽约的哥特式风格，然而这个哥特式时期是非常短暂的。30 年代，建筑理论家芒福德以美国加州海湾地区的建筑形式

图 1-12　广州珠江城大厦

为模本，对国际式运动提出否定，由此，一些建筑师也开始从理性主义风格转向对历史主义风格的思索。由 G·桑切斯和 J·M·德·拉·托雷事务所于 1936 年设计的位于阿根廷的卡瓦纳格公寓便是一栋出色的历史主义风格的高层建筑。50 年代后，"十次大会小组"对现代建筑及城市规划的批判开创了多元化思潮的先河。1958 年意大利 BBPR 事务所在米兰设计的托尔维拉斯卡大厦也成了人们对待地区传统的态度的转折点。托尔维斯卡大厦的独特风格正是中世纪意大利式塔楼的现代表现，多种语汇出现在其立面上，它的墙体与颜色也在于城市的一致与对比之间的微妙平衡，其出人意料的形式证明了在与历史环境的对话中可以产生多么不同于呆板僵硬的国际风格的建筑形象。

六七十年代后，后现代主义的多元风格流派，对高层建筑设计借鉴传统样式和地域文化起了推波助澜的作用，这时期对地域主义的思考和建筑实践吸收了场所论、现象学、符号学、类型学、生态学等相关的建筑理论，逐渐在更大的范围内展开，日本的丹下健三、瑞士的马里奥·博塔、意大利的阿尔多·罗西、芬兰的阿尔瓦·阿尔托，西班牙的里卡多·波菲尔以及印度的柯里亚、埃及的法塞、墨西哥的巴拉甘等第三世界国家的建筑师，都在各自的地域文化环境里创造了融入当地自然和社会环境的独特的建筑语言，其中也不乏独具特色的高层建筑作品。位于西班牙加泰罗尼亚的由建筑师里卡多·波菲尔设计的巴塞罗那 Walden7 高层公寓使用了深红色的面砖饰面，融入了巴塞罗那最具特色的砖红色中。窗户刻意地以不同方式组合，自由散落在洞口周围，充满装饰性和游戏趣味，形成一种戏剧性的升腾形式，隐喻了在加泰罗尼亚被推崇为

圣山的 Montserrat 山的意向，创造出了强烈的场所感。

今天，高层建筑的地域性倾向越来越流行，马来西亚的杨经文、日本的象设计集团、美国的 KPF 和 SOM 事务所纷纷实践高层建筑对地域文化的探索，并有了成功的实践，如西萨·佩里设计的吉隆坡双子塔、SOM 事务所设计的上海金茂大厦等。到目前为止，国外建筑师在高层建筑的地域性探索上形成了两种倾向：后现代主义建筑师注重文脉、隐喻和象征，从历史中寻求建筑的意义，如菲利浦·约翰逊，格雷夫斯等；而晚期现代主义的建筑师们则对现代主义的困境进行了反思，力图在继承现代主义的抽象简洁与功能合理的基础上更多地将建筑与地方人文环境相结合，如贝聿铭、诺曼·福斯特、让·努韦尔等。以上各国优秀建筑师的实践活动充分证明了高层建筑作为发源于工业社会的新建筑类型，也可以，甚至应当与各地区的地域文化特色相结合，展现高层建筑蓬勃的生命力与永恒的魅力。

2）中国高层建筑的地域化发展道路

中国出现高层建筑的时间不长，但从高层建筑出现之初，我国建筑师就开始致力于具有东方特色的高层建筑研究。中国有着悠久而独特的历史文化，但快速的经济发展和城市化使得地域文化逐渐消失，片面追求高层建筑的标新立异、过于关注令人兴奋的视觉刺激，这样的建筑作品也许可以迎合大众一时的心理需求，但终究无法通过时间的考验，因为高层建筑真正的魅力并不在于其炫目的外表，而在于其深刻的文化内涵和内在逻辑性。随着人们对历史文化的关注越来越多，建筑师们也越来越重视地域文化对建筑的影响。近十几年来，我国的高层建筑地域化道路探索也渐渐有了新的思路，上海金茂大厦、北京华茂办公楼群、哈尔滨铁通大厦等一些高层开始呈现出崭新的面貌。

1.6 世界最高建筑排行

第一名：哈利法塔

哈利法塔（Burj Khalifa Tower），原名迪拜塔（Burj Dubai），又称迪拜大厦或比斯迪拜塔，由韩国三星公司负责营造，总耗资约 800 亿美元。2004 年 9 月 21 日动工，2010 年 1 月 4 日竣工并启用，同时正式更名哈利法塔。迪拜大厦有 162 层，总高度为828m，比台北 101 高出 320m，是人类历史上首个高度超过 800m 的建筑物。哈利法塔已经入选吉尼斯世界纪录的"世界最高建筑物"。它由美国芝加哥公司的美国建筑师阿德里安·史密斯（Adrian Smith）设计，建筑设计采用了一种具有挑战性的单式结构，由连为一体的管状多塔组成，具有太空时代风格的外形，基座周围采用了富有伊斯兰建筑风格的几何图形——六瓣的沙漠之花。

第二名：台北101

台北 101（Taipei 101）（图 1-14），又称台北 101 大楼，是目前世界第二高楼（2010年），位于我国台湾省台北市信义区，由建筑师李祖原设计，KTRT 团队建造，保持了中国世界纪录协会多项世界纪录。101 大楼，高 508m，1998 年 1 月动工，主体工程于 2003 年 10 月完工。台北 101 曾是世界第一高楼，2010 年 1 月 4 日迪拜塔的建成（828m）使得台北 101 退居世界第二位。

图 1-13　哈利法塔

图 1-14　台北 101 大楼

图 1-15　上海环球金融中心

第三名：上海环球金融中心

上海环球金融（图 1-15）中心是位于中国上海陆家嘴的一栋摩天大楼，2008 年 8 月 29 日竣工，是目前中国第二高楼、世界第三高楼、世界最高的平顶式大楼，楼高 492m，地上 101 层，开发商为上海环球金融中心公司，由日本森大楼公司（森ビル）主导兴建。

第四名：吉隆坡石油双塔

吉隆坡石油双塔（图 1-16）坐落于吉隆坡市中心（Kuala Lumpur city centre），简称 K L C C，由美国建筑设计师西萨·佩里设计，88 层，高 451.9m，这个工程于 1993 年 12 月 27 日动工，1996 年 2 月 13 日正式封顶，1997 年建成使用。它曾经是世界最高的摩天大楼，直到 2003 年 10 月 17 日被台北 101 超越，但仍是目前世界最高的双塔楼，也是世界第四高的大楼。

第五名：西尔斯大厦

西尔斯大厦（Sears Tower）（图 1-17）是位于美国伊利诺伊州芝加哥的一幢摩天大楼，用作办公楼，由 S O M 建筑设计事务所为当时世界上最大的零售商西尔斯百

图 1-16 吉隆坡石油双塔

图 1-17 西尔斯大厦

货公司设计。楼高 442.3m，地上 108 层，地下 3 层，总建筑面积 418000m²，底部平面为 68.7m×68.7m，由 9 个 22.9m×22.9m 的正方形组成。这个工程于 1973 年竣工，由建筑师密斯·凡德罗设计。

第六名：上海金茂大厦

金茂大厦（Jin Mao Tower）（图 1-18），又称金茂大楼，位于上海浦东新区黄浦江畔的陆家嘴金融贸易区，由美国 SOM 建筑设计事务所设计，1998 年 8 月建成，共 88 层，高 420.5m。

第七名：香港国际金融中心大厦

香港国际金融中心（简称国金，英文：International Finance Centre，IFC）（图 1-19）是香港作为世界级金融中心的著名地标，位于香港岛中环金融街 8 号，面向维多利亚港，由地铁公司（今港铁公司）、新鸿基地产、恒基兆业、香港中华煤气及中银香港属下新中地产所组成的 IFC Development Limited，著名美籍建筑师西萨·佩里及香港建筑师严迅奇合作设计而成。香港国际金融中心一期于 1998 年竣工，39 层，高 180m，香港国际金融中心二期于 2003 年落成，88 层，高 420m。

图 1-18 上海金茂大厦　　　　图 1-19 香港国际金融中心大厦

第 **2** 章

城市设计与场地设计

2.1 城市设计与场地设计的相关概念

  2.1.1 城市设计

  2.1.2 场地设计

  2.1.3 城市规划、城市设计、建筑设计三者的关系

  2.1.4 城市设计、场地设计、建筑设计三者的关系

2.2 城市设计与场地设计的相关理论

  2.2.1 古代城市规划思想

  2.2.2 近现代城市规划相关理论

2.3 城市设计与场地设计的要素

  2.3.1 城市设计的要素

  2.3.2 场地设计的要素

2.1 城市设计与场地设计的相关概念

2.1.1 城市设计

城市设计是指建筑师、规划师等相关从业人员，在完成某一个或某些城市设计目标时，对相关城市的外部空间和与之相联系的形体及其环境的组织和设计。随着时代的发展进步，在 20 世纪的城市建设发展历程中，城市设计一直保持着其相对自主的学科特性，尤其表现为它在发扬城市整体的塑造和改造方面的创新性的同时，保留了城市设计中地域的独一性及其所处地区文化的多元性，由此形成了该城市所特有的艺术氛围和空间形式，在保留城市原有品质的基础上又发扬了其独有的地域特色。城市设计的相关内容涉猎较广，在城市整体规划、分区规划、建设专项规划、详细规划乃至修建性设计等一系列与城市设计相关的内容中都包含城市设计。对于城市设计的相关从业人员而言，不同的经历也会造就不同的视角、不同的想法及理念，其对城市设计的想法也会不尽相同，甚至大相径庭。城市设计（Urban Design）有很多解释：

"城市设计是对城市体形环境所进行的设计。"

——《中国大百科全书》

"城市设计是对城市环境形态所作的各种合理处理和艺术安排。"

——《大不列颠百科全书》

"城市设计是当建筑进一步城市化、城市空间更加丰富多样化时对人类新的空间秩序的一种创造。"

——《都市问题事典》

"城市是由街道、交通等公共工程设施以及劳动、居住、游憩和集会等活动系统组成的。把这些内容按功能和美学原则组织在一起，就是城市设计的本质。"

——《市镇设计》（F·吉伯特）

"城市设计是三维空间，而城市规划是二维空间，两者都是为居民创造一个良好的有秩序的生活环境。"

——《论城市——它的产生、成长与衰败》（E·沙里宁）

2.1.2 场地设计

根据一般的情况来讲，场地设计是为了满足一个建设项目的要求，在基地现状条件和相关的法规规范的基础上，组织场地中各构成要素之间的关系的设计活动。建设项目指的是含有单一建筑物或小规模群体建筑物的一些项目。场地设计的根本目的是通过有效的设计，使得场地中的各个要素，尤其是建筑物本身，与其他要素形成一个有机整体，来发挥有效作用，并将基地的利用率达到最大限度。所以，一般说来，我

图 2-1　加拿大温哥华 UBC 大学某教学楼的门前场地设计

们进行场地设计要解决的最重要的问题就界定在单体或小规模群体建筑项目之内（图 2-1）。

　　场地设计的工作内容如下：

　　安排功能——功能分区，确定建筑群布局、室外空间功能结构关系。

　　组织流线——交通流线、出入口、停车场的合理组织，建立起交通网络。

　　技术处理——根据场地功能和交通要求，确定场地内的竖向高程、坡向、地形改造、基地处理、场地设施、工程设施、管线、绿化景观设施等的技术处理办法。

　　运用素材——掌握场地设施运用的技巧、空间组织和景观处理的技巧。

2.1.3　城市规划、城市设计、建筑设计三者的关系

　　城市规划是人类为了在城市的发展中维持公共生活的空间秩序而作的空间安排。城市规划更具宏观性、抽象性和数据化。

　　城市设计是以城市作为研究对象的设计，是一种关注城市规划布局、城市面貌、城镇功能，并且尤其关注城市公共空间的设计。城市设计更具实际性、具体化和空间化。

　　建筑设计以具体建筑为设计对象，把握建筑与周边环境的整体关系，并对空间和外观做具体设计。

　　城市规划是基础，从宏观层面上做出把控；城市设计是介于城市规划、建筑设计之间的学科，以城市规划为基础，在尺度和空间上远大于建筑设计，对建筑设计起指导作用。建筑设计在城市规划和城市设计的指导下，对具体建筑进行详细设计。

2.1.4　城市设计、场地设计、建筑设计三者的关系

　　城市设计和建筑设计的概念在上文中已经提过，场地设计概念的核心是对基地及场地内所有内容的设计。

　　场地设计是城市设计和建筑设计领域中十分重要的一环。城市设计对场地设计起前期指导作用，场地设计是对城市设计特定地段的具体设计，包括总平面、建筑物、道路交通、公共空间、景观绿化、设备管线等的具体设计。场地设计与建筑设计密不可分，两者在设计上相互关联，浑然一体。

2.2 城市设计与场地设计的相关理论

2.2.1 古代城市规划思想

1) 中国古代城市规划思想

周代是中国历史上第一个有明确的城市规划记载的朝代。周代的《周礼·考工记》记载了当时城市规划的格局:"匠人营国,方九里,旁三门。国中九经九纬,经涂九轨。左祖右社,面朝后市。市朝一夫。"

战国时期,城市发展变得丰富多样,形成了大小套城的布局模式,普通市民居住在称为"郭"的外城,统治者居住在称为"王城"的内城。

三国时期,城市布局中已经出现了功能分区。曹魏邺城以宫城为规划核心,分区明确,产生了轴线,道路已经产生了主次分级。

隋唐长安在曹魏邺城的规划思想下发展而成。城市建设按规定的顺序建造,城市布局分区明确,设有东、西两市,中轴对称,左祖右社,以宫城为中心,并进一步发展了里坊制。

宋代是中国古代城市思想发展转折的关键时期,延续千年的里坊制在这一时期被废除,取而代之的是沿街而设的商铺,即街坊制。这种规划思想促进了百姓间的交流,城市开始逐步开放,百姓生活也逐步丰富。中国后来的朝代都延续了街坊制这一规划思想。

元代大都的建设在很多方面体现了《周礼·考工记》的规划思想,更加强调中轴线,城市规划结合城市选址及都城的政治、经济、文化需求。

明清时期则延续了这一规划思想,将元大都的都城范围进行调整,形成了明清北京城的都城风貌。

2) 西方古代城市规划思想

希波丹姆模式的城市建设是在公元前 500 年由古希腊城邦提出的,这种城市建设的特点是以方格网作为道路系统的骨架,以城市广场作为城市中心,规划强调几何图像和数之间的和谐之美,米列都是希波丹姆模式的代表城市。

营寨城是古罗马在被征服的城市建造的城寨。营寨城建筑平面呈方形或长方形,中间的十字形道路通向城中四个方向的城门,十字道路的交点为露天剧场或斗兽场与官邸建筑形成的广场。营寨城的规划以军事控制为目的。

欧洲中世纪的城市很少有按规划建造的,多为自发性城市。

14 ~ 16 世纪,正值欧洲文艺复兴时期,中世纪的城市为了适应这种变化,大多进行改建,改建的重点集中在广场建筑群上,其代表性的改建是威尼斯的圣马可广场。

16 ~ 17 世纪,欧洲先后建立了君权专制国家,这些国家的首都先后发展成了政治、经济、文化的中心。其中,以巴黎的改造最为著名。在巴黎城郊,建造了一座平面轴线对称放射状的焦点建筑——凡尔赛宫,凡尔赛宫的布局对后来的城市建设、建筑设计、园林设计都有深远的影响。

2.2.2 近现代城市规划相关理论

1) 田园城市理论 (Garden City)

田园城市理论是英国人霍华德于 1898 年提出的。他认为,城市无限发展和城市土地投机是资本主义城市灾难的根源。他建议限制城市的自发膨胀，使城市土地属于城市统一机构，并提出城市应与乡村结合。

2）卫星城镇

20 世纪初，城市不断恶性膨胀，大城市人口问题越来越突出，这时期，城市规划集中于如何疏散大城市人口。

1912～1920 年，巴黎打算在郊区建造 28 座城镇，这些城镇只有居住建筑，没有生活服务设施，居民在此居住，其他的活动都要回到巴黎。在赫尔辛基附近建立的城镇，除了居住建筑外，还有部分工厂、企业和各类设施，可满足部分居民在此工作、居住的需求。

这时期的卫星城镇并没有解决大城市的人口问题，在"二战"后的重建中，许多城市对卫星城镇的建设开始与地区的区域规划相结合，在英国、瑞典、前苏联都有过实验。

20 世纪 60 年代，英国城市 Milton-Keynes 是新一代卫星城的代表，城市规模变得更大，城市的公共交通和福利设施得到了进一步改善。

3）《雅典宪章》

《雅典宪章》是在 1933 年国际现代建筑协会（CIAM）会议中制定的，这次会议的主要议题是城市规划。大纲提出城市要与其周围影响地区作为一个整体来研究，指出城市规划的目的是保障居住、工作、游憩、交通四大城市功能的正常进行。

4）《马丘比丘宪章》

《马丘比丘宪章》是于 1978 年 12 月在秘鲁的集会中制定的。宪章的主要内容，一方面改进了《雅典宪章》中忽略的问题，强调城市的有机组织，提出城市中人与人的联系至关重要；另一方面，《马丘比丘宪章》提出了如何更有效地使用人力、土地和资源，如何解决城市与周围地区的关系问题，提出了生活环境与自然环境的和谐问题。

5）邻里单位、小区规划和社区规划

邻里单位的思想是指在较大的范围内统一规划居住区，把安全、安静、朝向、卫生作为规划的前提，以满足儿童上学不穿越交通道路为规划限定条件，以一般城市道路划分邻里单位。在小区内建设小学和公共建筑，对邻里单位内部道路和城市道路进行分工。另外，还提出在统一的邻里单位内安排阶层不同的居民共同居住。

小区规划是在邻里单位的基础上发展而来的，小区规模不限于以一个小学的规模来控制，小区的划分道路趋向于城市干道或其他自然、人工的界限，如河流、铁路等，小区内部公共建筑的类型也更加丰富。

社区规划是当小区内的物质生活环境和服务设施得到保证后，规划的重点开始转向社会性问题，如对弱者的关照，规划师的设计中心更加多元化。

6）有机疏散理论

1918 年，芬兰建筑师伊里尔·沙里宁提出有机疏散理论，认为城市规划一方面满足人类工作与交往的要求，另一方面不应脱离自然，使人们生活在一个兼具城市与乡村优点的环境中。

7）可持续发展的规划思想

20 世纪 70 年代初，保护环境作为一种操作模式直接影响着规划师的思想，西方国家相继要求对城市建设项目进行环境影响评估。

80 年代，环境保护的思想逐步发展为可持续发展的规划思想。可持续发展的内涵

是在 1987 年世界环境与发展委员会《我们共同的未来》报告中界定和论述的：我们应该致力于资源环境保护与经济社会发展兼顾的可持续发展的通道。

2.3 城市设计与场地设计的要素

2.3.1 城市设计的要素

1) 土地使用

（1）概念

土地使用是城市设计中的基本要素，土地使用的整体功能布局是否合理，会直接影响到城市空间品质、交通流线的合理性、景观环境的适宜性、城市运行效率等方面。因此，在城市设计中应注意加强城市土地综合利用的研究，同时注意对自然形体要素的积极保护，提倡 "设计结合自然"。

（2）四个主要考虑因素

开发强度和土地使用的经济性。

交通与人口密度。

保护自然环境与生态平衡。

有利于城市基础设施的建设。

（3）其他因素

环境行为心理、空间感受。

开发增值、空间活力。

2) 建筑形态及组合

（1）概念

建筑群体组合成的空间环境是城市空间中最主要的决定因素之一。在城市中，建筑物的体量、尺度、比例、空间、造型、材料、色彩等都对城市空间环境有直接或间接的影响。因此，城市设计的研究虽然不直接针对单体建筑，但在一定程度上单体建筑的特征会辐射到整个群体建筑的空间中，因此建筑形态及其组合是城市设计的工作的重点之一。

建筑单体只有通过有机组合、联系，形成一个整体时才能对整个城市环境的建设做出贡献。因此，我们必须强调，城市设计最基本的特征是将不同的物体联合，使之成为一个新的设计，设计者不仅要考虑物体本身的设计，而且要考虑一个物体与其他物体之间的关系。

（2）建筑体量、尺度

高低、大小、形状。

（3）建筑形式

风格、色彩、材料、质感、价值取向。

（4）工程设计指标

建筑容积率、建筑密度、绿化率、建筑高度、体量、沿街后退、质感、色彩以及环境影响等。

（5）控制原则

保证城市良好的日照条件。

保护历史建筑的景观条件和与周围建筑的协调关系。

保证城市街道、广场等人流聚集和停留的场所有合理的尺度和良好的视觉感受。

保护建筑物之间的文脉关系及空间比例。

保护城市天际线的特色与美观。

3）开放空间和城市绿地系统

（1）概念

开放空间指城市的公共外部空间，包括自然风景、硬质景观、公园、休憩空间等。它具有开放性、可达性、大众性和功能性。

开放空间所具有的基本功能特征：为市民提供公共活动场所以提高生活环境的品质；维护人与自然环境的协调并改善生态环境；有机地组织城市空间和人的行为，体现文化、教育、游憩的职能；改善交通，提高城市的防灾功能。

（2）开放空间体系——"城市的客厅"

街道（步行街、景观大道……）。

公共绿地。

建筑物之间的公共外部空间等。

广场。

滨河地区。

（3）室内公共开放空间

室内步行街。

建筑灰空间。

中庭。

（4）设计原则

边界明确形成积极空间。

强调公共空间使用上和视觉上的联系。

注重重点空间的步行化和设施建设。

公共空间活动的多样化和人情味。

4）交通与停车

（1）概念

交通与停车是城市空间环境的重要构成，当它们与城市公交系统、步行系统以及轨道交通系统组织在一起时，对城市布局形态有很大的影响。

（2）意义

现代城市中，机动车的快速发展已经成为影响城市环境的主要因素之一，因此，对交通与停车要素的研究已经成为现代城市设计的重要课题之一。便捷的道路交通系统可以促进城市空间结构的良性发展，宜人的道路景观可以美化城市环境，有效的停车组织更是会对城市商业中心区的发展起到重要的作用。

5）保护与改造

（1）概念

城市发展的实践表明，优美的城市景观需要时间的积淀，城市的风貌特色需要历史文化的内涵来体现，对城市历史文化环境的保护是城市设计学科产生和发展的主要原因之一。不断发展的城市环境中，保护与改造已经成为永恒的主题。

今天的保护与改造已经不同于传统意义上的仅仅对文物建筑的保护，而是涉及更广义的传统建筑、空间场所、历史地段乃至整个城镇。

"非但必须要保护并维护好城市的历史遗迹和古迹，而且还要把一般的文化传统继承下来。"——《马丘比丘宪章》

在我国，对传统街区历史环境的保护与改造正逐渐受到人们的重视，南京夫子庙、天津古文化街的实践重新唤起了市民心中对往日的回忆和对地方文化的认同，同时也给城市注入了新的活力。

（2）城市环境保护的几个层次

历史性文物古迹。

景观特色区域。

历史地段。

城市传统格局等。

6）环境设施与建筑小品

环境设施是指城市外部空间环境中供人们使用，为人的活动服务的一些设施。建筑小品在功能上可以给人们提供休息、交往的方便。因此，城市环境设施与建筑小品虽非城市空间的决定要素，但在空间实际使用中给人们带来的方便和影响也是不容忽视的，小小的点缀依然要体现出足够的舒适性和艺术性，才会给城市空间环境带来积极的影响。

7）标识

标志与标牌是城市指认系统的重要元素，清晰的城市标志系统会给城市带来明确的指向性。

中国传统城市中的招幌、牌匾、灯笼、旗杆等是富有东方色彩的标志；在欧洲，传统的装饰图案与简单明了的文字招牌被广泛地运用。城市环境中无序的标志牌、广告栏、霓虹灯会给人带来混乱的信息，而标识系统的简单统一又会使城市环境变得单调无味，因此，现代城市设计中常常将城市标志系统的设计原则加以强调，丰富而不混乱、有序而不单调。

2.3.2 场地设计的要素

1）建筑物

建筑物是场地设计的核心，建筑物的形式、大小直接限定了场地内其他要素的设计方向。正因为建筑物的存在，场地设计才变得尤为重要，场地内的其他要素基本都是围绕建筑物这一要素而设计的，但场地本身的形状和大小会直接影响建筑物的形式。

2）道路交通系统

道路交通系统是场地设计的骨架，它一方面将场地与城市交通联系起来，让汽车和行人能自由出入场地，一方面对场地内的行人活动和车辆活动进行组织，形成安全有效的场地内部交通。

3）广场公共空间

广场公共空间为场地提供了一个开放的室外活动区域，为长期处于建筑物内的人们提供了与自然接触的空间。广场公共空间更多地作为集散空间，起到缓冲、疏散人流的作用。在设计广场公共空间的时候，应该综合考虑它与道路交通系统和绿化景观的关系。

4）绿化景观

场地绿化景观设计是场地设计中不可缺少的一个要素，它在美化场地内景色的同时，对场地内的气候起到调节净化的作用。绿化景观的设计直接影响生活在场地内人们的视觉感受和心理感受。在以人为本的设计理念的指导下，好的绿化景观设计会为人们带来更多的舒适感和幸福感。

5）管线工程

管线工程是场地内各项设施正常运行的保障，了解市政管线的布局，对建筑设备机房的布局起到指导作用。

推荐书目

(1)（美）凯文·林奇 . 城市意象 . 方益萍，何晓军译 . 华夏出版社，2009.

(2)（美）凯文·林奇 . 城市形态 . 林庆怡等译 . 华夏出版社 .2003.

(3)（美）C·亚历山大 . 建筑模式语言 . 北京：知识产权出版社，2002.

(4) E·D·培根 . 城市设计 . 黄富厢，朱琪译 . 北京：中国建筑工业出版社，1989.

(5) 科林·罗，弗雷德·凯特等 . 拼贴城市 . 童明译 . 北京：中国建筑工业出版社，2003.

(6)（美）克莱尔·库班·马库斯等 . 人性场所——城市设计导则 . 俞孔坚等译 . 北京：中国建筑工业出版社，2001.

(7)（英）Matthew Garmona. 城市设计维度 . 南京：江苏科技出版社，2005.

(8) 王建国 . 现代城市设计理论和方法 . 南京：东南大学出版社，2001.

(9) 朱雪梅主编 . 城市设计在中国 . 武汉：华中科技大学出版社，2009.

(10) 金广君 . 图解城市设计 . 哈尔滨：黑龙江科学技术出版社，1999.

(11) 吴越主编 . 城市设计概论 . 北京：中国计划出版社，2008.

第 3 章

场地设计与规划

3.1 场地设计的过程概述

3.2 前期调查研究和基础资料的收集

    3.2.1 现场调研

    3.2.2 资料的收集和整理

    3.2.3 分析资料、总结问题

    3.2.4 提出设计方向

    3.2.5 绘制调研报告

3.3 场地总体布局设计

    3.3.1 场地分析

    3.3.2 功能分区

    3.3.3 场地规划中几个相关名词定义

3.4 场地道路及交通系统设计

    3.4.1 交通系统的流线组织形式

    3.4.2 交通系统的结构模式

    3.4.3 交通系统的道路设计

    3.4.4 交通系统的停车场设计

3.5 广场、步行街等城市公共空间设计

    3.5.1 以建筑物为核心限定公共空间

    3.5.2 线形建筑物限定公共空间

    3.5.3 围合式建筑限定公共空间

3.6 场地绿化、景观小品设计

    3.6.1 绿化的作用

    3.6.2 绿化覆盖率和绿地率

    3.6.3 绿化的布局形式

    3.6.4 景观小品的作用

    3.6.5 景观小品的设计要点

3.7 场地管线设计简述

    3.7.1 地下管线的类别

    3.7.2 地下管线的布置原则

3.8 总平面绘制

    3.8.1 总平面图纸内容

    3.8.2 实例介绍

3.1 场地设计的过程概述

场地设计与规划过程的框图如下：

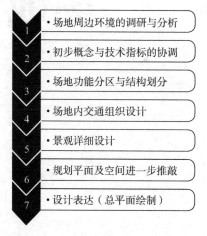

- 1 · 场地周边环境的调研与分析
- 2 · 初步概念与技术指标的协调
- 3 · 场地功能分区与结构划分
- 4 · 场地内交通组织设计
- 5 · 景观详细设计
- 6 · 规划平面及空间进一步推敲
- 7 · 设计表达（总平面绘制）

在设计实践中，初步概念设计中景观因素至关重要。城市设计不仅仅是建筑群形体方案的设计，需同步考虑景观环境设计，即兼顾人的感受。

3.2 前期调查研究和基础资料的收集

前期调查研究和基础资料的收集是对项目从感性认识上升至理性认识的过程，调研内容是否全面，资料收集是否准确，对项目能否有效、准确地进行具体设计至关重要。调研报告主要包括两个部分：一是调查，二是研究。调查，应该深入实际，准确地反映客观事实，不凭主观想象，按事物的本来面目了解事物，详细地占有材料。研究，即在掌握客观事实的基础上，认真分析，透彻地揭示事物的本质。

一般调研工作分为五个方面：现场调研，资料的收集和整理，分析资料、总结问题，提出设计方向，绘制调研报告。

3.2.1 现场调研

对场地周边环境的调研与分析至关重要，设计师应了解城市的概貌，从功能到空间，明确地区的形象和特征，并充分利用现有技术手段如相机、摄像机等，记录场地现状。

具体的调研内容应包括：

（1）现场自然条件：工程地质、水文地质、地表坡度、特殊地貌等场地自然条件。

（2）场地建设条件：周边土地使用性质、建筑形态、道路交通条件、市政基础条件。

（3）场地社会文化条件：对历史文物、风情民俗、城市文化等人文现状走访调研，思考对未来项目的影响。

（4）城市环境认知系统：周边的生活环境、空气质量、街心公园、绿化景观等。

对现场调研的总结应包括：

（1）拍摄现状照片，记录现场业态情况、交通情况，查询场地的区域位置。

（2）对场地的区域位置及周围相关的交通枢纽、旅游景点、名胜古迹、重要建筑等进行分析。

（3）对拍摄的场地周围建筑的立面及天际轮廓线进行分析。

（4）对影响设计的现场其他情况进行分析。

3.2.2　资料的收集和整理

资料主要来源于三个部分：当地城市规划部门积累的地段相关资料，有关主管部门提供的专业性资料，服务方提出的要求和注意事项。资料收集得越充分、越准确，对项目的进一步设计越具指导意义。

3.2.3　分析资料、总结问题

这一步在调研过程中起承上启下的作用，通过对现场调研和相关资料的整理，分析地段的优势和劣势，总结地段的特点，并提出地段建设时将面临的问题以及解决问题的多种可能性。

3.2.4　提出设计方向

有了以上几点的前期准备工作，设计者应该对项目背景已有充分的了解，在不断的调研和分析中，设计者心中应该生成了一个或几个相关的设计思路，并已用自己的方式将其记录下来。这时，设计者应将这些灵感碎片进行梳理，进一步记录下来，便于下一步的思考和引导。

3.2.5　编制调研报告

调研报告是对某一情况、某一事件、某一经验或问题，在实践中对其客观实际情况进行调查了解，将调查了解到的全部情况和材料进行去粗取精、去伪存真、由此及彼、由表及里的分析研究，揭示出本质，寻找出规律，总结出经验，最后以书面形式陈述出来。

绘制调研报告的目的是对前期调研工作进行汇总，分析现状，提出问题，列举切入点，并给出初步设想，为下一阶段做准备。

调研报告的内容具体包括：

1）建筑现状

现有地块周边建筑形态、使用属性、层数（高度）、色彩、风格和地块内现有建筑的相互关系。

2）交通流线

地块周边道路车流状况及其道路状况（时点抽样统计），场地入口，停车场分布及其数量，场地外辐射道路路况。

3）绿化景观

地块内绿化景观现状、道路沿线绿化景观、和周边建筑的关系、观赏角度、视线及其主要停留人群。

4）文物现状

地块内文物地点分布、文物等级、使用情况、城市功能、与周边建筑和景观的关系、旅游开发现状及其发展前景。

5）人员活动

场地现状中人的行为活动观察（包括人员身份属性、活动习惯、活动目的、活动方便性）（考虑问卷调查）。

3.3 场地总体布局设计

3.3.1 场地分析

场地分析是场地设计的第一步。设计者应经过理性和感性的综合分析，形成场地设计的初步思路。场地分析内容要包括影响建筑物定位的主要因素、建筑物的空间方位、建筑物的外观、建筑物与周围景观的联系过程。

场地分析的一般程序如下：

（1）画出场地的范围和形状以确定它的合法用地范围。

（2）确认房屋的缩进距离和已有的土地使用权，有时需要限定建设项目、场地绿化、未来发展等所需的面积和体积。

（3）分析地形和地质条件，确定适于施工和户外活动的区域的位置。

（4）标出可能不适于建设房屋的陡坡和缓坡。

（5）定出可作为排水区域的土地范围。

（6）确定应该予以保留的现存树木和自然植物的位置。

（7）考虑地形和相邻建筑物对日照程度、挡风效果、眩光可能性等的影响。把太阳辐射作为潜在能源进行评价。

（8）确定通往公共道路和公共交通停车站的可能的路口。研究由这些通道路口到建筑物进出口的转盘道。确定通向其他市政服务的通道，最重要的就是消防通道。把合乎需要的范畴和不合乎需要的范畴区分开来。

（9）评价与相邻用地的兼容性。考虑相邻区域已有建筑物的规模和特征对该建筑物设计的影响。绘制临近的住宅、公共设施、商业设施、医疗设施、娱乐设施等的位置图。

（10）列举能够引起交通阻塞和产生噪声的潜在源。

3.3.2 功能分区

功能分区是将场地所包含的内容组合到划分好的若干区域中去，最终规划成一个秩序井然、结构合理的使用场地来满足使用者的要求，其中对各区域功能的明确划分最为重要。在进行功能分区的时候，我们应该注意两方面的内容：一是将场地中的全部内容按照其功能的差异性分成若干个组团和区域，在这里强调的是按功能性去划分；二是将已划分好的内容按照其类似性进行组合，非常注重相同和类似特点的合并（图3-1）。

功能分区混乱是场地设计失败的重要原因。例如在一个具有一定规模的场地中，在初步功能分区中，没有考虑到人车分流的问题，设计师把停车场、公共活动广场合并到一起，造成机动车通行与步行活动相互干扰，破坏场地的整体景观，遗留巨大的安全隐患。

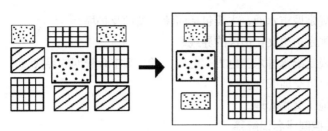

图 3-1　功能分区示意图

功能分区最基本的表现是内容的划分状态，划分的内容包括以下三点：

（1）全部内容被分成了几个组团。

（2）每一个小的部分包含的东西。

（3）哪些内容是由一个组团形成的，哪些内容是被分离开来的。

下面以广州市白云区的政府办公楼群作为实例，说明以上内容（图 3-2）。白云区政府办公楼群坐落在广州市区西北部，北临广园西路，南依白云山，东邻城建学院，西对广州市交通指挥中心。建筑群由政府大楼、党委大楼、人大楼、政协楼、会议厅、食堂、礼堂及宾馆综合大楼组成。场地内的建筑被分为四个组团。宾馆和礼堂组合到一起成为宾馆礼堂区，四栋办公建筑、下沉式广场和会议室组合到一起成为办公区，门庭前的广场和绿化空间组合到一起成为内部的庭院区，食堂等组合到一起成为综合生活区。

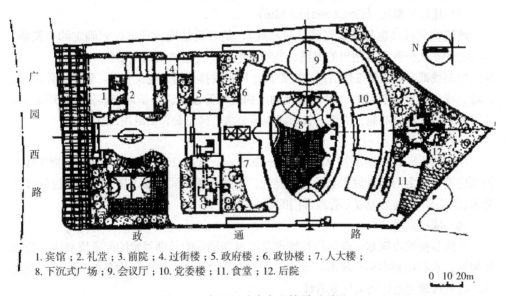

1. 宾馆；2. 礼堂；3. 前院；4. 过街楼；5. 政府楼；6. 政协楼；7. 人大楼；
8. 下沉式广场；9. 会议厅；10. 党委楼；11. 食堂；12. 后院

图 3-2　白云区政府办公楼群平面图

3.3.3　场地规划中几个相关名词定义

1）场地规划中常用七色线的含义

红线：对道路及建设用地边界的控制。

绿线：规定城市公共绿地、公园、单位绿地和环城绿地等的界线。

蓝线：规定城市水面，主要包括河流、湖泊及护堤。

紫线：规定历史文化街区的界线。

黑线：规定给水排水、电力、电信、燃气等市政管网的界线。

橙线：轨道交通管理。

黄线：地下文物管理。

2）相关控制线名词解释

（1）征地界线（Land Boundary）

征地界线是由城市规划管理部门划定的供土地使用者征用的边界线，其围合的面积是征地范围。征地界线内包括城市公共设施，如代征城市道路、公共绿地等。征地界线是土地使用者征用土地、向国家缴纳土地使用费的依据。

（2）用地红线（Boundary Line of Land；Property Line）

用地红线是指各类建筑工程项目用地的使用权属范围的边界线，其围合的面积是用地范围。如果征地范围内无城市公共设施用地，征地范围即为用地范围；征地范围内如有城市公共设施用地，如城市道路用地或城市绿化用地，则扣除城市公共设施用地后的范围就是用地范围。

（3）道路红线（Boundary Line of Roads）

道路红线是城市道路（含居住区级道路）用地的规划控制边界线，一般由城市规划行政主管部门在用地条件图中标明。道路红线总是成对出现，两条红线之间的线形用地为城市道路用地，由城市市政和道路交通部门统一建设管理。

（4）建筑控制线（Construction Site）

建筑控制线（也称建筑红线、建筑线），是有关法规或详细规划确定的建筑物、构筑物的基底位置不得超出的界线，是基地中允许建造建筑物的基线。实际上，一般建筑控制线都会从道路红线后退一定距离，用来安排台阶、建筑基础、道路、停车场、广场、绿化及地下管线和临时性建筑物、构筑物等设施。当基地与其他场地毗邻时，建筑控制线可根据功能、防火、日照间距等要求，确定是否后退用地红线。

（5）城市绿线

在《园林基本术语标准》CJJ/T 91—2002，J 217—2002 中，城市绿线是指在城市规划建设中确定的各种城市绿地的边界线。用地位置不同，城市规划对该地段的绿线要求也不同，应按当地规划管理部门的要求执行。

（6）城市蓝线

蓝线是指城市规划管理部门按城市总体规划确定的长期保留的河道规划线。为保证河网、水利规划实施和城市河道防洪墙的安全以及防洪抢险运输要求，沿河道新建建筑物应按规定退让河道规划蓝线。

（7）城市紫线

城市紫线是指国家历史文化名城内的历史文化街区和省、自治区、直辖市人民政府公布的历史文化街区的保护范围线以及历史文化街区外经县级以上人民政府公布保护的历史建筑的保护范围界线。

3）建筑间距

建筑间距是指两栋建筑物（或者是构筑物）外墙之间的水平距离。在场地设计中，建筑间距应符合防火、日照、采光、通风、卫生、防视线干扰、防噪声等有关规定。在建筑的组群布置中，建筑间距过大或过小都有弊端。建筑间距过大，会造成土地浪费，增加道路长度及管线长度；建筑间距过小，不能满足防火要求，无法提供良好的日照和通风条件，造成建筑质量低下。因此，恰当的建筑间距是设计师及相关人员在场地设计中关注的重点。

（1）建筑防火间距

建筑防火间距是建筑总平面设计中必须重视的环节，总平面设计必须满足建筑相关的防火规范。这部分内容在第 7 章"高层建筑防火"中有详细讲解，在此不作详述。

（2）建筑日照间距

a. 日照间距定义

前后两排南向建筑之间，为确保北面的建筑能够符合日照标准（在冬至日，底层获得不低于 2h 的满窗日照），与之前后相邻的南面建筑与其保持的最小间隔距离，即为日照间距。（注：此为全国通用标准，各地标准有所不同，需具体情况具体分析。）

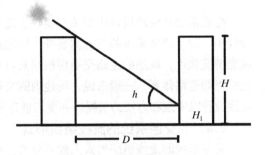

图 3-3　日照间距系数计算示意图

b. 日照间距系数（图 3-3）

日照间距系数 L 公式：$L=D/(H-H_1)$

式中，L：日照间距系数；

D：日照间距；

$H-H_1$：遮挡建筑高度 H 和被遮挡建筑首层地面 0.9m 高外墙处（即计算起点）之高程 H_1 的差值。

日照间距计算时，应考虑室外地坪高程变化对建筑计算高度的影响。

（3）建筑卫生视距

a. 卫生视距概述

在日常生活中，我们的住所之间都应保持良好的视线距离来获得居住的安全感及隐私感。尤其对于住宅建筑，必须要考虑到卫生视距。

b. 卫生视距常用尺度

据调查，人与人之间的距离超过 7.5m 时，人际关系较舒适。从人的视觉感觉来看，1200m 以内尚可辨认出人体，24m 内可认出对方，12m 内可以看清对方长相，1 ~ 3m 距离较近，感觉可以触到对方。对于建筑之间的距离，一般多层住宅居室与对面居室之间的距离以不小于 20m 为宜，12m 为上限。低层住宅相距 7.5m 以上为宜。

建筑之间的卫生视距，主要就是为了保护居民的隐私与安全感，故而保障好居住质量与环境。

c. 住宅建筑正、侧面间距及其视觉卫生要求

住宅建筑间距分正面间距和侧面间距。住宅正面间距是指按当地较好朝向布置的前后两栋住宅建筑的间距。住宅建筑侧面间距一般是指一栋住宅建筑的与当地较好朝向相垂直的侧面（或叫山墙面）与另一栋住宅建筑的侧面的间距。住宅建筑侧面间距

37

除考虑日照因素外，通风、采光、消防，特别是视线干扰以及管线埋设等要求往往也是主要的影响因素。

住宅正面卫生视距，主要取决于日照要求。当满足日照要求后，卫生视距基本满足。

住宅侧面卫生视距，应符合下列规定：

多层板式住宅之间宜不小于 6m；高层板式住宅与各种层数住宅之间宜不小于13m。日照因素、通风、采光、消防以及视觉卫生、管线埋设，均要合理考虑。

高层塔式住宅、多层和中高层点式住宅与侧面有窗的各种层数住宅之间应加大间距，北方一般不小于 20m，南方根据用地等实际需求来考虑。

3.4 场地道路及交通系统设计

交通系统在场地设计中至关重要，它是场地设计的基本骨架。在场地的道路交通设计中，除了满足基本的交通需要外，场地道路交通还应反映所在场地的生活属性和观光游览属性。场地的道路交通应根据其自身需要进行有效设计，从而设计出适合场地特点的道路体系。一般来说，场地内的交通系统包括车行系统和人行系统，交通的流线设计以安全和方便为前提，并要与城市的道路交通系统妥善衔接。

3.4.1 交通系统的流线组织形式

交通系统的流线组织形式大致可分为三种：尽端式、环绕式、通过式。这三种形式特点不同，使用的情况也有所区别，下面将具体介绍这三种流线组织形式（图 3-4）。

1）尽端式

尽端式是指通过道路进入场地内目的地后，沿原路返回的一种交通流线形式，也就是入口和出口合二为一。一般情况下，用地面积较小或受场地限制，功能较为单一的场地中，交通流线组织会考虑此种形式。

2）环绕式

环绕式与尽端式相对应，各流线在场地中互相连通，各流线的起点和终点不明确。环绕式是交通流线中使用最普遍、适用性最强的一种流线组织形式。公共建筑及小区规划等通常以环通式交通为区域道路组织的基础，形成完整的环路，有效地将场地内的建筑联系、组织起来。当场地能够提供环通式交通流线的条件时，建议采用此种形式。

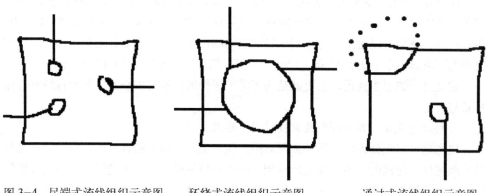

图 3-4 尽端式流线组织示意图　　　环绕式流线组织示意图　　　　通过式流线组织示意图

3）通过式

通过式是指流线从入口进入场地后直接从另一个出口出去，无需折返，各条流线的起点和终点十分明确。这种方式最大的特点是有明确的流线，可以避免混杂。这种流线组织可以充分避免不同流线之间的相互干扰和穿越，因此当场地各部分的流线性质差异较大时，建议采取这种形式（图 3-4）。

在实际的场地设计中，整个场地的流线组织形式多以这三种形式为基础，选取其中一种或几种，结合实际情况，有机组织，形成综合的交通流线。

3.4.2　交通系统的结构模式

设计师在对商业建筑群、城市综合体、商务办公区等复杂的项目进行场地设计时，为了保证各项活动的正常进行，流畅的交通组织、安全的场地空间是场地交通设计的重要因素。行人密集、交通频繁的地区，既要有良好的交通条件，又要避免交通拥挤、人车干扰。因此，面对这种复杂场地时，具有一定结构模式的交通系统往往会取代简单的交通组织。下文将介绍三种交通系统的结构方式，以作为设计师处理复杂问题时的选择形式。

1）人车分流

在场地内开辟完整的步行系统，把人流量大且以步行为主的功能区域与步行系统结合设计，形成人流、车流明确分开，各行其道的流线组织。这种形式可以提供良好的场地安全性，且分区域有效地组织人流和车流，可以减少相互干扰，提高通行效率。

2）交通分散

在场地内设分散道路，避免城市交通穿越中心人流密集区域。这种分散交通的道路可平行城市主干道，也可环绕中心区。在分散交通的道路与城市中心之间建立若干连接道路，这种连接路对城市中心内部交通起着分散作用，确保中心区交通循环的灵活性。

3）立体交通

将场地内道路分为两层，下层为车道，上层为人行道。各类公共建筑均布置在上层人行道两侧。公共交通、公共建筑供货车辆等，均能直达各点，人们下车后通过垂直交通到达上层空间，进行各种活动。步行活动和机动车交通运输由二层空间完全分开，既保持一定联系，又相互不干扰。

3.4.3　交通系统的道路设计

1）车行道路宽度设计

场地内的车行道路宽度一般由通行车辆的种类和可能的高峰交通量来决定，同时也要考虑气候条件、地形以及维护要求等因素的影响。

（1）道路宽度

一般规定场地内单车道最小宽度为 3.5m，双车道为 6.0～7.0m，主要车行道为 5.5～7.0m，次要车行道为 3.5～6.0m。当考虑机动车与自行车共用时，单车道最小宽度为 4.0m，双车道最小宽度为 7.0m。

（2）道路边缘距建、构筑物的距离

道路边缘至路边建、构筑物等的最小距离（m）　　　　表3-1

类别	最小距离	类别	最小距离
无出入口的建筑外墙面	1.5	建筑物面向道路有汽车出入口	6.0～8.0
建筑物面向道路，一侧有出入口，但出入口不通行汽车	3.0	栏杆、围墙、树木等	1.0

（3）消防车道

高层建筑最好有环形消防车道，消防车道宽度不小于4m。穿过建筑物的消防车道，其净宽和净高均不应小于4m。如穿过门垛，其净宽不应小于3.5m。道路上空遇有障碍物时，路面与障碍物之间的净空不应小于4m。高层建筑的消防车道路边距建筑物外墙宜大于5m。长度超过35m的尽端式车行道路应设置回车场。供一般消防车使用的回车场不应小于12m×12m，大型消防车的回车场不应小于15m×15m。消防车道的具体相关规定可参见消防章节及相关规范。

2）道路转弯半径

在车流量较小处，转弯半径满足最小值需求即可。一般情况下，对于小汽车，道路的转弯半径不应小于6m，对于大客车，道路的转弯半径不应小于12m，对于载重货车，应按具体车辆型号来定，中型货车要求不小于9m，而重型货车可能会要求12～18m。

3）道路交叉口处的视距保证

在一般情况下，会车视距不应小于20m，为了确保视线通畅，在视距范围内，不应设置任何遮挡视线的物体，如建筑物、围墙、树木等。

4）人行道设计

设置在道路的一侧或两侧的人行道，宽度不小于1.0m。其他人行道的宽度可以小于1.0m。人行道边缘至建筑物外墙的最小距离为1.5m。

3.4.4　交通系统的停车场设计

1）停车场的类型

（1）地面停车场，布置于基地地面，在场地中作为独立要素。

（2）组合式停车场，位于绿地、广场的地下，建筑物的架空底层，地下室或屋面之上等。

（3）多层停车场，采取多层布置方式，将水平的停车空间叠合起来，组成独立的构筑物（图3-5）。

2）停车场的位置选择

地上停车场的一般布置方式是沿场地边缘和在场地内部中央布置。停车场沿场地

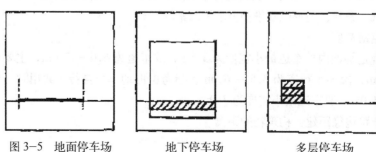

图3-5　地面停车场　　　地下停车场　　　多层停车场

边缘布置：优点是停车场接近场地入口，车流进入场地后马上被导入停车场，减少场地内部的车流量。缺点是当基地较大时可能会存在人、车流线转换的衔接问题，延长了使用者下车后的步行距离。停车场在场地内部中央布置，利弊关系与停车场沿场地边缘布置的优点和缺点相反（图3-6）。

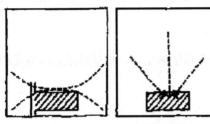
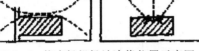
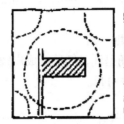
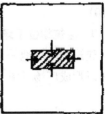

图3-6 停车场沿场地边缘位置示意图　　停车场沿场地内部中央位置示意图

3）停车场的布置形式

（1）集中形态布置的停车场：

停车场采取集中形态布置，在一般规模的场地中还是很适用的。场地规模适中，用地条件适宜，停车量不是很大，宜发挥这种形式的优势（图3-7）。

（2）分散形态布置的停车场：

停车场采取分散形态布置，充分发挥一些零散的边角地块的作用，有效解决停车问题，避免用地的浪费，提高用地效益（图3-8）。

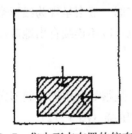
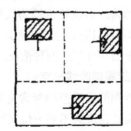

图3-7 集中形态布置的停车场示意图　　图3-8 分散形态布置的停车场示意图

3.5 广场、步行街等城市公共空间设计

广场、步行街等城市公共空间的布置，可以理解为对场地的虚实设计。场地中的实体以建筑物和构筑物为主，虚空间包括广场空间、步行空间等没被建筑覆盖的空间，场地设计中，虚实空间多是由实体围合限定而成的，布局形式多样，没有一成不变的方法。下面将详细介绍几种典型的空间布局方式。

3.5.1 以建筑物为核心限定公共空间

建筑物以场地核心的角色存在于场地中。场地中其他要素以建筑物为核心，围绕主体建筑设计。由于建筑物所处位置不同，场地的虚实空间关系也会有所差异，形成的广场空间也不同。

41

1) 建筑物位于场地中心

建筑物位于场地中心，场地四周形成的公共空间相对均等，没有明显的广场（图3-9）。

2) 建筑物位于场地一侧

建筑物向场地一侧退让，场地另一侧退让出大片空间，从而形成建筑前广场（图3-10）。

3) 建筑物位于场地一角

建筑物向场地一角退让，场地形成广阔的弧形区域空间，根据场地实际情况和需要可以形成广场（图3-11）。

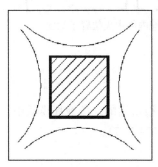 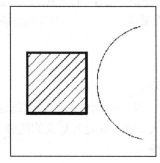 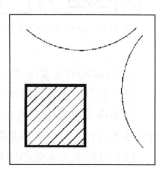

图3-9　建筑物位于场地中心　图3-10　建筑物位于场地一侧　图3-11　建筑物位于场地一角

3.5.2　线形建筑物限定公共空间

建筑物为线形或建筑群为线形时，建筑所限定的空间一般会呈现为线形空间。这些线形空间可以连续规则地围绕于建筑内侧或外侧，也可以不连续自由地散落于建筑缝隙间。下面将介绍这两种情况。

1) 连续规则的线形空间

连续规则的线形空间经常会形成商业街或步行街，是很好利用的空间形式。这种空间根据所处建筑的不同方位又可分为外向围绕和内向围绕（图3-12）。

2) 不连续自由的线形空间

不连续的线形空间的产生往往是因建筑实体的限制，这些较为分散的空间经常形成小型广场、花园，彼此间相互联系，相互呼应（图3-13）。

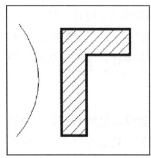 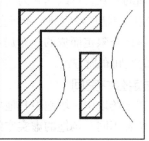 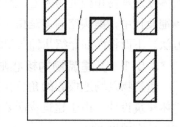

　图3-12　连续规则的线形空间　　图3-13　不连续自由的线形空间

3.5.3　围合式建筑限定公共空间

当场地四周被建筑围合时，场地中心便形成一个相对封闭的广场，广场和城市被建筑隔开，因此广场给人的感受相对内向，安全感强（图 3-14）。

3.6　场地绿化、景观小品设计

3.6.1　绿化的作用

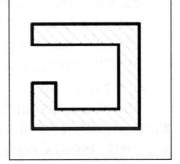

图 3-14　围合式建筑限定
公共空间示意图

绿化对我们的日常生活影响重大。绿化可以制氧气、调节空气湿度、改善大气环境、阻隔噪声，它对于我们的日常生活、生产都产生着非常积极的影响。绿化可以改善环境，美化环境，绿化是建筑总平面布置的范畴。

1）划分空间

绿化可以划分空间、限定空间、围合空间，同时并不把空间截然分开，分而不断，在划分空间的同时保持了视觉上、空间上的连续性。

灌木与乔木之间的不同配置结合，可以产生不同的限定空间、视觉感受。

2）行道树

行道树具备抗空气污染、防噪声等优点，主要位于道路两旁或分隔带中央，以起到美化、遮阳和防护作用。

行道树分为常绿和落叶两大类。在行道树的选择上，要考虑与当地的环境特点相适应的树种。全国各城市有代表性的行道树各不相同，例如北京的国槐、海南的椰树、南京的雪松等。在同一条道路上，行道树的定干高度必须一致，株距要根据品种确定，一般距离为 5 ~ 8m。

3）限制行人

很多时候是为了指示和限制人流行走方向，有时是为保护某些场地中的绿地，避免其被践踏，有时是为避免行人穿越，如停车场等。

4）遮挡视线

利用绿化遮挡一些不愿让人看到的、影响景观的部分，如单调的长围墙、垃圾站、一些服务辅助设施等。

5）阻隔噪声、风沙及冷空气

在场地内面向噪声源或风沙及冷空气来源的一侧设置绿化带，可有效地降低噪声、风沙对场地的干扰，减弱它们对场地的影响。

6）遮挡烈日

某些场地在夏季时需要避免烈日曝晒，一般在需要避免日晒的场地的南侧或西南侧种植落叶乔木。

3.6.2　绿化覆盖率和绿地率

1）概念

（1）绿化覆盖率（Green Ratio）

绿化植物的垂直投影面积占总地面积的比值。

绿化覆盖率（%）＝植被覆盖面积（m²）／场地总面积（m²）×100%×绿地率（%）＝场地内各类绿地总面积（m²）／场地总面积（m²）×100%

（2）绿地率（Ratio of Green Space/Greening Rate）

居住区用地范围内各类绿地面积的总和与居住区用地面积的比率。

2）绿地计算的范围

场地内的绿地包括绿化用地（或公共绿地）、宅旁绿地（或建筑间距内及建筑四周的绿地）、服务设施所属绿地、防护绿地、道路绿地及其他用以绿化的用地等，但不包括屋顶、晒台的人工绿地。

绿地率一般不低于 30%。

绿地率中的"地区总面积"为独立开发地区（如城市新区、居住区、工业区等）。绿地率不同于绿化覆盖率，后者包括树冠覆盖的范围和屋面的绿化。

严格地讲，国家有关园林绿化的用语中，没有"绿化率"这一说法，只有"绿地率"、"绿化覆盖率"之说。

3.6.3　绿化的布局形式

绿化的布局形式有多种划分方式，本文按绿化位置的不同和人流分配的不同进行分类。

1）按照绿化位置的不同，绿化平面布置的形式也不同

（1）周边围合式

周边围合式种植形成封闭安静的环境，内敛性很强。

（2）中心式

中心式种植可以充分发挥绿化的主导作用，绿化成了视觉中心。

（3）对景式

对景式种植可以形成怡人的对景画面，过去，纪念性场地常采用此种布局。

（4）边侧式

边侧式种植比较灵活、活泼。

（5）全面式

全面式种植可以成为独立花园，具有强烈的绿色氛围。

2）按照人流分配的不同，绿化平面布置的形式也不同

（1）规则式

规则式的布置形式比较规则、严整，多适用于平地，往往采用对称布局。道路多为直线和几何形式，轴线明确。西方园林为典型的规则式、几何式布局。现代场地布置中也经常使用该形式。

（2）自然式

根据地势、地形，顺应自然，不求对称形式，强调创造自然形态，适用于山丘处。东方园林就是典型的自然式。

（3）混合式

不完全采用几何对称布局，也不过分强调自然，自然与人工相结合，成为能适应不同要求的形式。

（4）园林式

沿用了我国的古代筑园手法，利用巧妙的构思，将植物、垣篱、游廊等与建筑物完美结合，利用水系组织空间，形成因地制宜、浑然天成的具有中国古典园林风格的绿化设计。

3.6.4 景观小品的作用

景观小品是景观中的点睛之笔，一般体量较小，色彩单纯，对空间起点缀作用。小品具有实用功能，又具有精神功能，景观小品一般包括：①建筑小品——雕塑、壁画、亭台、楼阁、牌坊等；②生活设施小品——座椅、电话亭、邮箱、邮筒、垃圾桶等；③道路设施小品——车站牌、街灯、防护栏、道路标志等。

景观小品的主要功能有以下几点：

1) 美化环境

景观设施与小品的艺术特性与审美效果，加强了景观环境的艺术氛围，创造了美的环境。

2) 标示区域特点

优秀的景观设施与小品具有特定区域的特征，是该地人文历史、民风民情以及发展轨迹的反映。这些景观中的设施与小品可以提高区域的识别性。

3) 实用功能

景观小品，尤其是景观设施，主要目的就是给游人提供在景观活动中所需要的生理、心理等各方面的服务，如休息、照明、观赏、导向、交通、健身等需求。

3.6.5 景观小品的设计要点

1) 座椅——景凳

(1) 景凳的功能

休息、赏景、饰景。

(2) 位置选择

首先选择在需要休息的地方，其次是有大量人流活动的园林地段，如各种活动场地周围、出入口、小广场周围等。

(3) 布置方式

沿街设置的座椅不能影响正常的城市交通，尤其是人行道的正常交通，同时也不能偏离人行道太远；与其他公共设施成组设置，例如公共汽车候车亭、电话亭、报刊栏、垃圾箱、饮水器等；座椅避免面对面设置，可以成角布置，以90°～120°之间最为适宜；另外，考虑到残疾人和老年人的特殊需求，应留有轮椅和拐杖停靠空间。

(4) 椅的尺寸要求

一般椅子的尺度要求：座椅高度为350～450mm，坐板水平倾角为6°～7°，椅面深度为400～600mm，靠背与坐板夹角为98°～105°，靠背高度为350～650mm，座位宽度为600～700mm/人，双人椅为120cm左右，三人椅为180cm左右。

2) 棚架

(1) 棚架的功能

棚架有分隔空间、连接景点、引导视线的作用，棚架顶部由于有植物覆盖而产生庇护作用，同时减少太阳对人的辐射。有遮雨功能的棚架，可局部采用玻璃和透光塑料覆盖。适用于棚架的植物多为藤本植物。

（2）棚架的规格

棚架形式可分为门式、悬臂式和组合式。棚架高宜为2.2～2.5m，宽宜为2.5～4m，长度宜为5～10m，立柱间距为2.4～2.7m。

（3）棚架下座椅的设置

棚架下应设置供休息用的椅凳。

3）铺地

（1）铺地的功能

地面铺装的设计是景园布置的重要内容之一。场地的室外部分，除了有植被覆盖的地面，均需要采用某种形式的地面铺装。不同的铺砌形式可表示出不同区域的性质以及活动的区别，暗示空间划分，有助于人们分辨出各区域的不同特点。

（2）铺装的选择

根据不同的使用要求，地面铺装可使用多种材料：卵石、砾石、天然散石主要用于庭院、天井等处，这样的材质有利于室内外空间的过渡，提升建筑的亲切感；尺度较大的石材适用于体量较大的广场，规则的形状及自然的肌理，符合广场自然、大方之感。

3.7 场地管线设计简述

3.7.1 地下管线的类别

1）给水管

给水管是由水厂直接加压送至用户的管路，多为埋地铺设的压力管。生活用水和消防用水可以用一个给水管，生产用水和生活用水水质不同时，要分设管道。

2）排水管

排水管是指用户使用后的污水和废水通过管道输送到水净化设施的管道。多为埋地铺设的自流管，有的排水管也为压力管。

3）热力管

热力管为压力管，包括蒸汽管和热水管。由锅炉生产蒸汽和热水，通过热力管送到需要的地方。热力管可以架空、直埋和管沟铺设。

4）电力线

电力线是指通过发电厂或变电站将电力输送到用户的线路。由于电力线带有安全隐患，因此电力线要保证其绝缘性并应留有足够的安全空间。电力线可以架空，也可埋地铺设。

5）电信线路

电信线路包括电话线、有线电视、广播等线路。电信线路的铺设可用裸线，但应与电力线分开，避免干扰。

6）燃气管

燃气管包括天然气管和煤气罐。燃气管是经过燃气公司产生天然气或煤气送至用户的管线。燃气管铺设一般采用埋地铺设，工业厂房可采用架空的铺设方式。

3.7.2　地下管线的布置原则

1）管线的铺设方向应与道路或主要建筑平行铺设（图 3-15）。

2）管线综合布置与总平面布置、竖向设计和绿化布置统一进行。

3）管线铺设发生矛盾时，应遵循避让原则：

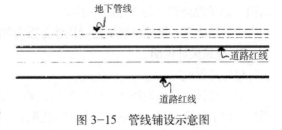

图 3-15　管线铺设示意图

(1) 压力管让自流管。

(2) 管径小的让管径大的。

(3) 易弯曲的让不易弯曲的。

(4) 临时性的让永久性的。

(5) 工程量小的让工程量大的。

(6) 新建的让现有的。

(7) 检修次数少的、方便的，让检修次数多的、不方便的。

3.8　总平面绘制

3.8.1　总平面图纸内容

1）总平面标注

(1) 建筑名称、高度、层数。

(2) 建筑轮廓尺寸线、建筑定位尺寸线、建筑与建筑间距标注、道路宽度、道路定位尺寸线。

(3) 场地出入口标注、建筑出入口标注。

(4) 场地标高。

(5) 地下车库、自行车车库标注。

(6) 地下建筑轮廓线。

(7) 指北针、比例尺。

2）经济技术指标

(1) 建设用地面积，是指项目用地红线范围内的土地面积，一般包括建筑区内的道路面积、绿地面积、建筑物所占面积、运动场地等。

(2) 总建筑面积，指在建设用地范围内单栋或多栋建筑物地面以上及地面以下各层建筑面积之总和。

(3) 建筑面积，指建筑物各层外墙（或外柱）外围以内水平投影面积之和，包括阳台、挑廊、地下室、室外楼梯等，且具备上盖、结构牢固、层高 2.20m 以上（含 2.20m）的永久性建筑。

(4) 基地面积，指根据用地性质和使用权属确定的建筑工程项目的使用场地的面积。

(5) 建筑密度，建筑物底层占地面积与建筑基地面积的比率（用百分比表示）。

(6) 建筑容积率，系指建筑总楼板面积与建筑基地面积的比值。容积率 = 总建筑面积／总用地面积（与占地面积不同）。

（7）绿化率，指项目规划建设用地范围内的绿化面积与规划建设用地面积之比。

3）建筑设计说明

（1）工程概况

对于设计项目的地块周围的情况作简要介绍，对于设计项目的用地面积、总建筑面积、地上建筑面积、地下建筑面积作说明。

（2）工程设计的主要依据

a.甲方提供的设计任务书。

b.甲方提供的地形图和红线图。

c.规划部门提供的方案设计要点及规划部门审批通过的方案审批意见书。

d.甲方有关方案修改的一般性函件。

（3）工程设计采用的标准及规范

《民用建筑设计通则》GB 50352—2005；

《建筑设计防火规范》GB 50016—2006；

《汽车库、修车库、停车场设计防火规范》GB 50067—97；

《汽车库建筑设计规范》JGJ 100—98；

《城市道路和建筑物无障碍设计规范》JGJ 50—2001，J 114—2001；

《公共建筑节能设计标准》GB 50189—2005；

《饮食建筑设计规范》JGJ 64—89；

《旅馆建筑设计规范》JGJ 62—90；

《建筑内部装修设计防火规范》GB 50222—95（2001 版）；

《人民防空地下室设计规范》GB 50038—2005；

《人民防空工程设计防火规范》GB 50098—98（2001 年版）；

《地下工程防水技术规范》GB 50108—2001；

《建筑工程设计文件编制深度规定》（2008 版）；

《屋面工程技术规范》GB 50345—2004；

中华人民共和国《工程建设标准强制性条文》；

现行的国家有关建筑设计规范、规程和规定。

（4）项目概述

对项目的性质及包含的主要建筑功能作简要概述。

（5）规划条件

对场地周围道路的退用地红线的要求作说明。

（6）设计理念

主要从规划布局理念、功能布局理念、交通组织等几个方面作说明。

3.8.2　实例介绍

1）模型的制作方法

（1）准备工作：

基本工具：剪刀、刻刀、尺子、乳胶、双面胶等。

基本材料：各色卡纸、KT 板、航模木板、色纸、草屑、树模等。

（2）模型比例：

城市规划、住宅区规划等大范围的模型，比例一般为1：3000～1：5000（图3-16）。

楼房等建筑物，通常为1：200～1：50，采用与设计图相同比例的居多。

（3）制作底座与建筑场地：

确定模型的制作比例后，就可以开始制作模型的底座和建筑场地了。建筑场地如果是平坦的，制作模型则简单易行；场地若高低不平，场地内的等高线可以采用多层粘贴的方法制作，按比例制作场地内的等高线，选用的材料以软木板和苯乙烯纸为宜，尤其是苯乙烯吹塑纸板。

草地的制作，如果面积不大，可以选用色纸，面积稍大的，可以选用草皮

图3-16　城市设计模型

或者草屑。草皮直接粘在基地表面即可，若用纸屑，要事先在基地表面涂一层白乳胶，然后把纸屑均匀撒在有草的地方，等乳胶干了即可。

水面的制作。水面不大的，简单着色即可；如果面积较大，可选用玻璃板或丙烯之类的透明板，在其下面粘贴色纸或者着色。

（4）建筑体量模型：

建筑体量模型根据比例制作，注意不同类型建筑的进深，注意建筑之间的间距是否满足采光和卫生视距要求。

2）体量模型学生作业

（1）作业示范（图3-17）：

（2）学生共存的问题：

a. 对建筑防火问题的重视不够。

b. 建筑面积普遍不足，容积率普遍不够。

c. 对于新建的高层群体建筑的高度及立面风格对周围现有建筑的影响考虑得不够全面深入。

d. 没有重视经济技术指标的计算

e. 绿化率普遍偏小。

f. 采光、通风问题考虑得不深入。

g. 总平面图中的道路线、广场线、绿化线表示得不清楚。

3）学生城市设计作业成果

（1）总平面规划图（图3-18）

（2）分析图（图3-19）

（3）汇报图纸（图3-20～图3-23）

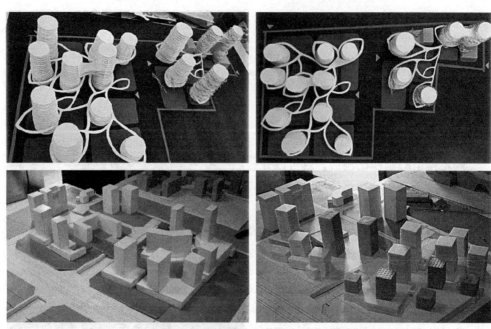

图 3-17 学生作业：丽泽桥商务组团城市设计模型（梁曼青等）

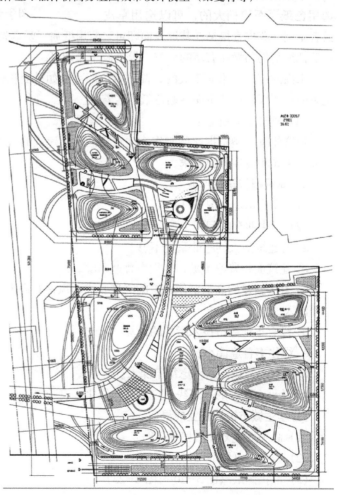

图 3-18 学生作业：丽
泽桥商务组团城市设计
（马秋妍）

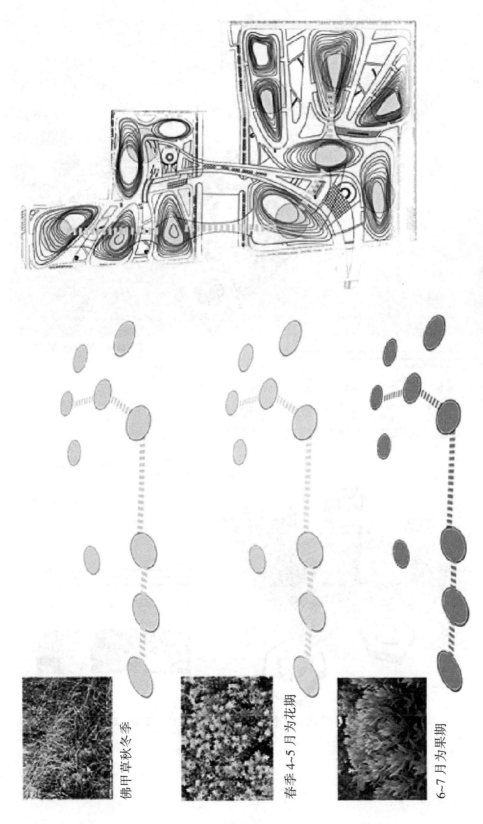

佛甲草秋冬季

春季 4~5 月为花期

6~7 月为果期

图 3-19　学生作业：丽泽桥商务组团城市设计（马秋妍）

51

图3-20 学生作业：丽泽桥商务组团城市设计（张萌、赵萌）

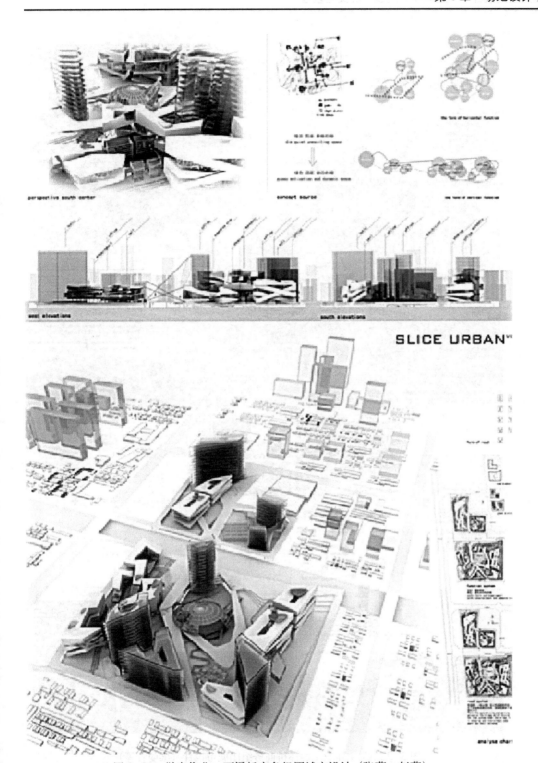

图 3-21 学生作业：丽泽桥商务组团城市设计（张萌、赵萌）

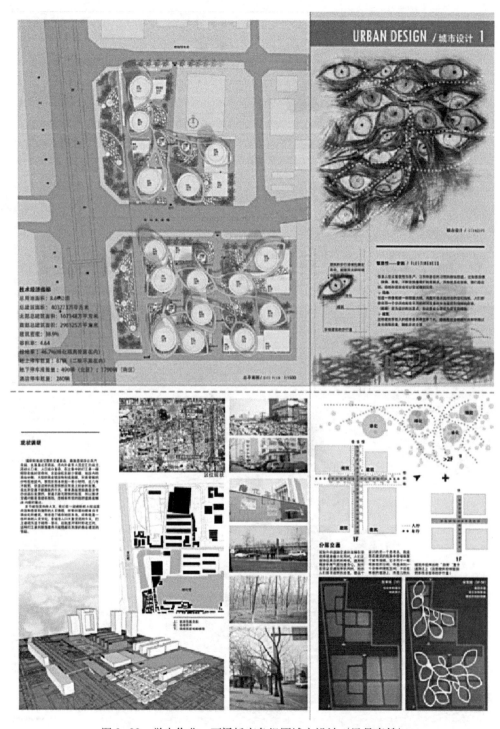

图 3-22　学生作业：丽泽桥商务组团城市设计（梁曼青等）

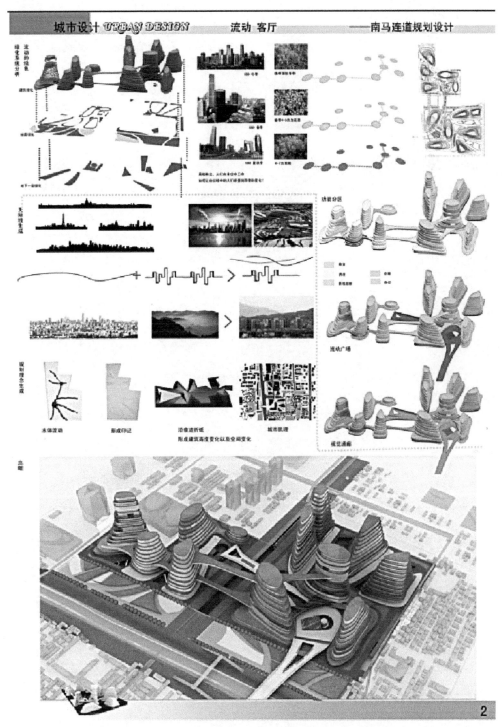

图 3-23　学生作业：丽泽桥商务组团城市设计（马秋妍）

第4章

高层办公建筑

4.1　高层办公建筑的组织类型及特点

  4.1.1　高层办公建筑的基本组成

  4.1.2　高层办公建筑空间组织形式

  4.1.3　高层办公建筑的优越性及其特点

4.2　高层办公室门厅的空间组织形式

  4.2.1　门厅组成示意图

  4.2.2　高层办公楼门厅的平面位置

4.3　高层办公楼办公室空间组织类型

  4.3.1　六种常见的办公室布局方式

  4.3.2　大空间办公室

4.4　高层办公建筑标准层设计

  4.4.1　标准层的概念和设计意义

  4.4.2　高层办公建筑标准层设计的影响因素

4.4.3　高层办公建筑标准层设计的原则

4.4.4　高层办公建筑标准层平面的形态构成

4.4.5　高层办公建筑标准层空间的形态构成

4.4.6　高层办公建筑避难层（间）设计

4.4.7　高层办公建筑竖向交通的排布和设计

4.4.8　高层办公建筑标准层设计的发展趋势

4.5　优秀实例解析

  4.5.1　教学内容

  4.5.2　优秀作业

建筑资料集对办公楼的定义是"建筑物内供办公人员经常办公的房间称为办公室,以此为单位集合成一定数量的建筑物称为办公楼"。高层办公楼的定义真正被提出是在1972年"国际高层会议"上,并将其划分为四类:

第一类高层建筑:9～16层(最高达50m);

第二类高层建筑:17～25层(最高达75m);

第三类高层建筑:26～40层(最高达100m);

第四类高层建筑:40层以上(高度100m以上)。

从类型上来说,现代高层办公建筑大致可分为四类。第一类是大型房地产开发商投资建设的办公楼,用于出租,换取利益,这种类型较为常见,北京地区较著名的有SOHO办公楼、东方新天地写字楼。第二类为某一大公司、企业用于自身业务发展而建设的高层办公楼,比较著名的有CCTV和保利集团的专属办公楼。第三类为高层政府办公楼,如中国人民银行。第四类为综合性办公楼,以写字楼为主,含有公寓、旅馆、商店、展览等公共设施的建筑物,这类建筑常以群体出现,如北京国贸建筑群(图4-1)。

图4-1 (从左至右)建外SOHO、保利大厦、北京国贸建筑群

4.1 高层办公建筑的组织类型及特点

4.1.1 高层办公建筑的基本组成

图4-2 办公楼基本组成图

4.1.2　高层办公建筑空间组织形式

高层办公建筑中，根据使用要求的不同，办公室的组织形式也千差万别，以下四种组织类型，基本代表了全部高层办公楼的不同组织类型。

1）设计室的空间组织形式

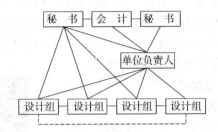

2）广告公司的空间组织形式

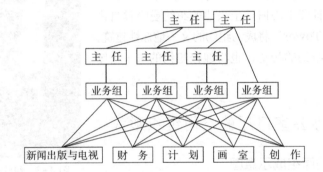

3）大型公司管理部门的空间组织形式

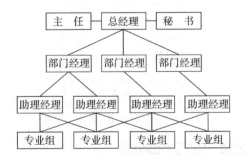

4）政府职员办公室的空间组织形式

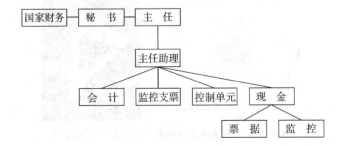

4.1.3 高层办公建筑的优越性及其特点

1）节约城市用地，提高生活效率

一方面，高层办公建筑可有效提高土地使用率。高层建筑合理地向竖向空间发展，解放地面空间，并预留出更多的用地面积，有效增加城市绿化面积，塑造人性化的外部空间环境。高层办公建筑在节省城市用地的同时，节约了城市市政设施的投资。另一方面，高层办公建筑可有效提高生活效率。综合性的办公楼将办公和生活适当集中，可促进相互间的沟通，营造人性化的生活、办公环境，同时缩短交通联系的路程，降低交通流量，对缓解交通压力具有积极的意义。

2）作为城市的标志性建筑

高层办公建筑凭借其高耸的建筑造型，独特的形体设计，往往会成为一座城市的标志性建筑，提供一个俯视城市景观的空中场所。台北 101 大楼被称为"台北新地标"，游客登上顶层，俯视全台北，壮观的景象不言而喻。在世贸中心旧址上兴建的纽约曼哈顿自由塔（Freedom Tower）将成为纽约的又一地标性建筑，这座建筑纪念纽约的历史，也将迎接纽约的未来（图4-3）。

图4-3 纽约曼哈顿自由塔

4.2 高层办公室门厅的空间组织形式

4.2.1 门厅组成示意图

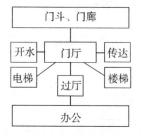

图4-4 办公楼门厅组成示意图

4.2.2 高层办公楼门厅的平面位置

1）单一功能的塔式高层办公楼，首层为开敞式门厅

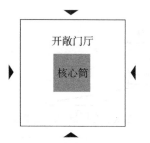

图4-5 南京绿地国际商务中心入口门厅示意图

2) 商业综合体的塔式高层办公楼的门厅布置方式

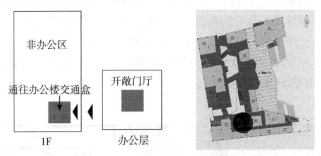

图 4-6　门厅布置示意图

3) 门厅独立于办公楼主体外

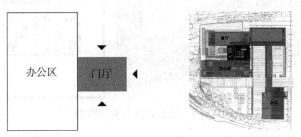

图 4-7　韩国首尔 LG 电子研发中心门厅示意图

4.3　高层办公楼办公室空间组织类型

4.3.1　六种常见的办公室布局方式

1) 小间办公室

办公人员被分配在每个小办公室内，2 ～ 4 人每间。办公室以自然采光为主，辅以人工照明。主管人员及高层领导有独立的办公室。小间办公室的特点是：私密性相对较强，降低了办公人员间的相互干扰，主管人员有自己独立的办公空间，但由于有过多的隔断划分，每个办公室间的相互交流不够便利，不利于办公人员相互了解工作状况。这种类型的办公室适用于各部门相对独立的工作环境（图 4-8）。

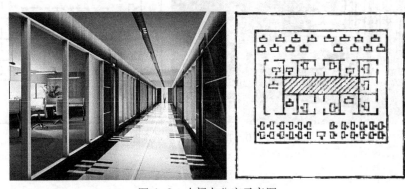

图 4-8　小间办公室示意图

2）成组式办公室

容纳 20 人以下的中等办公室。办公人员被安排在多人房间内，桌椅成行列式排布。高级办公人员及领导设有独立的办公室。成组式办公室的特点是办公人员间相互配合紧密，但易造成工作干扰。这种组合方式，有利于高级办公人员掌控全局。因空间进深较大，设计者应关注空间的采光、通风等问题。这种类型的办公室适用于各部门间相互配合紧密的工作环境（图 4-9）。

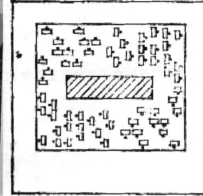

图 4-9　成组式办公室示意图

3）开放式办公室

大进深办公室的布局方式，强调办公人员间的密切配合。根据办公人员的行为特点排布家具，采用多种手段限定空间，形成灵活多变的开敞式办公模式。

开放式办公室首次将普通员工同高级员工置于同一空间，突出了工作的透明性和平等性，提供了开放式的办公思路，但同时，使用者认为缺乏私人空间。办公室的规模也不宜过大（图 4-10）。

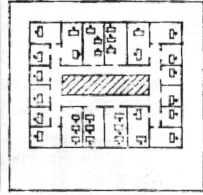

图 4-10　开放式办公室示意图

4）景观办公室

景观办公室是伴随着办公室管理日趋复杂化和办公人员对工作环境需求的提高而产生的。办公环境随机设计,根据工作的形式随机限定边界。景观办公室注重生活环境,为办公室提供灵活多变的空间形式。景观办公室通常有二种形式：第一种,借助场地景观条件, 如办公楼层的高度、大海、公园、广场等设计办公室的规模及朝向。这种类型的景观办公室对周边环境要求较高,适用性相对较小。第二种,采用隔断、绿化、适宜的色彩装潢对办公室进行分割,满足不同办公环境的需求。这种类型的景观办公室, 主要对内部环境进行设计,是较为常见的一种形式（图 4-11）。

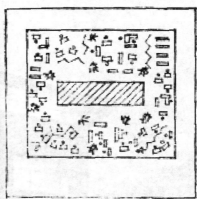

图 4-11　景观办公室示意图

5）SOHO

SOHO——Small　Office　(and) Home　Office 是根据工作性质, 将以上两种或多种办公室相结合的布局方式,如小型办公室、家庭办公室。这种办公室的形式为自由职业者提供了灵活的办公空间。SOHO 代表了一种自由、开放、弹性的工作方式。因此,SOHO 没有固定的设计模式,可以是小面积的单间办公室,也可以是若干办公室的组合体, 一切根据使用者的需求和爱好而定,形式多样,不受拘束,是一种舒适、灵活,广受创意工作者热爱的空间形式（图 4-12）。

图 4-12　SOHO 办公室示意图

4.3.2 大空间办公室

1）大空间办公室的特点

大空间办公室一般指开放式办公室和景观办公室。其优点在于空间通透，布局灵活，可提高建筑面积使用率，提高办公人员的工作效率。缺点为办公噪声大，易造成视线干扰，且需要大量采用人工环境设施。这种办公形式是塔式高层办公楼常见的一种布局方式（图4–13）。

图4–13　大空间办公室

2）大空间办公室的尺度

设计办公空间的尺度应从以下四个方面考虑：

（1）人体基础数据；

（2）家具、设施的形体和使用范围；

（3）适宜的室内物理环境参数；

（4）相应的规范要求。

人体基础数据应从人体构造、人体尺度和人体行为等方面综合收集，并反映到办公空间的设计中。家具、设施的尺度和形体要以人体尺度为主要依据，以人为本，合理编排使用和活动的空间。室内物理环境包括热环境、声环境、光环境、辐射环境等，控制好办公室内物理环境的参数，以便提供舒适的工作环境。办公空间的设计首先要满足相应规范的要求，大空间办公室的尺度要综合考虑消防系统、强弱电分布的合理性，综合分析后，确定其尺度。

4.4　高层办公建筑标准层设计

4.4.1　标准层的概念和设计意义

高层办公建筑标准层是指办公建筑在某些地段或条件下，要求实行纵向空间的拓展，以此实现更多的楼层及建筑面积，这种竖向堆积的近乎相同的建筑平面即为标准层的概念。在高层及超高层办公建筑中，标准层设计至关重要，它决定了建筑的功能、建筑的形式、建筑的使用效率。因此，标准层是高层建筑设计的核心，决定了高层建筑的整体水平。高层建筑中标准层的面积往往会占据主体面积的 2/3，甚至更多，因此，标准层设计的重点即为标准层的布局及空间的组织形式。

4.4.2　高层办公建筑标准层设计的影响因素

标准层的设计不仅是建筑自身的问题，它的形式取决于许多综合性因素。一般四层以上的楼层会具有标准层。由标准层构成的建筑主体会对周边环境及自身有所影响，周边环境及建筑自身的需求也会作用于标准层，影响标准层的平面及空间形式。

1）建筑使用功能的要求

使用功能是控制标准层形式的首要因素。高层办公建筑的标准层，顾名思义，其使用功能是指提供舒适的办公空间及相应的配套设施。标准层的空间设计应从工作人员的角度出发，提供一个比较安静的工作环境，并具有灵活可变的弹性空间和舒适优美的视觉环境空间。高层办公楼的标准层设计应重点考虑办公空间的尺度，适应现代化办公的多层次空间和景观环境的需求。因高层办公建筑属人员集中型建筑，设计者应谨慎考虑运输、疏散人群的交通空间问题，其交通流线设计的好坏，直接影响整栋高层建筑的使用效率。

2）建筑功能空间的配置

建筑功能空间可分为主体使用空间及服务空间。主体使用空间是指办公空间，服务空间是指交通核、设备间、卫生间、公共空间等。一般来说，标准层的主体使用空间与服务空间成一定的比例。不同楼层数、不同的标准层面积、建筑的空间形式，都影响这一比例，设计者应认真推敲，选择合理的面积配比。

服务空间自身也存在相互制约的关系。交通空间的便捷、高效、安全、可识别性决定了建筑的使用效率及人的生命安全。设备间的位置选择及管线设计直接影响建筑的使用状况和工程造价。卫生间的面积范围影响工作人员的舒适度和核心筒的面积。合理组织服务空间，是节约能源、合理组织交通、提高使用面积的重要因素。

3）建筑造型的需求

建筑标准层是构成高层建筑造型的一个单元体，标准层的形体与建筑的造型相互影响。人们对建筑造型的理解各不相同，简洁单纯的几何体造型和标新立异的建筑形式都被社会所接纳，随着造型手法的日益丰富，对标准层的组合形式也提出了更高的要求。相同标准层的不同组合形式、大量细微变化的标准层组合叠加、两者结合，是建筑师惯用的三种高层办公建筑的造型手法。利用标准层的叠加丰富建筑造型是大多数高层建筑主体造型的基础。在办公类建筑中，更可结合绿色办公，塑造生态办公建筑。

4）建筑师的创作思想

建筑师的创作思想是从主观观念上对建筑标准层产生影响。建筑师的主观能动性是建筑标准层创作的源泉。正因有建筑师主观能动性的存在，建筑才各具特色，求新求变。但建筑师不应过分夸大主观能动性，忽略结构、造价和对可行性的考虑。相反，应在综合考虑、协调各种因素的基础上，创作出既合理又具独创性的建筑平面。

5）城市和景观环境的规划

高层建筑存在于城市和环境中，城市及环境对高层建筑的限定直接影响高层建筑裙房及标准层的平面轮廓和建筑造型。

城市规划除了限定用地的使用性质，并明确提出用地的控制线、建筑红线、容积率等指标外，还对建筑的造型、色彩、风格等提出规划要求。建筑师在满足业主意愿的同时，首先要在各种限定下控制建筑主体（标准层）与裙房、基地、环境、城市的大体关系。建筑师应具体掌握的内容包括当地政府部门制定的城市实施条例，建筑内部垂直、水平交通与场地的关系，场地交通与城市道路的关系，场地的消防疏散路径及消防救助措施，基地红线关系等。

景观环境对建筑的影响一般包括三个方面，即城市景观环境、基地环境和气候环境。城市景观环境包括：①周边用地概况；②临近建筑的风格、性质、高度、色彩等；③临近景观，如水面、绿化、街心公园等；④城市图底关系；⑤城市景观绿化带的整体规划等。建筑师设计时应协调相关因素，利用相关的地形地貌，照应城市的景观特色。基地和气候环境与我国幅员辽阔有关，我国南北气候差异大，东部与西部的气候截然不同。寒冷地区要注重建筑保温、日照充足；炎热地区关注建筑自然通风及遮阳。因此，建筑标准层的形式应根据建筑所在地的气候条件，因地制宜，灵活设计。

6）技术、节能因素的限定

标准层的发展离不开技术的进步。结构、材料、设备决定高层建筑的高度。标准层平面的设计受结构影响尤为突出，在抗震地区，高宽比限定了建筑的高度和标准层面积。在高度确定的情况下，标准层的面积基本也被限定，而形状越均衡、越规整，则越有利于加强建筑结构体的稳定性。目前运用最广的材料仍为钢筋混凝土可塑材料和型钢，型钢材料因耐火极限差，严重降低建筑的安全性，因此，对此材料的选用应谨慎并做好防火处理。随着智能化的普及，设备系统在建筑设计中的地位不断提升，在标准层设计中，设备专业正以高科技的手段推动着标准层智能化的发展。

绿色节能建筑是建筑的主要发展方向之一，对于高层办公建筑，除了考虑外围护及屋顶的节能外，更应把节能重点放在每层平面上，从标准层的形状、布局、高度等方面思考节能措施。标准层形状在节能设计中最具潜力，相同面积的标准层，形状不同，周长不同，节能效果截然不同。

4.4.3 高层办公建筑标准层设计的原则

1）重复性

重复性是标准层设计的最基本原则。重复性包括完全重复和部分重复。完全重复是指准确设计一个标准层的使用功能、平面布局、结构体系、设备管道等，其他层完全复制。部分重复是指标准层的骨架部分重复，除骨架外的部分不一定完全重复下来。标准层的骨架部分是指结构体系、交通体系、设备体系，这些高层建筑的核心部分必须从头到尾保持一致。除此之外的部分，可以在形状、功能、材质等方面有所区别，以适应建筑造型及空间使用的需求。

2）高效性

标准层的高效性主要涉及建筑标准层的层数、面积、功能配比。提高高层建筑标准层的高效性应从以下两个方面着手：①有效使用面积的开间、进深、高度、空间形式。提高有效使用面积，首先应将标准层面积控制在合理的范围内，一般不宜过小，以不小于 1200m^2 为宜，最好大于 1500m^2。在空间布局上，应将使用面积的进深尽量做大。若总建筑面积不变，合理增加标准层进深，可减少建筑层数，节约造价。②核体面积占建筑标准层面积的比例。核体面积不宜压缩过小，过小的核体面积会降低建筑垂直运输的能力，对建筑疏散、设备系统的运行造成影响，合理的核体面积是保证高层建筑高效性的重要原则之一。

3）安全性

标准层的安全性包括交通组织、消防疏散和结构材料的安全性。其中，交通疏散的安全性包括标准层内部水平交通流线和垂直交通流线以及交通组织的运输安全性。高层办公建筑因建筑面积大，人员多，流线繁杂，结构和设备管线复杂，易受天气影响等因素，建筑发生火灾的概率相对较高。因此，防火疏散设计是建筑师在标准层的设计中必须重视的一部分。高层建筑的疏散设计的基本原则是疏散路线简明，符合相应规范，并加强建筑的自救能力（"安全疏散"见相应章节）。另外，在结构和材料的选择上，应选取坚固、耐火性强的材质，多方面关注建筑的安全性。

4）以人为本

以人为本是指以人的基本生活、心理、行为和文化物质为出发点的设计。建筑为人所设计，被人所使用，优秀的建筑更应在生态、人性、节能上拥有突出的表现。针对标准层的人性化设计，就是营造有益身心健康的标准层空间模式——适宜的空间尺度、优美的室内外景观环境、舒适的室内环境（包括通风系统、温度、采光等）和便捷的交通流线。在空间尺度的控制上，要把控好标准层的进深与高度的比例，并结合办公空间进行满足其特性的灵活划分；在环境的营造上，可以采用"开敞中庭"、"交流空间"、"共享空间"、"景观空间"等空间形式与功能空间结合设计，营造舒适的富有生活气息的绿色办公空间。

4.4.4　高层办公建筑标准层平面的形态构成

1）高层办公建筑标准层的组合方式

高层建筑标准层的组合方式是指标准层的交通体系、附属用房及管道井的布置方式。因高层建筑中常把交通体系和附属用房结合设计，所以文中将其统称为"核体"空间。这里指的组合方式即为"核体"空间与标准层日常使用空间的布局关系。组合方式基本概括为集中式、分散式、综合式三种。

（1）集中式

集中式是指"核体"空间集中布置，在标准层平面中独立成区（图 4-14）。

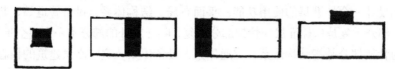

图 4-14　集中式核体空间的布置方式

具体形式有四种：

a. "核体"中心设计。这种形式整体性强，结构稳定，使用空间与"核体"均等接触，适用于平面形式对称、纵横比例均衡、面积过大或适中的标准层平面（图 4-15）。

b. "核体"对称中心式。"核体"空间置于平面中部，两侧的使用空间呈对称式布置，"核体"空间不影响使用空间的采光，横向刚度较好（图 4-16）。

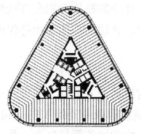

图 4-15　"核体"中心设计

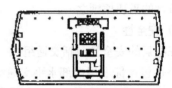

图 4-16　"核体"对称中心式

c. 偏心式。"核体"空间居于标准层一侧布置，这种形式一般是因为基地面积不足或总平面设计受限而采用（图 4-17）。

d. 独立集中式。将"核体"空间置于标准层使用空间之外。这种形式一般用于标准层长宽比较大或由偏心式转化而成，可以形成富有变化的建筑形体（图 4-18）。

图 4-17　偏心式

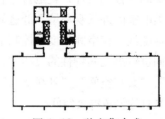

图 4-18　独立集中式

（2）分散式

分散式指将"核体"空间分成两份或四份，分散布置于标准层中，而使用空间集中布置。这种形式的出现是随着建筑的发展，建筑师越发关注标准层内部空间的形态而产生的。这种标准层形式有利于标准层的办公空间的完整集中，为办公空间的划分提供了更大的灵活性。同时，"核体"空间分散有利于防火分区的划分及人员疏散，多点交通可起到分散人流的作用。分散式的具体形式有三种：

a．对称分散式（图 4-19）。将"核体"均匀地排布于建筑的边角处，这样的布局为标准层提供多向性的交通，互不干扰并有利于防火疏散。

b．自由分散式（图 4-20）。因功能和建筑形式的需要，在兼顾建筑结构合理性的同时，"核体"可相对自由地分散设计。

c．独立分散式。为进一步解放内部办公空间，创造独特的高层建筑形体，将"核体"脱离主体。

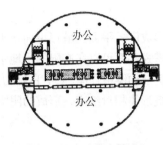

图 4-19　对称分散式

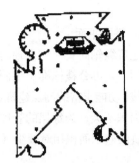

图 4-20　自由分散式

（3）综合式

因地制宜是建筑师首应掌握的设计原则。实际工程中，建筑师应从场地、环境、功能、高度、造型等多个角度出发，取长补短。实际设计中，可以选择以一种方式为主，其余方式补充，或不同方式并存的组合方式，以做出最合理的设计方案（图 4-21）。

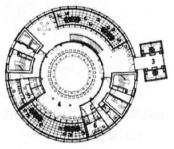

图 4-21　综合式

2）高层办公建筑标准层的平面类型

（1）基本形

a．板式平面（图 4-22）

建筑纵轴向长度比横轴向进深长得多的标准层平面称为板式平面。板式平面一般适用于形状较狭长的基地平面。此种形式进深小，适用于联排办公室的布置，能提供良好的自然采光和通风，体形比较舒展。但由于占地面积过大，受风面过大，不利于结构受力和抗震，因此高度受到一定的限制。

板式平面有直线形平面、折线形平面、曲线形平面、组合形平面。前三种容易理解。组合形平面是指简单的线形平面交叉组合，组合形式多样。其交叉处经常用来设计高层建筑的交通盒、附属用房、设备管线等，由于组合形平面的组成特点，它的形式兼顾高层板式和高层塔楼的某些优势（图 4-23）。

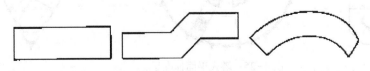

图 4-22　板式平面基本形

69

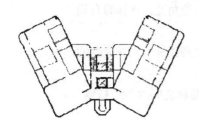
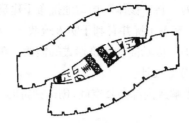
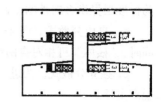

图 4-23　板式平面标准层

b. 塔式平面

建筑纵轴向长度与横轴向进深基本接近时，形成塔式平面。塔形平面便于灵活布置空间，是办公楼标准层平面应用较广的形式。塔式平面可以在有限的用地中建造形体挺拔、功能丰富的高层建筑；塔式平面的高层建筑结构体系合理，具有良好的抗风性；每层面积不大，为每层的管理提供便利；由于建筑形体相对细高，形成的阴影区对周边建筑的遮挡面积相对较少（图 4-24）。

图 4-24　塔式平面基本形

塔式平面的形式以正方形、圆形、多边形等简单几何体为主，通过几何体的堆叠、删减形成相对丰富的平面形式。以下为常见的组合方式图示（图 4-25）。

（2）变换形

a. 相似

标准层在规模、形态、结构处理上都基本相同，这在"双子塔"的高层建筑中比较常见（图 4-26）。单栋建筑中，标准层根据空间类型和造型需求，采取细微的平面调整（图 4-27）。

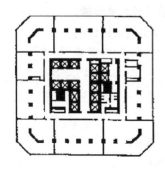
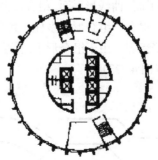

图 4-25　塔式平面标准层

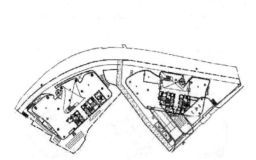

图 4-26　韩国"双子塔"标准层

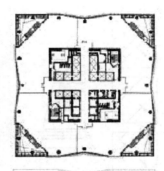

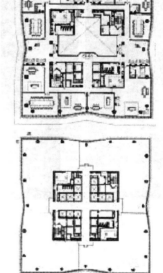

图 4-27　标准层平面的细微变化

b. 渐变

渐变是将一种形式逐渐转换成另一种形式，通过形态的过渡，把有联系和没联系的进行形式上的转化。标准层的渐变呈一定的韵律性并均匀地变化，常见的渐变形式包括直线坡形、曲线坡形、单斜面形、双斜面形、四个斜面形、复式曲面形及倒收进形。建筑采用以上一种或几种形式，塑造变换趋势平缓的高层建筑形体。这种形式在办公建筑标准层中运用较多，其中，KPF 设计的大宇玛丽娜 21 世纪城是该类型的杰出作品（图 4-28）。

c. 扭转

扭转是指将标准层的规整几何体形式，在不同的高度，旋转或扭曲一个合理的角度，形成具有自由度和雕塑感的建筑体形，如上海环球金融中心、广州广播电视塔（图

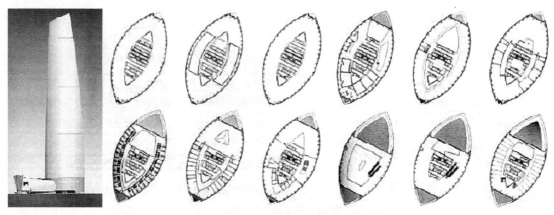

图 4-28　大宇玛丽娜 21 世纪城

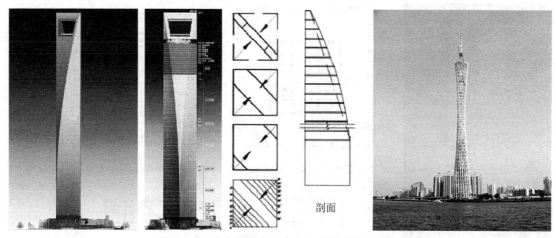

剖面

图 4-29　上海环球金融中心和广州广播电视塔

4-29）。

d. 分段

一栋建筑，在不同的高度采用不同的标准层形式，从而达到形体不断变化的结果。这种形式的建筑一般被分为几段，每段的标准层形式基本一致，上段每层面积比下段每层面积小。这种形式有利于高层建筑的结构体系，也能营造竖向变化较为丰富的建筑形体，典型实例是香港中国银行大厦（图 4-30）。

（3）独特形

如今，建筑师的设计手段越来越丰富，在非线性设计的方法逐渐被使用后，高层办公建筑的标准层形式更加丰富，建筑师可以通过对气候、人流、光线等决定办公建筑的因素的模拟，以条件的形式输入计算机进行设定，从而生成相对有机的高层标准层形式。这些标准层形式往往根据建筑高度、周边环境、使用状况的不同生成不同的标准层，进而生成有机的建筑形体。

3）高层办公建筑标准层的平面构成手法

标准层的构成手法多样，但相对复杂的平面形式基本是以"形生形"的构成手法

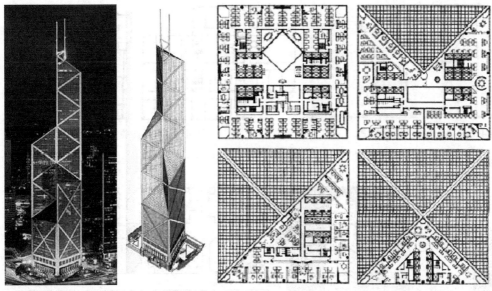

图 4-30　香港中国银行大厦

产生的。典型的几种"形生形"的构成手法如图
4-31 所示。下文将详细介绍几种典型的标准层
平面构成手法。

（1）组合叠加

组合叠加可具体分为软连接、硬连接和复合
叠加。软连接是指将简单几何形体用构件连接起
来，彼此并不相交，以连接体作为连接几个平面
的媒介。这样的组合方式中，各个平面相对独立，

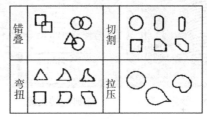

图 4-31　典型的几种"形生形"
的构成手法

干扰小（图 4-32）。连接体可作为竖向交通空间或公共空间使用。硬连接是指将几个
几何平面以"并集"的形式连接，彼此相交。这种平面的相接处将是建筑和结构设计
的难点所在（图 4-33）。复合叠加是指几个简单几何体相互叠加形成形式复杂的平面。
这种组合方式经常会形成丰富多样的内部空间（图 4-34）。

（2）旋转

旋转是指简单几何体形式的标准层随着建筑层数的增加，下层与上层之间形成夹

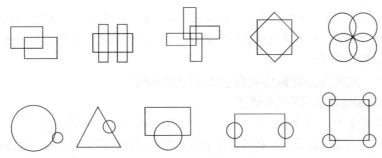

图 4-32　软连接的组合方式

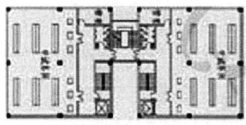

图 4-33　硬连接的组合方式

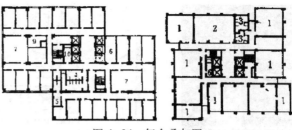

图 4-34　复合叠加图

图 4-35　梦露大厦　　　瑞典旋转大厦

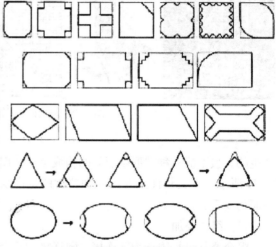

图 4-36　简单几何体边角的处理手法

角，成圆周式旋转，或以几何中心为圆心，简单几何体随高度以多角度进行旋转。这种标准层的组合方式会塑造出较为新颖独特的建筑造型，但在材料的选择及结构的设计上复杂度较高（图 4-35）。

（3）自由成形

标准层的形式丰富多样，很多标准层是建筑师根据项目的实际情况和建筑师本人的思维方式，融多种手法于一体而塑造出来的。这些标准层形式复杂，能顺应地形并与环境交融，同时有合理的结构形式和建筑材料的配合，是一种比较自由的设计模式。

（4）切割

切割是指对简单几何体的边缘进行减法处理，采用直线或弧线调整几何体的边角，形成新的平面形式。对简单几何体边角的处理，可以有效适应标准层的功能需要，丰富建筑的立面效果（图 4-36）。

4.4.5　高层办公建筑标准层空间的形态构成

1）标准层建筑空间的结构选型

结构体系是高层建筑的骨架，它保证了建筑的安全性。因高层建筑的形式特殊，标准层结构设计除考虑竖向荷载外，风力荷载和地震荷载也尤为重要，建筑越高，所受风力荷载和地震荷载系数越大，因此在高层及超高层建筑结构设计中，水平荷载是

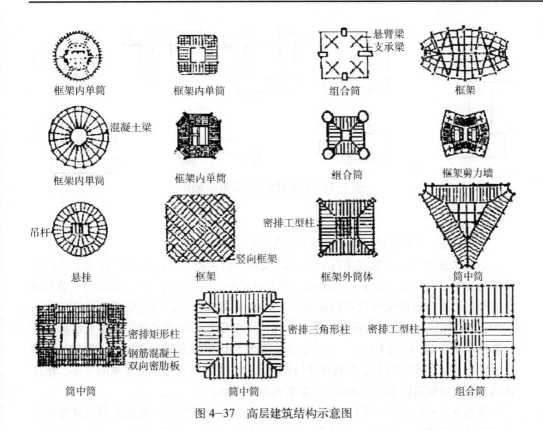

图 4-37　高层建筑结构示意图

决定因素。标准层结构选型应遵循以下原则：

（1）选择有效的建筑体形

标准层的平面形式与结构选型息息相关，选择相对规整、均匀、对称的标准层形式有利于建筑抵抗水平力的作用（图 4-37）。高层建筑的结构体系参见结构体系章节。最终确定的结构形式及材料，应能有效地抵抗水平荷载，增大建筑侧移刚度，且相对经济。

（2）控制建筑的高宽比

建筑抵抗水平荷载、有效控制侧移量，主要是通过控制建筑整体高宽比来保证的。高宽比过大，建筑在受到过强的水平荷载作用时，就会产生强烈变形，从而影响建筑的安全性。控制建筑高宽比会直接影响标准层的面积。

（3）变形缝的位置

建筑物的变形缝是指温度缝、沉降缝、防震缝，标准层平面及结构布置时，应优先考虑调整平面以尽可能不设变形缝，如必须设置，应结合建筑形体选择合理位置，并考虑三缝合一的结构形式（图 4-38）。

2）高层办公建筑标准层使用空间的设计

高层办公建筑使用空间一般由建筑开间、进深、高度这三个参数确定。设计原则是从人体工程学出发，保证使用空间的舒适性和服务空间的经济性，留出后期使用的弹性空间。

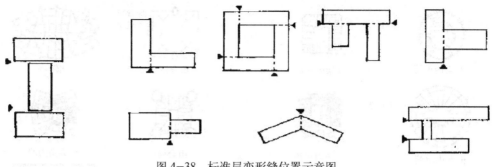

图4-38　标准层变形缝位置示意图

（1）高层办公建筑使用空间开间和进深设计

开敞式办公没有明确规定开间和进深关系，但对使用空间的面积提出了几种最理想的方案：①鲍热（Boje）基于在一个大空间中，一个点到一个点的时间（前苏联建筑师提出工作点间最大联系距离为25～30m）确定封闭办公室的面积最佳尺寸为1000～1300m^2。②拉帕特基于声学，为保证一个稳定的噪声水平，建议大空间办公室容纳不少于80人，以12m^2／人来计算，和鲍热提出的面积基本接近。③前苏联建筑师提出为了在大空间平面上划分任何模式尺寸的空间和安排任何要求的工作，建议灵活布局大空间面积不少于400m^2，宽度不小于20m。

普通办公室的开间一般取3.3～3.6m的倍数，柱网尺寸一般按开间尺寸或开间尺寸的2倍排布，一般开间在7.2m以上的居多。进深一般取4.8～6.6m的倍数，2m过道。但办公人员对空间的使用情况不尽相同，因此，建筑师应根据实际情况因地制宜，选择合理的尺寸进行设计。

高层办公平面靠近外墙部分，柱子与外玻璃幕墙应适当离开一定距离，例如北京华贸中心某座低区平面图（图4-39）。这样为结构柱网的布置和外表皮造型提供了一定的自由灵活的创作空间。

标准层外墙转角属于办公黄金区域，具有双向的采光、通风和良好的景观视野，通常布置总经理办公室等重要房间，例如济南鲁商国奥城（图4-40）。

（2）高层办公建筑使用空间高度设计

高层办公建筑对层高的设计十分重要，一栋20层的建

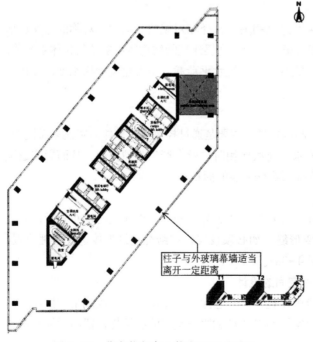

柱子与外玻璃幕墙适当离开一定距离

图4-39　北京华贸中心某座低区平面图

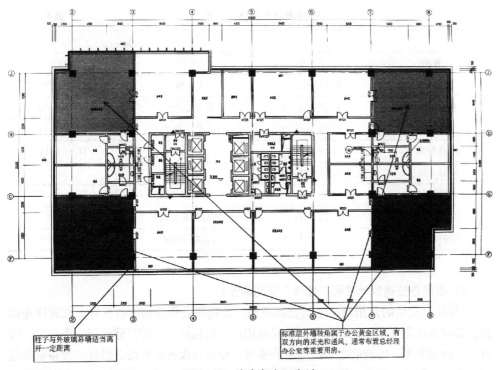

图 4-40 济南鲁商国奥城

筑，若层高从 3.7m 降至 3.6m，保持原建筑高度不变，建筑可做到 21 层。可见，经济适用的层高可有效控制建筑面积，同时也加强建筑的横向作用力，对结构的稳定性起到积极的作用。

空间高度包括净高和层高两个参数。净高的计算方法为：按楼地面完成面至吊顶底的标高或楼板与梁底面之间的垂直距离计算；当楼盖、屋盖的下悬构件或管道底面影响有效使用空间时，应按楼地面完成面至下悬构件下缘或管道底面之间的垂直距离计算。办公建筑的室内净高见表 4-1。

办公室房间室内净高　　　　　　　　　　　　表4-1

建筑类别	房间部位		室内净高不应低于（m）	
			无空调	有空调
办公	办公室	一类办公建筑	2.8	2.7
		二类办公建筑	2.7	2.6
		三类办公建筑	2.6	2.5
	走道		2.2	—

层高的计算方法为：建筑物各层之间以楼、地面面层（完成面）计算的垂直距离，屋顶层由该层楼面面层（完成面）至平屋面的结构面层或至坡顶的结构面层与外墙内皮延长线的交点计算的垂直距离。层高包括结构高度、设备高度及装修高度。结构高度与结构体系、材料等有关，初步计算可依据下表（表 4-2）。设备高度与具体管线的尺寸、排布方式等因素有关。

钢筋混凝土梁板高跨比 表4-2

梁		板	
种类	高跨比	种类	厚度跨度比
扁梁	1/12 ~ 1/18	单向板	1/25 ~ 1/30
单向密肋梁	1/18 ~ 1/22	单向连续板	1/35 ~ 1/40
双向密肋梁	1/22 ~ 1/25	双向板（短边）	1/40 ~ 1/45
悬挑梁	1/6 ~ 1/8	悬挑板	1/10 ~ 1/12
井字梁	1/15 ~ 1/20	楼梯跑	1/30
框支墙托梁	1/5 ~ 1/7	无粘结预应力板	1/40
单跨预应力梁	1/12 ~ 1/18	无柱帽无梁板	1/30
多跨预应力梁	1/18 ~ 1/20	有柱帽无梁板	1/30 ~ 1/35

3) 高层办公建筑标准层"核体"空间的设计

"核体"空间的使用功能包括交通设施、公共服务用房和设备管井。交通设施的具体设计方法见本节第七部分。公共服务用房一般包括卫生间、储物间、吸烟室、服务台、垃圾室等，因有管道竖向连通的要求，经常与设备管井结合设计。设备管井包括弱电井、风井、烟井、管井等，部分管道井要求上下连通，因此其设计应考虑非标准层的设备用房是否合理。设备空间因其空间零散且面积较小，一般穿插于交通设施和服务用房周围。

4.4.6 高层办公建筑避难层（间）设计

为消防安全，建筑高度超过100m的公共建筑应专门设置供人们疏散避难的空间，即避难层或避难间。设置避难层，是为在建筑发生火灾时，缩短建筑内人员的垂直逃生距离。屋顶平台、露天花园等区域可作为开敞避难层（间）使用。建筑高度超过100m且标准层面积超过1000m²的公共建筑，宜设置屋顶直升机停机坪或供直升机进行救助的设施。

避难层（间）应符合下列设计要求：

（1）自首层至第一个避难层或两个避难层之间不宜超过15层。

（2）通向避难层的防烟楼梯应在避难层分隔、同层错位或上下层断开，但人员均必须经避难层方能上下。防烟楼梯间的防火门应开向避难层。

（3）避难层（间）的净面积应满足设计避难人员避难的要求，并宜按5人/m²（或0.2m²/人）计算。

（4）避难层（间）可兼做设备层，但设备管道宜集中布置。

（5）避难层（间）应设消防电梯出口。

（6）半开敞式的避难层应设不燃百叶窗；封闭式的避难层应设独立的防烟设施。

（7）避难层（间）应设应急广播、应急照明和疏散指示标志，其供电时间不应小于1.00h，照度不应低于1.00lx。应设消防专用电话，并应设有消火栓和消防卷盘。

避难区域应作封闭处理，避难层（间）面积不计入建筑面积，也不计入容积率，或按当地的规定。

此外，避难层的竖向设计应与建筑形体结合，将其巧妙地融入建筑。

4.4.7　高层办公建筑竖向交通的排布和设计

电梯是高层办公建筑的主要竖向交通工具，电梯在高层建筑中如何分布、如何控制以便形成高效节约的运行模式，在设计中至关重要。

1）电梯体系

（1）电梯布置原则

a．集中设置。电梯集中设计可有效提高运行效率，缩短乘客的候梯时间。因电梯建设费用很高，集中设置可降低建设费用。

b．使用方便。在高层办公楼中，电梯的使用频率很高，因此电梯厅的位置选择至关重要。一般设于办公入口显著的位置，并设计舒适、宜人的候梯厅环境。

c．分层分区。当楼层高度超出一定层数时，采用分层分区设计电梯，以便在客流高峰期调整客流量，提高运营效率，缩短乘客的乘梯时间（图 4-39）。

d．满足规范要求。设计电梯时应参考《电梯主参数及轿厢、井道、机房的形式和尺寸》GB 7025、《电梯的安装》ISO 4190。

（2）办公楼电梯服务人数的确定及客梯数量的确定

a．按人均有效净面积计算：根据我国相关规范，办公楼人数可按有效净面积 $8 \sim 12m^2/$ 人来估算，其中，有效净面积指总建筑面积减不能用于办公的建筑面积（核心筒、辅助用房、公共走道、结构面积等）。

b．按楼高与净面积、人口系数的关系计算：由于高层建筑一般将使用率较高的功能区域置于中低层，而随着楼层的增高，电梯数量减少，电梯厅的面积会降低，有效净面积会增加，所以在计算使用人数时，应具体工程具体分析。美国曾提出楼高与人口系数或净面积的关系，表达方式如表 4-3 所示，设计的时候可供参考。

楼高与净面积及人口系数关系　　　　　　　　　　　　　　表4-3

楼高（层数）	楼层数	楼层净面积为建筑面积的百分比（%）	人口系数 $(m^2/$ 人）
1 ~ 20	1 ~ 10 11 ~ 20	80 85	9 ~ 12 9 ~ 13
1 ~ 30	1 ~ 10 11 ~ 20 21 ~ 30	75 75 85	9 ~ 12 9 ~ 13 11 ~ 16
1 ~ 40	1 ~ 10 11 ~ 20 21 ~ 30 31 ~ 40	75 80 85 90	9 ~ 12 9 ~ 13 11 ~ 14 12 ~ 19

（3）办公楼电梯数量的确定

要准确、合理、经济地确定电梯数量、载重量和速度，应计算出全部电梯所要服务的建筑物内的人数、乘梯高峰期某一限定时间内所需服务的最大运客量、乘客候梯时间或电梯平均间隔时间以及乘客从换梯起至到达其目的地的全程时间。因各国家、地区标准不同，以下数据仅为设计人员提供高层办公楼电梯数量设定的参考。

a．每人的使用面积为 4 ~ 10m²，或按总建筑面积的67% ~ 73%（一般取70%）计算使用面积。

b．高峰等候时间为 30 ~ 35s、40s、50s、60s。

c．电梯额定载重量为1000 ~ 1600kg。

d．一般办公楼1台额定载重量1000kg的电梯，服务面积可以为5000m²；

高级办公楼1台额定载重量1000kg的电梯，服务面积可以为4000m²；

超高级办公楼1台额定载重量1000kg的电梯，服务面积可以为3000m²。

e．可根据估算调整电梯运行速度、上下层分区和群控。

（4）电梯的布置方式

首要原则是组织好交通流线并设置消防电梯及前室的位置。由于建筑层数、建筑面积、使用人数不同，各种品牌的电梯运行速度不同，设计者根据实际情况，确定电梯的类型及数量。

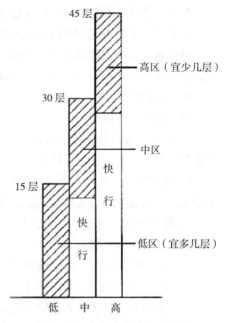

图4-41　电梯分层分区示意图

电梯候梯厅形式有厅式、廊式、厅廊式三种，表4-4为办公楼电梯候梯厅尺寸表。

候梯厅深度尺寸（B为轿厢深）　　　　　　　表4-4

电梯种类	布置方式	候梯厅深度
乘客电梯	单部	≥1.5B
	多台并列	≥1.5B，当梯群为4台时，该尺寸为≥2400
	多台对列	≥对列电梯B之和

2）楼梯设计

在高层建筑的设计中，平时垂直交通的运输主要靠电梯、楼梯起辅助作用，在发生火灾时，楼梯是疏散人群的重要垂直疏散通道。高层建筑的疏散楼梯为封闭楼梯间，设计时要满足相关规范，疏散门应便于看到并便于疏散。

4.4.8　高层办公建筑标准层设计的发展趋势

1）办公楼标准层平面的巨大化

在人们不断地对超高层建筑提出异议的时候，标准层横向发展将是未来的一个发展方向。越来越多的办公楼以群落组织的形式出现，标准层的设计应扩展到一个群体的设计，它们之间的联系、差异都将成为标准层设计的又一个突破点，是设计群体建筑必不可少的一个环节。

2）办公楼标准层平面与造型紧密结合

标准层的形状最终要为建筑的空间形体做贡献。因为高层办公建筑的标准层和酒店、住宅的使用性质不同，因此对使用空间的形状没有过多的限制，标准层的非标准化是设计造型的有效手段之一。

3）办公楼标准层内部空间的多样化

办公建筑未来的发展方向离不开智能化、生态化、开敞办公环境。将共享空间、中庭空间引入，结合标准层设计，在提升办公环境的同时，有利于建筑的通风、采光。生活水平提高的同时，办公人员对自己每天至少待 8 个小时的办公环境更加关注，建筑师对内部办公环境的塑造更加重视，同时也是发挥建筑师主观思想，体现建筑特点的环节之一。灵活的标准层组合方式将营造丰富多样的内部空间。

4）标准层功能复杂化

一座高层或超高层建筑，建筑属性基本为综合体，除办公标准层外，还将拥有客房、会所等功能形式的标准层，因此在标准层的选型、结构体系和设备管线的选择上，建筑师要关注的方面更加多样，综合协调各方因素，设计合理独特的标准层。

4.5　优秀实例解析

4.5.1　教学内容

项目名称：北方工业大学电子与电气综合实验楼。

项目概述：北方工业大学实验楼，以电类为主，主要供机电学院使用，满足学校的电类需求，接待外来人员。总建筑面积控制在 34000m² 左右。容积率不大于 4.5，建筑密度不大于 40%，绿地率不小于 30%。建筑高度控制以 60m。以地下停车为主。

时间安排：场地设计（两周）、单体设计（五至六周）

指导思想：节地、适用、节能、灵活、耐久

独自完成指定题目的办公楼设计。在满足功能及相关规定的基础上，积极发挥设计师的主观能动性。

4.5.2　优秀作业

图 4-42　学生作业：某高校实验楼设计投标方案（梁曼青）

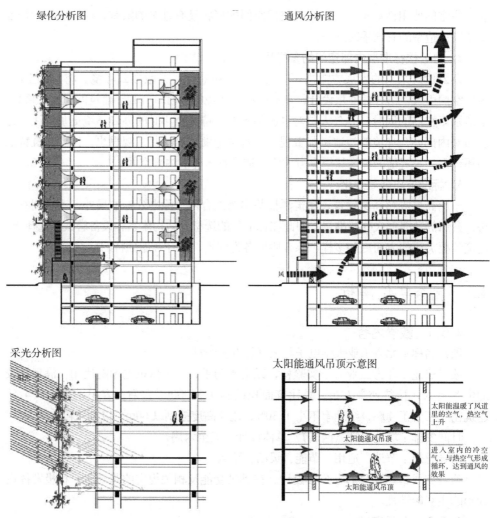

图 4-43　学生作业：某高校实验楼设计投标方案（梁曼青）

　　实验楼设计功能合理；墙体绿化与实验室结合设计，形成独特的外围护形式；建筑内部设计若干景观阳台，将绿色种植引入室内，营造舒适生态的内部环境。建筑设计考虑详细，降低建筑能耗，营造节能低碳的建筑。

第 **5** 章

高层旅馆设计

5.1　高层旅馆建筑发展概况

　　5.1.1　旅馆的分类

　　5.1.2　旅馆的等级划分

　　5.1.3　旅馆的规模划分

　　5.1.4　旅馆的组成

5.2　酒店的空间功能分区与流线

　　5.2.1　酒店的功能分区

　　5.2.2　酒店的流线

5.3　客房部分设计

　　5.3.1　客房层设计

　　5.3.2　客房类型

　　5.3.3　客房设计

5.4　入口接待部分设计

　　5.4.1　入口大门

5.4.2　门厅－大堂空间模式

5.5　餐饮空间设计

　　5.5.1　餐厅的空间组成及布局

　　5.5.2　厨房的功能及布置形式

　　5.5.3　餐饮空间设计要求

5.6　其他公共活动部分设计

　　5.6.1　公共活动空间的组成

　　5.6.2　公共活动空间流线组织

5.7　后勤服务及管理部分设计

　　5.7.1　旅馆员工与组织构成

　　5.7.2　行政办公及员工生活部分

　　5.7.3　后勤服务部分

　　5.7.4　机房与工程维修

5.1 高层旅馆建筑发展概况

旅馆建筑设计是一门非常系统的、专业性很强的建筑设计分支。旅馆建筑是为出门在外的旅客提供歇息栖身之所，它是一种古老的建筑类型。中国古代将旅馆称为"客舍"、"递旅"（图5-1）。随着社会的不断发展，旅馆住宿空间的舒适度不断提高，旅馆中的公共空间由最初只提供简单的餐饮服务转变为集多种功能于一体的社会交往中心，且由住宿的附属部分变为旅馆的重要功能组成，并逐渐发展成为现代旅馆不可或缺的组成部分，同时，旅馆空间功能将趋于大型化、综合化，其各部分空间功能之间的关系也日趋复杂。

图5-1　清明上河图局部中酒楼入口

5.1.1 旅馆的分类

旅馆可以按照建造地点、使用目的、经营方式、建筑类型等进行分类。由于现代旅馆向着功能多样化、综合化的方向发展，各类型之间也存在着相互融合交叉的现象。

1) 按建造地点分类

旅馆按照建造地点分类，可以分为城市旅馆、郊区旅馆、风景区观光旅馆和车站、港口、航空港旅馆等。

(1) 城市旅馆

建造在城市里的旅馆，其用途为接待贵宾、商务、旅游、会议、探亲等。由于城市人口密集、用地紧张、地价昂贵，所以，城市旅馆规模在中等以上者日益向高层、超高层发展，尤其是高层商务酒店在城市中逐渐增多，例如深圳星河丽兹卡尔顿酒店，就是一座集现代酒店的各种功能于一体的豪华城市商务酒店（图 5-2）。

（2）郊区旅馆

建在郊区、市郊结合部的旅馆等，包括疗养旅馆、汽车旅馆和村舍式旅馆。其特点是基地较大，环境优美，一般规模较小，离城市中心较远，交通所需时间略长，层数不高。与本章主要介绍的高层旅馆存在一定的差异，在此就不做详细地介绍了。

（3）风景区观光旅馆

选址在风景区边缘、内部。旅游胜地、世界名城，如北京、南京、西安、苏州、杭州、桂林、敦煌等城市，设有不同等级的旅游酒店，为旅客提供好的休息、餐饮和借以消除疲劳的健身康乐设施。

图 5-2　深圳星河丽兹卡尔顿酒店

在风景胜地，可选择交通方便、风景宜人之地建度假村。形式可为小别墅或连成一排的楼群，有集中的服务中心，设有餐饮、康乐、购物、休息等多重服务设施。

（4）车站、港口、航空港旅馆

航空港、火车站、船码头、长途汽车站等交通枢纽地区，设有满足客人过境、中转、候机、候车、候船的旅馆，可以只提供食宿或短时休息，甚至按时出租房间。这种旅馆最好能为客人提供当地航班、车次和船班的情况预报。

2）按使用目的分类

旅馆按使用目的分类，有旅游旅馆、会议旅馆、商务旅馆、综合旅馆、国宾馆、迎宾馆、社会旅馆、娱乐型旅馆、疗养型旅馆等。

（1）旅游旅馆

建在城市中或旅游点。在许多国家，旅游旅馆须经鉴定，符合规定标准的，才准经营。旅游旅馆最简单的只有客房，而设备齐全的则有各类餐厅、游泳池、健身房、舞厅、酒吧、蒸汽浴室、保龄球房以及出租汽车站、邮电所、银行、商店、洗衣房、医务所、车库等，例如旅游城市三亚的滨海度假酒店。

（2）会议旅馆

专门供开会之用，设有大、小会议室，有的还备有国际会议所需的同声传译和声像设施。会议旅馆应有满足会议需要的设施，如展览、新闻报道、录音录像、复制等设施。

（3）商务旅馆

当今商务贸易人士注重商品信息，以向商务贸易人士提供食宿为主的商务旅馆应运而生。除了国际式商务中心外，还提供有关商务的特色服务，例如浙江合耀江开元

图 5-3　浙江合耀江开元名都大酒店

图 5-4　上海金茂君悦大酒店

图 5-5　北京钓鱼台芳菲苑

名都大酒店（图 5-3）。

（4）综合旅馆

当代建筑中兴建的由几座建筑共同组成的"综合体"建筑，包括旅馆、办公、公寓、会议、展览、商场等内容，规模巨大，已经成为城市设计的一部分，在统一而富有变化的群体形象中，令人瞩目的往往是高层的高级旅馆——综合旅馆，例如上海金茂君悦大酒店（图 5-4）。

（5）国宾馆、迎宾馆

以接待国宾、豪富为主的高级旅馆。西方各国常在城市中的豪华级旅馆的顶层布置总统套房或是以豪华的宫殿、别墅为国宾馆。东方国家则多以低层的带本国建筑传统的国宾馆、迎宾馆接待贵宾，如我国北京的钓鱼台国宾馆（图 5-5）。

（6）社会旅馆

一般是中等规模的经济级城市旅馆，在我国，常在火车站、长途汽车站附近设接待探亲、中转客人的社会旅馆。

（7）娱乐型旅馆

娱乐型旅馆主要接待光顾游乐场、度假村等娱乐场所的客人，有的建在娱乐场所的近旁，如在日本东京迪士尼乐园旁，建了希尔顿酒店、太阳道广场旅馆和喜来登旅馆等。它们都有大面积的停车场，为驱车前往迪士尼乐园的客人提供了方便。

（8）疗养型旅馆

多建在气候条件好、景观优美的温泉、湖畔、山坡等地。一般规模不大，客人多住较长的时间或一个疗程。设计要求客房安静舒适，有条件者设置宽敞的阳台。餐厅、商店一应俱全。此外，还配置疗养的房间及设备，如温泉浴室、医生护士办公室、医疗室、

图 5-6　青岛国际亚健康休闲度假中心

康复理疗室等。在总体设计中，为了保留绿化，常采用分散式布局，如青岛国际亚健康休闲度假中心（图 5-6）。

3) 按经营方式分类

（1）旅馆（hotel）：其差别是设备的完善程度和服务的周到程度。

（2）汽车旅馆（motel）：为自己开车旅游的人提供住宿的旅馆，一般为低层，周围有停车场地。

（3）公寓旅馆（Apartment hotel）：适合家庭旅游和长期出差租用。

（4）青年旅舍（Youth hotel）：为青年学生提供廉租住宿。

（5）膳宿公寓（Pensions）：由一套大的公寓改建，定时提供用餐。

（6）流动旅馆（Hotel on Wheels）：如密西西比皇后号。

5.1.2　旅馆的等级划分

国际上常按旅馆的环境、规模、建筑、设备、设施、装修、管理水平、服务项目与质量等具体条件划分等级。星级制是当前国际上流行的划分方法，在欧洲尤为普遍，星越多，级别越高。可归纳如下：

五星级★★★★★——豪华级旅馆、四星豪华级、特级；

四星级★★★★——很舒适旅馆、A 级、第一级；

三星级★★★——较舒适旅馆、B 级、第二级；

二星级★★——较经济旅馆、C 级、第三级；

一星级★——经济级旅馆、D 级。

为了促进我国旅馆业的发展，1988 年，国家旅游局参照国际旅游旅馆业的等级标准，制定了《中华人民共和国评定旅游涉外饭店星级的规定和标准》。《标准》按一星至五星划分旅馆等级，其中，五星级标准最高，一星级标准最低，反映了客源不同层次的需求，标志着旅馆硬件如建筑各空间面积标准、建筑装饰、设备、设施，软件如服务项目、服务水平与需求的一致性及客人的满意程度。

经过数年的实践、调研，1990 年由建设部、商业部、国家旅游局联合发布的行业标准《旅馆建筑设计规范》提出了旅馆的设计原则、等级与各项技术经济指标，规定旅馆按标准房间面积、装饰、陈设、设备等方面分为六个等级：一级是豪华级，只占少数，大量建设的是二、三级，属舒适级，四级以下是经济级，表达了旅馆等级与社会旅馆衔接的概念。在我国的《旅馆建筑设计规范》和《中华人民共和国评定旅游涉外饭店星级的规定和标准》中，对不同等级的旅馆公共部分的标准各有陈述，前者着重于建筑、装饰、陈设、设备的标准，后者着重于设施内容与服务的标准，现综述如下：

1）一级旅馆（五星级）

有与接待能力相适应的大堂，内装修具有独特风格和豪华气氛。主入口外有三条以上停车线，足够的停车面积；设有与饭店规模、等级相适应的有中英文标志的总服务台，分区段设置接待、问讯、预订、结账，还设有客人贵重物品存放处。

有高级商店、小商场、装饰高级的美发美容、小书亭或书店、鲜花亭或花店、公共休息阅览处。设商务中心，具有电传、传真、电报、国际国内直拨电话、翻译、打字、复印等设施。另有适量的会议场所和多功能厅。

健身娱乐设施中，游泳池一般不小于 $8m \times 15m$，有健身房、按摩室、桑拿浴室、网球场等，还设有保健医务室，并有舞厅、KTV 包间等。公共部分设衣帽间，分设男女厕所。

2）二级旅馆（四星级）

相应标准的大堂内装修要风格显著，气氛高雅；总台与规模、等级相适应；设商店或小商场、书店、花店、装饰高级的美发美容；城市旅游商业型饭店设商务中心，有适量的会议场所和多功能厅并有舞厅、健身房、按摩室、桑拿浴室，一般有游泳池。

3）三级旅馆（三星级）

适当规模的大堂与总台，装修美观别致，设商店、理发室，设适量会议场所、多功能厅、舞厅、按摩室。

4）四级旅馆（二星级）

前厅有旅馆气氛，总台相应设小卖部、理发室、电视室。

5）五级旅馆（一星级）

有一定面积的前厅和总台，客房层有电话分机，设小卖部。上述标准是我国在 20 世纪 80 年代后半期拟定的，十多年来有了一定的发展，今后会有更大的变化，有关部门应根据时代的变化不断加以修订，而建筑师在设计时也应有一定的超前性，充分预期到客人需求的变化。

为了适应不同层次、不同要求的客人的需要，使资源配置发挥最大的效益，设置不同等级的旅馆是十分必要的。据瑞士旅馆业在 20 世纪 80 年代初的统计，在总数为 2344 家的旅馆中，豪华（五星）级占 3.97%，一（四星）级占 18.26%，优良（三星）级占 40.19%，舒适（二星）级占 25.85%，简易（一星）级占 11.73%，这个比例对我国旅馆业的发展是很有借鉴意义的。合理的等级配置对旅馆的效益来说至关重要。以我国目前的经济水平，对四、五星级旅馆的建设应加以严格控制，以免因出租率不足，造成资金的浪费。

5.1.3 旅馆的规模划分

旅馆的规模一般以客房间数来衡量，东欧以床位数表示。不同国家对规模大小的定义不同。

我国旅馆：200 间以下为小型，200 ～ 500 间为中型，500 间以上为大型。

一般城市旅馆规模较大，小城镇、风景区、休疗养区的旅馆规模较小。世界上以中小型旅馆居多。

5.1.4　旅馆的组成

旅馆由居住部分、公共活动部分、管理及后勤服务部分和动力部分组成。有的大型旅馆设有单独的饮食部分。

1）居住部分

包括客房、厕所、浴室和服务设施等，是旅馆的主体。客房数和床位数是旅馆的基本计量单位。客房的标准包括房间净面积、床位数和卫生设备（浴室、厕所）标准。标准较低的是多床客房（一般不宜超过 4 床）和共用厕所、浴室；标准较高的以 2 床为主（图 5-7），配专用浴室、厕所；标准更高的为单床间，卧室之外还有客厅、餐厅等套间。

图 5-7　北京香格里拉新阁客房

2）公共活动部分

供旅客公用的活动空间和设施，如门厅、进出口大厅、休息厅、会客室、商店、会议室（图 5-8）、服务台、邮电所、银行、旅行社用房，文化娱乐和体育活动设施（图 5-9）、餐厅、酒吧、舞厅等。其中，餐饮部分是旅馆中的重要内容，对于大型旅馆组成也可将餐饮部分从公共活动部分中剥离出来形成一个单独的部分叫作餐饮部分，有些中、小型旅馆不供饮食。

3）管理及后勤服务部分

管理及后勤服务部分包括业务、财务和行政管理办公室以及电话总机和职工各项

图 5-8　远望楼会议室

图 5-9　万豪宾馆健身室

图 5-10　来福士客房布草间　　　　　　　图 5-11　金花工程部办公室

生活福利用房、各类仓库（图 5-10）、洗衣间、汽车库（分为旅馆管理用车库和客人停车库），后者一般不计入旅馆建筑面积内。

4）动力部分

包括各种动力设备用房及其控制室（图 5-11）。

5.2　酒店的空间功能分区与流线

5.2.1　酒店的功能分区

现代酒店建筑不论类型、规模、等级如何，一般由居住部分（客房）、公共活动部分、管理及后勤服务部分和动力部分组成。有的大型酒店设有单独的餐饮部分。每部分有独特的功能要求，并有机联系构成酒店整体。在高层酒店建筑中，一般把客房部分布置在建筑的高层，餐饮、会议、康乐等公共部分布置在建筑的裙房，行政办公、后勤、车库、设备等布置在建筑的地下。当然，也有特殊的例子，例如约翰·波特曼设计的北京银泰中心，其大堂位于建筑的顶层。

1）居住部分

（1）客房层

在高层酒店建筑中，一般把客房层布置在建筑的高层。客房层主要由客房区域、交通区域和服务区域等功能区组成。客房部分的设计应考虑场地周边环境，注重景观朝向和城市道路噪声的影响，还要注意与造型设计的结合。通常客房部分的面积占总建筑面积的 40%～60%。

（2）客房

客房是客房层的基本组成单元，是酒店为客户提供服务的物质载体，酒店客房的基本功能是：卧室、办公、通信、休闲、娱乐、洗浴、化妆、卫生间（坐便间）、行李存放、衣物存放、会客、早餐、闲饮、安全等。

（3）服务用房

①服务用房根据管理要求，每层设置或隔层设置。服务台可按管理要求设置或不设置。

②服务用房宜设服务员工作间、贮藏间、开水间等。（也可以一标间客房作为服务用房）。

③客房层全部客房附设卫生间时，应设置服务人员卫生间。

2）公共活动部分

公共活动部分是供客人公用的活动空间和设施，一般布置在高层酒店的裙房。公共活动部分包括门厅、进出口大厅、休息厅、会客室、商店、会议室、服务台、邮电所、银行、旅行社用房，文化娱乐和体育活动设施、餐厅、酒吧、舞厅等，对于大型酒店也可以将餐饮从公共活动部分剥离出来成为单独的餐饮部分。

（1）入口及大堂功能空间

入口部分对于酒店来说，不仅仅是供入住客人进出的通道，更是建筑主体与室外环境之间的一种过渡空间，是整个公共空间序列的开端。建筑入口应是由门、门洞、门廊、台阶、引道、入口广场及在此范围内的其他因素（路面、铺地、绿化、栏杆、水景、雕塑、停车场等）综合组成的一个空间单元。它既是建筑，又是环境空间的一部分。大堂是客人享受酒店服务的第一个功能场所，大堂的空间品质会影响客人对酒店的印象。从波特曼设计的亚特兰大海特摄政酒店开始，中庭的共享空间成了酒店建筑大堂的重要空间标志（图 5-12）。

图 5-12　美国亚特兰大海特摄政酒店大堂

（2）餐饮功能空间

餐饮是现代酒店重要的对客服务部门和创汇部门。餐饮部分通常布置在酒店裙房的一层、二层或三层，由餐厅（中餐厅、西餐厅）、饮料厅（咖啡厅、酒吧）和厨房四部分组成。在餐饮发展多元化的今天，又出现各色各样的体现特色文化特征及生活方式的餐厅，如日本料理餐厅、韩式餐厅、泰国餐厅、法国餐厅等。

（3）会议功能空间

会议部分通常布置在酒店裙房的三层或四层，尽量避免与餐饮同层布置。会议厅的位置、出入口应考虑酒店客人、社会客人同时使用的人流路线，宜与入住酒店客流路线分开，互不干扰，并应避免会议厅的噪声影响客人休息。如设大会议场作为会议中心，则还需设小会议室以适应分组会议的需要。

（4）康乐功能空间

康乐部分通常布置在酒店的地下一层或裙房的顶层。现代酒店提供样式繁多的休闲娱乐场所，如洗浴中心、室内高尔夫、保龄球（图 5-13）、台球、乒乓球、网球、酒吧、

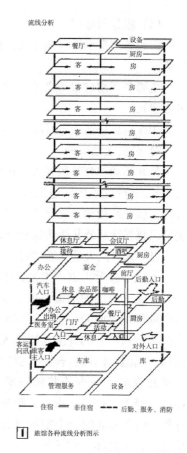

流线分析

旅馆各种流线分析图示

—— 住宿 　　—— 非住宿 　　---- 后勤、服务、消防

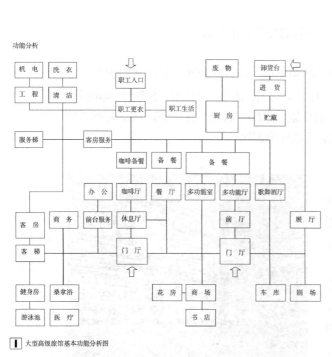

功能分析

大型高级旅馆基本功能分析图

图 5-13

雪茄吧等，有的酒店甚至还有滑雪场、游艇。

（5）商业功能空间

对于商业功能空间，有些酒店是在酒店建筑的裙房或者地下部分设置，有些酒店则是将商业功能空间独立出去。

3）管理及后勤服务部分

管理部分包括行政管理门办公室，如经理室、业务室、财务室等。

后勤服务部分通常放在地下一层，包括为客人服务的、不与客人直接接触的后勤部门，如洗衣房、供应科、客房管理部及电话总机室等；同时包括职工各项生活福利用房，如员工宿舍、员工培训室以及员工食堂等；另外还包括各类仓库、汽车库（分为酒店管理用车库和客人停车库），后者一般不计入酒店建筑面积内。管理及后勤用房的位置及出入口应尽量避免职工人流路线与客人人流路线互相交叉。

地下车库通常设在地下一二层。其设计与建筑结构柱网有很大关系。如果柱网的柱间距选择得合适，同样的面积可以停放更多的车辆。比如 6m 的柱间距可停放 2 辆车，7.8m 的柱间距可停放 3 辆车。新建的高层酒店一般客房的开间在 3.9m 以上，比较豪华的酒店客房开间为 4.2～4.5m。由于柱间距和酒店客房的开间的关系更为重要，它关系到整个酒店的客房数目和面积，因此一般协调客房和地下车库的结构柱距关系，多采用 8～9m 的柱间距。

4）动力部分

动力部分一般布置在地下层，包括各类机房，如锅炉房、变配电室、发电机房、冷冻机房、空调机房、防灾中心、保安中心、电话机房、电梯机房、电脑机房、闭路电视与公用天线机房）和工程维修用房等。

5.2.2　酒店的流线

酒店作为一个充满生命力的有机体，其个部分的功能应该有机结合、方便使用并且互不交叉干扰。酒店设计最核心的内容是其功能流线设计，包括外部环境与酒店的交通流线关系、酒店内部各个功能部分之间的流线关系。酒店流线设计除了要处理好各部门的交通关系，使客人和工作人员都能一目了然，各得其所，还会影响主次关系和服务效率，是其服务水平的反映。一个高层酒店流线设计的优劣直接影响经营。客人的主要活动空间位置及到达的路线必须是流线中的主干线，而围绕主空间的辅助设施应紧凑，服务路线要短捷。从水平到竖向，酒店的流线分为客人流线、服务流线、物品流线三大系统。原则上要求前两条流线互不交叉。客人流线直接明确，服务流线便捷高效。

现代酒店的设计中突出对客人流线、服务流线以及物品流线的区分设计，避免不同流线尤其是客人流线与服务流线的交叉。

1）客人流线

宾馆的三类客人的一般流线是：住宿客人通过主入口或团体入口进入宾馆进行登记后，通过交通厅进入到各自客房，或者进入大堂周边的餐饮、娱乐等公共空间；宴会客人通过宾馆的宴会入口进入宴会门厅，然后进入宴会厅；外来客人流线与住宿客人流线基本相同，但一般不进入宾馆的客房区，仅在宾馆的公共活动区域进行活动（图 5-14）。

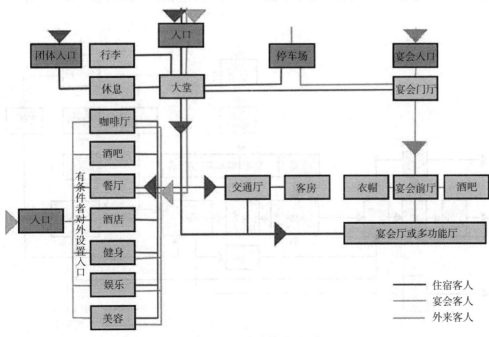

图 5-14　客人流线图

2）服务流线

员工的一般流线是：员工从专用的员工出入口进入，首先打卡考勤，然后更衣穿好各自制服，通过服务通道进入各自工作岗位。设计时注意避免服务流线与客人流线的交叉及重合，以体现对客人的尊重（图 5-15）。

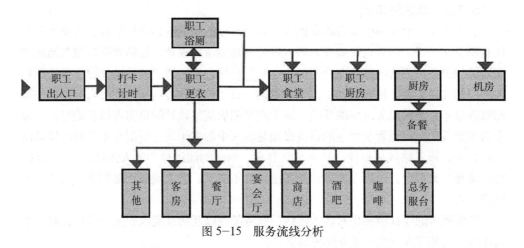

图 5-15　服务流线分析

3）物品流线

酒店的正常运行需要各种食品原料、必备品、易耗品，这些物品均经过其特定的流线进入其服务系统。大中型酒店通过这些物品流线的设计，提高工作效率，满足清洁卫生要求。其中以食品及客房布草的进出量最大,在流线设计中应给予特别的重视。在大中型的现代酒店中，每个服务部门每天都会产生大量的垃圾，这些垃圾的收集、分类、处理及运输都要有其特定的流线，避免其对其他清洁区域的干扰（图 5-16）。

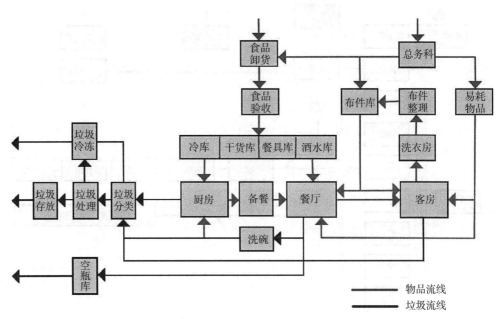

图 5-16　物品、垃圾处理流线分析图

5.3　客房部分设计

5.3.1　客房层设计

1）客房层规模

（1）客房部分总面积和旅馆总建筑面积的比例

客房部分总建筑面积占旅馆总建筑面积的比例一般为45% ～ 55%。该比值随旅馆类型、旅馆档次、旅馆地理位置的不同而不同，如高星级旅馆餐饮、会议和娱乐部分面积比重较大，客房部分比重相对较低，低星级旅馆的情况则相反。当场地周围的业态形式以娱乐休闲为主时，则应突出旅馆的住宿功能，加大客房部分的比例。

（2）客房层面积

在进行旅馆客房层的设计时，一般将城市高层旅馆标准层的面积设计为2000m²，这样设计，既满足了防火规范对防火分区的规定，又使高层旅馆标准层面积的利用率最大化，比较经济。

（3）客房层房间数

房间数是指双床间的间数（又称"自然间数"）。一般来说，城市高层旅馆每层客房层的自然间数以24 ～ 40间为宜。

（4）客房层服务员模数

客房层服务人员的数量要配置适度。若服务人员过多，则会造成人员浪费，不够经济；若服务人员过少，则员工劳动强度大，服务质量有所降低。为了提高员工的工作效率，便于管理安排，客房标准层的自然间数应符合服务员模数，即每层的自然间数为服务员人数的整倍数。服务员模数一般为10 ～ 17间／员工，不同类型和档次的旅馆，服务员模数有所不同。

2）客房层功能区

客房层主要由客房区域、交通区域和服务区域等功能区组成。

（1）客房区域

客房的设计应考虑场地周边环境，注重景观朝向和城市道路噪声的影响，还要注意与造型设计的结合。

（2）交通区域

a.电梯

交通和服务核心的设计影响着客房层的平面效率。电梯往往结合服务用房和疏散楼梯构成交通和服务核心，位于客房层的中间位置。交通和服务核心所需的空间相当于2 ～ 4个客房。

不同档次的旅馆，所需的电梯数量不同。《全国民用建筑工程设计技术措施——规划·建筑·景观》所述，经济级旅馆要求120 ～ 140间客房设一部电梯、常用级旅馆要求100 ～ 120间客房设一部电梯、舒适级旅馆要求70 ～ 100间客房设一部电梯、豪华级旅馆要求小于70间客房设一部电梯。根据《旅游饭店星级的划分与评定》GB/T 14308—2010的规定，不少于平均每70间客房一部客用电梯，可得2分，不少于平均每100间客房一部客用电梯，可得1分（满分2分）。

电梯的布置可作单台单侧布置、多台双侧布置和组合布置，不能在转角处贴邻布置。单台单侧布置时，电梯数量不宜超过 4 台，多台对列布置时，电梯不宜超过 2×4 台。当候梯厅为单台单侧布置时，厅深要大于等于 1.5B（B 为轿厢深），若 1.5B 小于 2400mm，则厅深要大于 2400mm。当候梯厅为多台对列布置时，厅深大于等于对列电梯的轿厢深之和，并小于 4500mm。电梯布置见图 5-17。

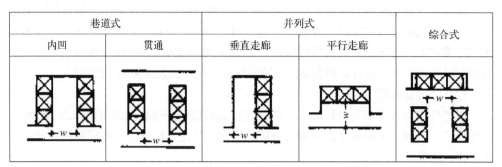

巷道式		并列式		综合式
内凹	贯通	垂直走廊	平行走廊	

图 5-17　电梯排列与电梯厅平面形式

为了减少电梯噪声给客房带来的影响，客房层平面设计应以走廊、服务间和楼梯等空间与客房相隔，避免电梯紧邻客房，同时应尽量避免客房门正对候梯厅。

b. 楼梯

旅馆客房层的楼梯设计需要满足我国现行《高层民用建筑设计防火规范》，具体要求见第 7 章 "高层建筑防火设计" 7.3.4 "疏散设计"，此处不再赘述。楼梯可以在满足防火设计的基础上，考虑造型设计。

c. 走廊

客房层走廊的宽度一般为 1800 ~ 2100mm，除了保证住宿客人的正常通行，还要满足布草车的停放。

为了增加客房入口空间的私密性，减少客房层一通到底的单调感，并使布草车有回旋的空间，客房门口一般会按门扇宽度成对地凹进 300 ~ 600mm 的空间。

走廊净高应在 2.1m 以上。

(3) 服务区域

服务用房一般结合电梯和疏散楼梯构成服务核心，建议每层皆设。

旅馆的服务用房一般包括布草间、污衣间、消毒间和服务员卫生间。布草间用于放置干净布草和其他干净的客房物品；污衣间用于临时放置使用过的布草和餐杯具等物品；消毒间用于开水消毒餐杯具等物品，有些旅馆将其和开水间合并；服务员卫生间灵活设置。

为了减少对住宿客人的干扰，客房层的住宿客人流线应与服务流线分离，服务流线注意与旅馆后勤部分的洗衣房等服务用房相联系。

3) 客房层平面形式

客房层平面形式主要分为板式、塔式、交叉式和环式四种，其中以板式单廊双侧布房形式的客房数量最多，平面效率最高。不同客房层平面形式与平面效率的关系见表 5-1。

客房层平面类型与平面效率关系 表5-1

平面类型 指标	板式		塔式			环式
	单侧客房	双侧客房	三角形	方形	圆形	
每层客房间数	> 12	> 24	24 ~ 30	15 ~ 24	15 ~ 24	> 24
平面效率（%）	65±	70+	65-	65±	65±	65-

表格来源：唐玉恩，张皆正.旅馆建筑设计 [M].北京：中国建筑工业出版社，1993。

（1）板式

平面紧凑，交通流线简捷明确，施工方便，造价低。

a. 单廊单侧布房

多用于风景区旅馆，或用在狭窄的场地。优点：大部分客房有良好朝向；缺点：走廊面积占客房层面积比例较高，平面效率低。布置同样多的房间，单廊单侧布房比单廊双侧布房多需要 5% ~ 8% 的楼层面积。

b. 单廊双侧布房（图 5-18）

适用于各种规模的旅馆。优点：客房层平面简洁、效率较高；缺点：走廊两侧房间的观景效果不一，高层建筑迎风面大，横向刚度较差。

折线形的"单廊双侧布房"形式，交通和服务核心常位于转角处，客房层空间略有变化。两翼相交处客房易有视线干扰，可将客房窗户做成锯齿斜侧窗来缓解该问题。

c. 双廊并列布房（图 5-19a）

双廊并列布房形式由两个"单廊双侧布房"组合而成，交通和服务核心居中，形式规整，便于施工。

弧形的"双廊并列布房"形式对城市空间有围合效果。

d. 双廊多侧布房（图 5-19b）

客房层四周布房，交通和服务核心位于平面中心位置，平面效率较高。

（2）塔式（图 5-20）

a. 方形

常用于狭小规整的场地，交通和服务核心居中，平面简洁、紧凑。

b. 三角形

外墙分直线和弧线两种类型。优点：客房层平面效率高，视野开阔，造型有趣；缺点：平面中有锐角，核心部分利用率低，外角部分结构设计有难度。

c. 圆形

优点：客房层交通和服务核心小，交通路线短；缺点：客房外窗一侧宽度较大，入口一侧较窄，卫生间、壁橱和管道井布置相对困难。

d. 椭圆形

客房层平面简洁、紧凑，各房间平面较为规整，造型有变化。

e. 多边形

客房层有上述直线形平面的优点，但结构、施工较复杂。

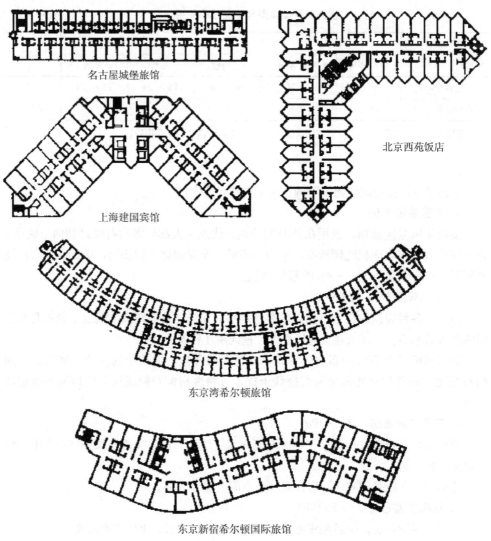

名古屋城堡旅馆

北京西苑饭店

上海建国宾馆

东京湾希尔顿旅馆

东京新宿希尔顿国际旅馆

图 5-18 单廊双侧布房客房层平面实例

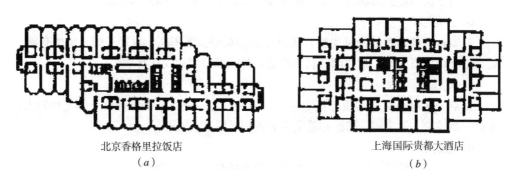

北京香格里拉饭店

（a）

上海国际贵都大酒店

（b）

图 5-19 双廊并列布房和双廊多侧布房客房层平面实例

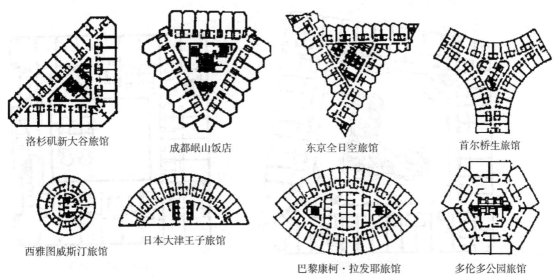

洛杉矶新大谷旅馆　　成都岷山饭店　　东京全日空旅馆　　首尔桥生旅馆

西雅图威斯汀旅馆　　日本大津王子旅馆　　巴黎康柯·拉发耶旅馆　　多伦多公园旅馆

三角形(上)　圆形(左下)　椭圆形(左中)　多边形(右下)

图 5-20　塔式客房层平面实例

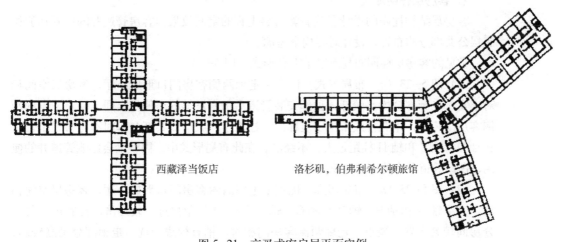

西藏泽当饭店　　洛杉矶,伯弗利希尔顿旅馆

图 5-21　交叉式客房层平面实例

（3）交叉式（图 5-21）

客房层由多个方向的客房翼相交而成，交通和服务核心常位于相交处。优点：客房层流线简洁，平面效率较高，客房景观朝向较好；缺点：客房翼相交处易有视线干扰，占地较大，施工较复杂。

"Y"形的"交叉式"形式，客房层平面效率高，客房景观朝向较好。客房翼较长时，可用作风景区的低层和多层旅馆；客房翼较短时，可用作城市高层旅馆。

（4）环式（图 5-22）

客房层中间为中庭或内院，走廊一侧室内观景效果好。

客房层的设计要考虑场地和使用效率等多方面因素，不能片面追求造型的新奇效果。

99

东京六本木王子旅馆

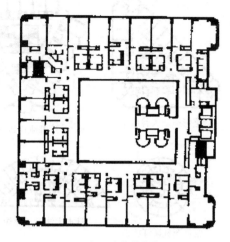
旧金山波特曼旅馆

图 5-22　环式客房层平面实例

4）客房层柱网形式

客房层结构柱网的设计影响着客房层走廊的空间效果、客房管道井的位置和旅馆底层公共部分的布置，设计时要周全考虑。

常见的客房层柱网布局有以下五种形式（图 5-23）。

（1）图 5-23（a）布局形式。优点：走廊两侧客房门口形成小厅，客房层空间相对丰富；走廊部分梁高较低，顶部安装管道后仍有足够的净使用空间。缺点：走廊两侧客房门相对，稍有视线干扰；走廊部分柱距小，底层公共部分房间不易布置；轴 A 和轴 D、轴 E 和轴 H 柱距过大，不经济。在此布局形式中，因纵梁会影响管道井的使用，所以管道井应为平行走廊布置。

（2）图 5-23（b）布局形式。优点：走廊两侧客房门口形成小厅，客房层空间相对丰富；轴 A 和轴 B、轴 B 和轴 G、轴 G 和轴 H 柱距接近，较经济，且底层公共部分房间较易布置。缺点：走廊两侧客房门相对，稍有视线干扰；走廊部分梁高较高，安装管道后，下部净使用空间不足。在此布局形式中，因纵梁会影响管道井的使用，所以管道井应为平行走廊布置。

（3）图 5-23（c）布局形式。优点：轴 A 和轴 B、轴 B 和轴 G、轴 G 和轴 H 柱距接近，较经济，且底层公共部分房间较易布置。缺点：走廊部分梁高较高，安装管道后，下部净使用空间不足。在此布局形式中，管道井平行走廊或垂直走廊布置皆可。当走廊两侧卫生间对位布置时，客房层形成小厅（图 5-23c 左图）；当走廊两侧卫生间错位布置时，客房门错位，避免了视线干扰的问题（图 5-23c 右图）。

（4）图 5-23（d）布局形式。优点：走廊两侧客房门口形成小厅，客房层空间相对丰富；走廊部分梁高较低，顶部安装管道后仍有足够的净使用空间。缺点：走廊两侧客房门相对，稍有视线干扰；走廊部分柱距小，底层公共部分房间不易布置；轴 A 和轴 C、轴 F 和轴 H 柱距过大，不经济。在此布局形式中，因纵梁会影响管道井的使用，所以管道井应为平行走廊布置。

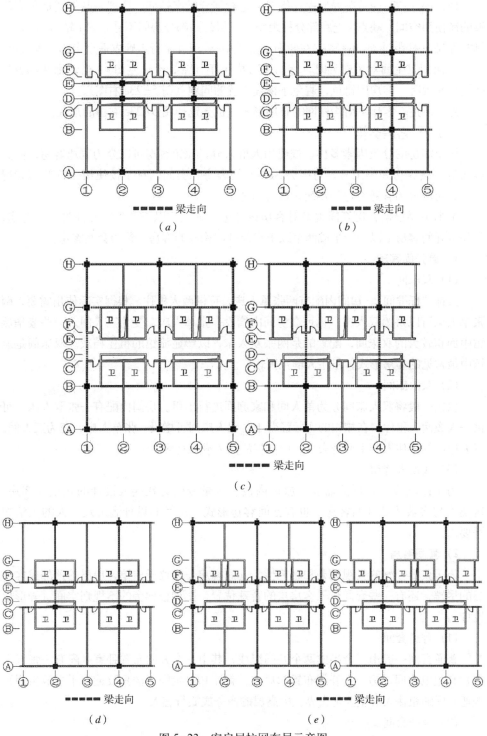

图 5-23　客房层柱网布局示意图

（5）图 5-23（e）布局形式。优点：走廊部分梁高较低，顶部安装管道后仍有足够的净使用空间。缺点：走廊部分柱距小，底层公共部分房间不易布置；轴 A 和轴 C、轴 F 和轴 H 柱距过大，不经济。在此布局形式中，管道井平行走廊或垂直走廊布置皆可。当走廊两侧卫生间对位布置时，客房层形成小厅（图 5-23e 左图）；当走廊两侧卫生间错位布置时，客房门错位，避免了视线干扰的问题（图 5-23e 右图）。

综上所述，客房层结构柱网的布局形式宜优先选择图 5-23e 右图的形式。

5.3.2　客房类型

旅馆客房的分类因素多样，按使用人群来分，旅馆客房可以分为普通客房、商务客房等；按客房开间来分，可以分为单开间客房和套间两种；按使用人群健康状况来分，可以分为普通客房和残疾人客房两种。

本书主要根据客房开间类型对客房设计进行阐述。以一个房间开间构成的客房，称为单开间客房；以一个半或两个以上房间开间构成的客房，称为套间客房。

1）单开间客房

（1）双床间

又称"标准间"。房间内配有两张单人床，可供两人租住。根据实际使用需要，两张单人床可以拼为双人床，也可在房间内增设一张单人床，变为三人间。一些豪华旅馆中面积较大的双床间，配置的是两张双人床，以彰显旅馆的租住档次。双床间是旅馆中最常见的客房形式，租住人群范围较广。

（2）双人床间

旅馆一般将双人床间分为单人间和家庭间进行出租。房间内配有一张双人床，可供一人或两人租住。在旅馆的实际经营中，双人床间可增设一张单人床，变为三人间。双人床间的租住人群主要是夫妻、中高层的商务或旅行客人。

（3）残疾人客房

为了照顾残疾人群的需要，旅馆内设有少量专门为残疾人设计的残疾人客房。这类客房多数为单开间客房，也有套间客房形式，房间的设计满足残疾人的生活起居要求。

2）套间客房

为了获得较好的景观效果和私密性，套间客房一般位于旅馆客房层的顶部或客房层的尽端，还有一些套间位于客房层的特殊位置，比如楼梯旁的不规则空间（异形房设计）。

（1）普通套间

普通套间一般由一个半或两个开间组成，其中一个开间布置卧室（配有一张双人床）和主卫生间，另一个开间布置起居室、餐厅和卫生间（洁具数量少于主卫生间）。普通套间的租住人群主要是夫妻、中高层的商务或旅行客人。

（2）豪华套间

豪华套间一般由两个以上开间组成，各个开间内分别布置卧室（配有一张双人床）、起居室、餐厅、书房和卫生间等。房间内的家具、科技设施和内装修等选材高档。豪华套间的租住人群主要是中高层的商务或旅行客人。

（3）总统套间

　　总统套间一般由六个以上开间组成，开间内分别布置总统卧室（配有一张大双人床）、总统夫人卧室（配有一张大双人床）、起居室、餐厅、书房、健身房、保安用房和卫生间等。总统套间的家具选材高贵，内部装修豪华，以衬托住宿客人的身份地位。总统套间的租住人群主要是国家元首、政界要客和文娱界名人等。

　　（4）复式套间

　　又称"跃层式套间"。一般由不在同一楼层的两个或两个以上房间开间组成，位于楼上的开间布置卧室（配有一张双人床）和主卫生间，楼下的开间布置起居室、餐厅和卫生间（洁具数量少于主卫生间），楼上楼下房间由客房内楼梯相连。复式套间的租住人群主要是夫妻、中高层的商务或旅行客人。

　　（5）连通房

　　连通房是指中间用门洞将两个单开间客房相连的客房形式。连通房主要用于旅馆的灵活性出租：可作为两个单开间客房出租，也可作为套间出租。

5.3.3　客房设计

1）客房功能区

　　一般来说，住宿客人在客房中的行为有睡眠、沐浴、休息、看电视、远眺、梳妆、会客、工作（书写）、用餐和贮藏等。依据这些行为，可以将客房分为睡眠、起居、工作、盥洗、贮藏、工作和用餐等基本功能区。

　　单开间客房一般包括睡眠、起居、工作、盥洗和贮藏空间（图5-24a）。

　　普通套间包括睡眠、起居、工作、盥洗、贮藏和工作（或用餐）空间（图5-24b）。

　　三开间豪华套间，一般包括卧室、起居室（兼餐厅）和卫生间。

　　四开间豪华套间，一般包括卧室、起居室、独立餐厅（或独立书房）和卫生间。

　　五开间豪华套间功能布局灵活，有的包括卧室、起居室、独立餐厅、独立书房和卫生间，有的包括卧室、两个起居室、独立餐厅和卫生间等。

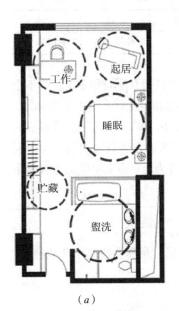

（a）

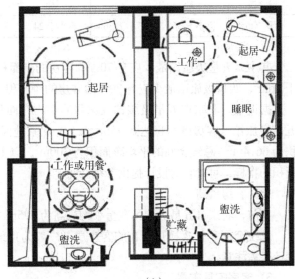

（b）

图5-24　单开间客房和普通套间客房功能区布局示意图

总统套间一般包括总统卧室、总统夫人卧室、起居室、独立书房、独立餐厅、总统卫生间和更衣室、佣人房、门厅、厨房、其他卫生间等。

2）客房尺度

（1）开间和进深

客房开间尺寸和旅馆档次、旅馆类型、客房家具布置、卫生间洁具布置等因素有关。

单开间客房较适宜的开间尺寸在 3900～4800mm 之间，进深尺寸不小于 7500mm，其中睡眠区域进深尺寸不小于 5100mm，卫生间进深尺寸不小于 2400mm（洗脸台、坐便器、浴缸三件洁具）或 3200mm（洗脸台、坐便器、浴缸、淋浴间四件洁具）。

普通套间和豪华套间由并列的多个双床间组成，所以它们的开间尺寸为双床间开间尺寸的 1.5～5 倍，进深尺寸和双床间进深尺寸一致，有些套间的进深尺寸比双床间尺寸略大。

大多数总统套间采用灵活而不规律的布局样式（和住宅类似），只有少数为中间走廊两侧并列多个单开间客房，所以总统套间客房开间和进深尺寸不易确定。一般来说，总统套间往往由六间以上独立用房（每个用房可占一开间）组成。

在增加客房面积时，应优先选择增大客房进深。因为增大客房开间不易布置更多家具，但增加客房进深可以简单布置小沙发、椅子和茶几；在板式旅馆形体中，增加客房开间会增大客房层总长，场地布置较为不便。

（2）客房净面积

在进行客房净面积设计的时候，要根据任务书给出的条件，考虑旅馆档次、旅馆类型、客房家具布置、卫生间洁具布置等因素，进行分析和设计。

根据《旅游饭店星级的划分与评定》GB/T14308-2010 的规定，旅馆应有 70% 的客房的净面积（不包括卫生间和小走廊）满足下表中的规定。

《旅游饭店星级的划分与评定》客房净面积要求一览表　　　　表5-2

得分档	一档	二档	三档	四档	五档	六档
面积（m²）	不小于36	不小于30	不小于24	不小于20	不小于16	不小于14

其中，五星级旅馆最少应有 70% 的客房的净面积（不包括卫生间和小走廊）不小于 20m²，四星级旅馆最少应有 70% 的客房的净面积（不包括卫生间）不小于 20m²。

据调查，北京市五星级旅馆双床间的平均净面积为 36.8m²，2005 年以后开业的五星级旅馆，客房净面积达到 45m² 以上。北京地区五星级旅馆普通套间的平均净面积为 66.4m²，总统套间的平均净面积为 300m²。以上资料为北京市五星级旅馆客房净面积的指标，可对客房设计提供参考。

（3）客房层高

目前，北京市五星级旅馆客房平均层高为 3.5m 左右。

总统套间和行政楼层所在的客房层（一般为顶部几层）层高会略高于其他楼层，设计时需注意。

3）客房家具布置

不同档次旅馆配备的客房家具有所不同。一般来说，旅馆客房摆放的家具主要有：

床、床头柜、写字台和座椅、扶手椅或沙发、茶几、衣橱和衣架、行李架、微型酒吧（包括小冰箱）、床头灯、台灯、落地灯、梳妆镜、全身镜等。

结合客房不同功能区，对客房家具布置进行详细介绍：

（1）睡眠空间

睡眠空间是客房最基本的功能空间，摆放的家具主要是床、床头柜和床尾凳。

a．床

床作为房间的视觉中心，位于客房中间。

一般来说，旅馆客房单人床的平均尺寸为 2000mm（长）×1200mm（宽），普通双人床的平均尺寸为 2000mm（长）×1800mm（宽），大双人床的平均尺寸为 2000mm（长）×2000mm（宽）。

b．床头柜

床头柜的宽度约为 500mm。

床头柜的位置。双床间一般于两床中间设一个床头柜，也有少数在床中间和两侧分设三个。双人床间的床头柜位于床两侧。

c．床尾凳

部分旅馆的客房配有床尾凳，床尾凳宽约 500mm 左右，长度略小于床宽。

床尾凳主要用来增加床的长度，放衣服，换鞋，提高客房的氛围和档次。

（2）工作空间

工作空间包括卧室内的写字台和椅子以及独立书房。

高星级旅馆客房的写字台与梳妆台分离，位于窗户旁边。一些中低星级旅馆客房的写字台与梳妆台合并为一体，位于床对面。

工作空间的家具组合多样化，有些旅馆为一张书桌配一把座椅或两把座椅（分列书桌两侧），有些旅馆为书桌椅和墙边小柜子组合。客房内书桌多为矩形或椭圆形，长不小于 1000mm，宽为 600～800mm。

（3）起居空间

起居空间包括床旁的小沙发（或椅子）和茶几以及独立起居室。

小沙发的长不小于 1500mm，宽为 800mm 左右；茶几一般为圆形，直径 600～700mm。

有些旅馆客房的进深较长，用柜子或屏风等隔断将起居空间和睡眠空间分隔开来，产生了小套间的效果。

（4）储藏空间

贮藏空间的家具包括衣橱、行李架和微型酒吧（又称迷你吧）。

a．衣橱

衣橱内放置保险箱、衣物和行李等物品。

衣橱一般位于客房小走道一侧（卫生间对面），或卫生间内墙一侧（床旁边），深度为 550～600mm。

目前，少部分五星级旅馆的双床间和普通套间设有步入式衣物间，大部分豪华套间和总统套间设有步入式衣物间，若上述套间无步入式衣物间，一般会在主卫生间的入口处设置开放式梳妆台或衣柜作为过渡空间。

b. 行李架

行李架内放置行李和衣物等，一般紧邻衣橱或电视设置。

行李架尺寸灵活，形式多样，有行李椅、行李台和行李柜等。

c. 微型酒吧

微型酒吧主要储藏小冰箱、冰桶、饮料、咖啡机、餐杯具等物品，一般紧邻衣橱或电视设置。

（5）用餐空间

用餐空间是指客房内的餐厅和小厨房。

餐厅多出现于套间客房内：普通套间一般由起居室兼作餐厅，常布置四人座的餐桌椅；豪华套间有独立餐厅，常布置四人座至八人座的餐桌椅，有些豪华套间还附有小厨房；总统套间有独立餐厅和小厨房，常布置八人座至十人座的餐桌椅。

（6）阳台

市区内旅馆基本不设客房阳台。

4）客房卫生间设计

（1）卫生间位置

卫生间在客房中的位置主要有以下三种形式（图5-25）。

a. 卫生间成对布置于走廊一侧。这是市区旅馆客房卫生间最常见的位置形式。优点：可以充分利用进深，缩短客房开间和客房层总长度；卫生间作为客房和走廊之间的缓冲，既减少了走廊噪声，又增加了客房的私密性；管道检修门开向走廊，检修对客房的干扰小。缺点：卫生间为黑房间。

b. 卫生间成对布置于外墙一侧。这是风景区度假旅馆客房卫生间常见的位置形式。优点：卫生间的通风采光和观景效果好。缺点：客房开间和客房层总长度较大，走廊对客房的有一定的噪声影响。

c. 卫生间成对布置于两客房之间。优点：一个客房的卫生间通风采光效果好。缺点：客房层总长度较大，客房易被走廊噪声影响。

（2）卫生间尺度

2007年以后，北京市五星级旅馆双床间客房卫生间的平均开间达到2.7m左右，平均进深达到3.6m以上，平均净面积达到8.0m^{2}以上。以上为北京市五星级旅馆客房卫生间尺度资料，可对客房设计提供参考。

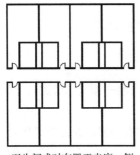 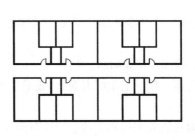 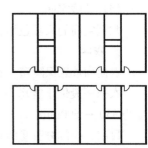

卫生间成对布置于走廊一侧　　　卫生间成对布置于外墙一侧　　　卫生间成对布置于两客房之间

图5-25　客房卫生间位置示意图

（3）布局形式

旅馆客房卫生间的平面布局主要有以下七类：

a．设洗脸台、坐便器两件的平面布局

多用于套间的客用卫生间。

b．设洗脸台、坐便器、淋浴间三件的平面布局

用于部分旅馆普通套间的次卫生间。

c．设洗脸台、坐便器、浴缸三件的平面布局

多用于中低星级旅馆双床间、普通套间和豪华套间的主卫生间。

该类型的布局为：门扇开启方向一侧为浴缸，另一侧灵活布置洗脸台和坐便器（图5-26a）。

d．设洗脸台、坐便器、浴缸、淋浴间四件的平面布局

多用于高星级旅馆双床间、普通套间和豪华套间的主卫生间，是近几年旅馆双床间常见的布局形式。

该类型的布局为：门扇开启方向一侧为浴缸，门洞正对面为洗脸台，门扇另一侧灵活布置淋浴间和坐便器（图5-26b）。

该类型卫生间的平面尺寸（隔墙轴线之间距离）为3200～4400mm（进深）×2150～3350mm（开间）。进深为50mm（墙厚）、1000～1600mm（淋浴间或坐便器间净宽或净长）、100mm（墙厚）、1200～1500mm（单、双洗脸台长）、100mm（墙厚）、700～1000mm（浴缸宽）和50mm（墙厚）之和。开间为50mm（墙厚）、1000～1600mm（淋浴间或坐便器间净宽或净长）、50mm（墙厚）、1000～1600mm（淋浴间或坐便器间净宽或净长）和50mm（墙厚）之和。

e．设洗脸台、坐便器、浴缸、洁身器四件的平面布局

用于部分旅馆豪华套间和总统套间的主卫生间。该类型平面布局灵活多样。

f．设洗脸台、坐便器、浴缸、淋浴间、洁身器五件的平面布局

用于部分旅馆总统套间的总统卫生间。该类型平面布局较灵活。

g．设洗脸台、坐便器、浴缸、淋浴间、洁身器、桑拿房等六件以上的平面布局

用于部分旅馆总统套间的总统卫生间。该类型平面布局灵活多样。

（4）围合形式

现在很多客房卫生间突破了"由实墙划分，空间封闭"的传统形式，转由玻璃窗、

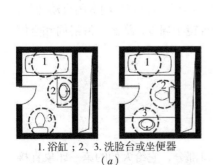

1．浴缸；2、3．洗脸台或坐便器

（a）

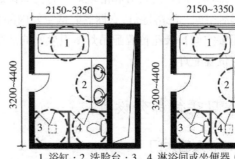

1．浴缸；2．洗脸台；3、4．淋浴间或坐便器（间）

（b）

图5-26　部分卫生间功能区布局示意图

纯玻璃隔断或推拉门等进行分隔，这样分隔之后，盥洗空间和睡眠空间的界限模糊，形成一个通透连续的客房整体。

（5）洁具配置

a. 洗脸台

客房卫生间一般将洗脸盆和梳妆台相结合，组成洗脸台。

洗脸盆的尺寸约为550mm（长）×400mm（宽），洗脸台宽度为550～600mm。

不同类型客房的卫生间洗脸盆数量配备不同，双床间卫生间主要是单洗脸盆，普通套间卫生间以单洗脸盆居多，部分豪华套间卫生间为双洗脸盆，总统套间卫生间采用的是双洗脸盆。

b. 坐便器

坐便器一般长720～760mm，宽360～400mm。

中低星级旅馆客房卫生间的坐便器周围没有隔断，高星级旅馆卫生间多以隔断划出独立的坐便器间。坐便器间的平面一般为正方形或矩形，净长为1000～1600mm，净宽为1000～1200mm，也有的为弧形。

c. 浴缸

客房卫生间浴缸形式多样，有传统的矩形浴缸，还有形状不规则的浴缸，如正方形、椭圆形浴缸等。

矩形浴缸的尺寸一般为（1500～2000）mm（长）×（700～1000）mm（宽）。

d. 淋浴

中低星级旅馆客房卫生间多为淋浴和浴缸合并使用，高星级旅馆开始采用独立淋浴间。

淋浴间平面一般为正方形或矩形，净长为1000～1600mm，净宽为1000～1200mm，也有的为弧形。

e. 洁身器

洁身器的设置主要是满足欧洲住宿客人，特别是女性住宿客人的清洁习惯。洁身器的尺寸比坐便器略小。

5）客房物理环境设计

北京地区五星级旅馆客房照明方式采用区域照明。灯具一般位于房间的以下位置：客房中央设吊灯；床头（睡眠空间）设台灯或壁灯，有些旅馆还在床头天花位置配射灯；书桌椅（工作空间）配台灯和落地灯，有些旅馆还在书桌天花位置配吊灯；小沙发和茶几（起居空间）配落地灯；衣橱等贮藏空间内部配有小灯，可感应柜门开闭自动开关；餐桌（用餐空间）天花位置配吊灯；卫生间的洗脸台镜子周围，浴缸、淋浴间和坐便器的天花位置配灯。

5.4 入口接待部分设计

5.4.1 入口大门

顾客在抵达酒店后，首先看到的就是酒店的入口部分，它给人们的第一印象直接影响着人们对于酒店的整体感觉，所以，酒店入口设计，从某种角度来说，是非常重

要的。入口部分对于现代酒店来说，不仅
仅是供入住旅客进出的通道，更是建筑主
体与自然环境之间的一种过渡空间，是整
个公共空间序列的开始，如北京希尔顿酒
店（图 5-27）。作为现代酒店的入口空间，
首先表现为：作为建筑的基本组成部分，
它必须符合建筑的性质和酒店设计的风格
形式，体现建筑的整体感与和谐美，满足
建筑自身的物质功能和精神功能的要求，
如交通功能、标志功能、引导功能、文化
功能等。

图 5-27　北京希尔顿酒店

　　目前，已建的旅馆往往着重于满足
城市规划的要求，但忽略了环境安静的
考虑，而采用沿街布置的方式。这种布
置，除了容易满足城市规划的要求外，
用地较经济，为丰富城市街景创造条件，
而且主要出入口沿街布置，明显、突出，
便于旅客识别，与城市干道联系简捷、方便，但是城市干道对旅客的干扰和影响也
较大，而且当临街面为西向时，由于朝向不好，也会给使用带来一定问题。在北方
采暖区的城市中，主要出入口面北或面西时，冬天冷风对风门、门厅的使用影响较
大。目前，新建的旅馆采用这种方式的是比较多的。还有一种布置方式比较隐蔽，
即主楼不临街，主要出入口退后红线一定距离，相对来说，城市干道的干扰和影响
就小一些，而且也有利于将主楼布置成较好的朝向，但是往往占地较多，有时还需
增设传达室、门房、围墙等附属建筑。实例中，招待所、专业会议性质的旅馆大多
采用这种方式。有的旅馆主楼沿街布置，主要出入口考虑了临近或隐蔽的不同需要，
作前后贯通的处理，可以根据使用要求来灵活安排，这是一种新的尝试。至于分散
布置的方式（即将客房分成若干个体建筑），由于用地不经济，管理不便，新建的
旅馆很少采用。

　　酒店入口大堂通常设在建筑的首层，但在大型城市综合体项目中，一栋超高层建
筑里往往会有办公、酒店等多种功能同时存在。此时，酒店大堂的位置不一定在一层，
有的设在中间层，有的设在顶层，但在首层会有一个引导大堂。例如北京银泰中心的
柏悦酒店和济南国奥城等。（如补图 3、4、5 图济南国奥城项目）。其中济南国奥城在
地下一层设置了引导大堂，（见图 5-28、图 5-29）真正的酒店大堂设置在三层（见图
5-30）。

1）入口的组成

（1）酒店主入口

　　酒店主入口是客人到达和离开酒店的主要出入口，它直接与酒店大堂空间相连，
是酒店公共空间体系的开端，也是酒店的重要特征和视觉焦点之一，因此成为设计的
重点，例如北京金融街丽思卡尔顿酒店（图 5-31）。

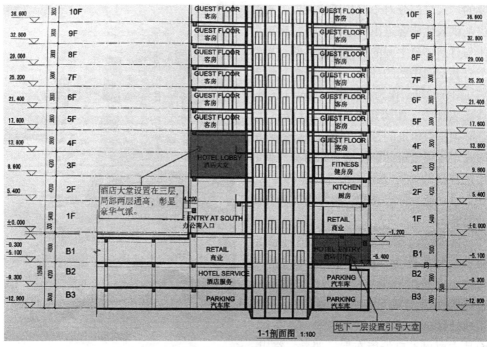

图 5-28 济南国奥城剖面图

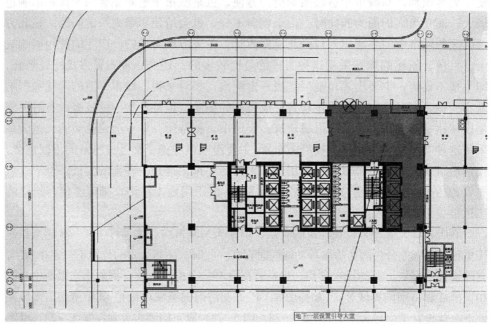

图 5-29 济南国奥城地下一层平面图

（2）宴会厅、会议厅入口

宴会厅、会议入口是为参加大型会议或活动的游人准备的，由此可以通向会议厅的前厅，在其外部需要一定面积的疏散空间和为大客车准备的到达区。

（3）休闲中心与疗养区入口

休闲与康体娱乐部分可以作为会员俱乐部的形式经营，它的一边连接客房部分，

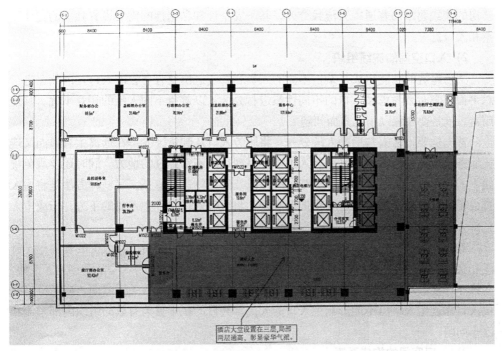

图 5-30　济南国奥城三层平面图

另一边通过一个单独的门厅通向户外，这样可以避免来此休闲健身的当地居民或非酒店人员对酒店客人构成干扰。

（4）通向户外庭院的入口

当星级酒店建有室外游泳池及其附属的各种休闲场地时，它们就组成了酒店的户外庭院。有些酒店的庭院部分可以直接通向景区，如海滨酒店的游人能由此散步到海边，例如三亚文华东方酒店（图 5-32）。因此，度假酒店需要有通向室外庭院及景区的入口。这种入口不是很正式，又与大堂吧或是露台餐厅相连，客人们会感觉自己就来到了庭院。

（5）员工及后勤服务入口

酒店的后勤服务与管理部分的面积较大，功能复杂，需要单独的入口与客人区域分开。

（6）套房入口

在一些高星级酒店中都设有贵宾套房、行政套房或是总统套房，叫法不一，这些

图 5-31　北京金融街丽思卡尔顿酒

图 5-32　三亚文华东方酒店

套房的流线要求与普通客人流线分开，基于安全性和私密性的需要设置独立的交通体系和入口。

2）入口空间的流线组织

酒店建筑的功能组成复杂，不同的人员和物资进出要有各自的入口，因此在进行总平面规划时要考虑按入口的不同性质进行分区，以避免不同人流的相互干扰。具体而言，就是要注意以下几方面问题：

首先是要把客人与后勤人流分开，将服务入口及卸货区安排在远离主入口而又连接服务功能区的地方，最好是客人不能轻易到达或不常经过的地方。同时还要避免视线上的干扰，必要时需用环境景观、植被以及装饰物进行遮挡。另一种方法是将主入口设于二层，将其抬高或者利用地形高差，将服务入口设于主入口的下方，形成主入口部分的双层流线关系。

其次，当今一些大型酒店越来越重视开发会议市场，纷纷兴建大型的宴会厅、舞厅和会议中心，有些还设有展览厅，这些空间为举办会议和各种大型活动创造了条件。会议厅、宴会厅的人流量大，通常需要设专门的入口。在流线关系方面，应考虑将会议入口靠近主入口但不能影响主入口的人流，其目的在于更为有效的组织内部车流和停车问题。

3）入口空间的构成要素

入口是一个过渡空间，是场所、是位置，而并非只是一个设施、门或者门洞。建筑入口应是由门、门洞、门廊、台阶、引道、入口广场及在此范围内的其他因素（路面、铺地、绿化、栏杆、水景、雕塑、停车场等）综合组成的一个空间单元，它既是建筑又是环境空间的一部分。度假酒店入口空间的构成要素主要有以下几个方面：

（1）雨篷

在酒店设计中，经常采用凸出式的入口空间，即由雨篷形成的空间来组织人流和车流，雨篷是指在入口上方的建筑悬挑部分或是有单独支撑结构的构筑物，在其下方可以形成供游人进出时遮风避雨的开敞空间。由于考虑到接待旅游团时大客车的通行，入口空间的净高要求至少要达到 3.85m 以上。雨篷出挑的距离限定了入口空间的深度，其尺寸要大于下方车道的宽度。雨篷是入口空间的视觉中心，是设计上的重点，例如北京希尔顿酒店入口的雨篷（图 5-33）。

（2）车道

车道是入口处的车行路线及停车下客的地方，等候出租车需要一定的空间，顾客及行李上下车也需要短期的停留空间，所以前庭设计要考虑留出足够的空间进行疏散，其宽度应在 5.5m 以上。同时，还要考虑一般车辆和团队大型客车以及租车等情况，宽度可达 8～12m，并将大小车道分开设置。

（3）人行道

考虑到度假酒店多位于偏远的风景区中，人们大多乘车前来，所以行人和残疾人坡道可以与车道合用，也可以专设人行道，如三亚天鸿度假村酒店入口（图 5-34）。进入建筑内部的人行通道要足够宽敞，以便人们能够搬运行李。考虑到度假酒店游人的行李比普通酒店的多，所以一些大型的度假酒店在门厅处设有专门的行李间，必要时还会设单独的行李入口，以避免对主入口人流造成影响。

图 5-33　北京希尔顿酒店入口

图 5-34　三亚天鸿度假村酒店入口

另外，酒店景观设计对于周围的环境也起到了一定的作用。星级度假酒店因其所在位置与自然环境的特殊关系，需要在入口设计中更多地注重植被与景观的运用，形成一个从自然生态环境到酒店内人工环境的过渡区域。同时，植被的设计还有利于减弱入口的空间尺度，增强入口的亲和力，从而更好地体现出度假的氛围。

5.4.2　门厅-大堂空间模式

1）门厅－大堂基本构成的内容

门厅－大堂是酒店建筑重要的活动空间之一，它集流通、聚会、等候等功能于一体。客人通过它到达酒店客房区域或公共区域。

作为客人对酒店建筑的第一接触地点和主要出入区域，其功能、形式、造型、流线、色彩灯光、视觉、氛围印象在定义酒店的特点和品质方面起着决定性的作用。

在功能安排上，首先设置大堂门厅空间或中庭空间，合理安排服务台，引导客人前往提供接待、信息和出纳服务的前台，并且综合考虑其他功能的布置。门厅－大堂的面积主要取决于酒店的面积档次和客房数量，客人进行活动而使用大堂的范围和客人到达酒店大堂的形式也对门厅－大堂面积设定有影响（图 5-35）。

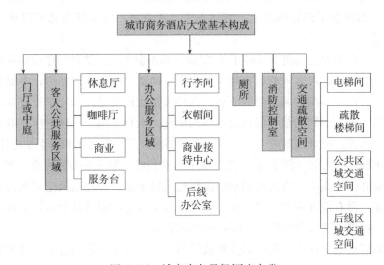
图 5-35　城市商务星级酒店大堂

由于需要吸引人们的注意力，在大堂空间氛围营造上，高端城市商务酒店通常用宽阔的尺度强调酒店恢宏的气势。豪华型城市商务酒店不一定会设计大型的"共享空间"，它在保证大堂最高级别要求的全部功能后，会在空间和艺术的设计上突出优雅和个性化的氛围（表5-3）。

我国酒店设施标准参考　　　　　　　　　　表5-3

项目 星级	小件存放	行李小件存放	存衣处	贵重物品存放	邮政服务	外币兑换	商店
一星级						有	
二星级	有			有	有	有	
三星级	有	有		有	有	有	有
四星级	有	有	有	有	有	有	有
五星级	有	有	有	有	有	有	有

2）大堂的交通流线分析

大堂功能和流线的构成有四种，分别是：集中形式，线式形式，放射形式，组团形式。

集中形式的大堂（图5-36）的中庭空间比较开阔，可以在中庭中设置一个功能区域，一般为大堂吧或展览厅，其他各个功能围绕中庭布置。客人通过门厅进入酒店到达中庭，通过中庭达到各个区域，如北京瑜舍酒店，进入酒店后是一单层门厅，通过门厅到达以五层客房围合而成的方体中庭空间。酒店无前台。休息厅、电梯间、厕所、餐厅围绕中庭布置。

线式形式的大堂（图5-37）中庭（门厅）空间比集中形式的大堂空间稍小，这种大堂空间的组合方式是将各个功能区域通过过厅联系起来。客人可活动的流线较长。档次较高的酒店利用较长的流线做出视觉景观，突出酒店氛围的高雅和个性，以提高酒店大堂空间的品质，提升酒店品牌的形象。如北京昆仑饭店，门厅为两层扇形体中庭，进入后穿过前台侧厅，到达电梯间，四季厅和商业区域紧邻侧厅，穿过电梯厅和四季厅相邻的走道，到达茶室。在茶室、四季厅里都可以观赏亮马河美丽的风景。

放射形式的大堂（图5-38）门厅空间一般不会太大。这种门厅空间在视线上作为酒店大堂的中心，对客人的行为起引导作用；功能上作为交通枢纽，主要起到人员集散的作用。在中高端的城市商务酒店，这种大堂比较常见。如北京王府井大饭店，进入饭店后，首先看到的是两层八边形体的中庭，入口、前台、休息厅、电梯厅、商业围绕中庭布置，正对入口是上至二层的观赏楼梯，在观赏楼梯的后面是电梯间。

组团形式的大堂（图5-39）拥有集中形式和线式形式的两种特点。部分功能围绕中庭大堂和门厅集中，客人可活动的流线也比较丰富。如北京天伦王朝饭店，入口为单层高度，没有设置中庭；进入入口可见前台；休息厅围绕前台布置；客梯通过电梯或自动扶梯进入三层由客房围合而成的中庭空间。

在酒店建筑设计中，集中形式和放射形式的大堂在高端酒店中比较常见，它的空间比较简单，流线易于处理，客人在进入酒店后能高效率地进行登记、结账、出入客

图 5-36　集中形式大堂功能与流线关系图例

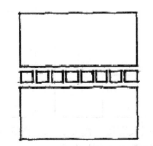
图 5-37　线式形式大堂功能与流线关系图例

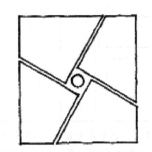
图 5-38　放射形式大堂功能与流线关系图例

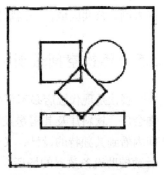
图 5-39　组团形式大堂功能与流线关系图例

房。他们的空间组合都呈向心式。为了在空间上引导人的行为，大堂空间处理上常常做一个开阔的几层高的中庭，由此形成一个景观层次丰富、视线较为集中的"共享空间"。

线式形式和组团形式在豪华型酒店中比较常见，它的空间变化丰富，流线较长，客人在大堂内可以观赏和游玩的场所较多。这种形式在空间和流线构成设计上更注重空间景观视线的设计和客人对酒店品质的精神要求。在单一功能上，常常利用"共享空间"做大堂中庭，大堂吧和四季厅的设计会利用自然采光，结合中庭空间或室外环境，创造丰富的视觉景观；流线布置上，客人从正门通向客房电梯间的过程中，经历不同的空间变化，比如门厅、中庭空间、有景色的四季厅等，然后到达客房，让空间和服务带有趣味性，让客人精神上感到愉悦。

在设计大堂空间构成时，为能提升酒店大堂的空间品质和营造艺术空间氛围，保证大堂内功能完整，可以综合考虑酒店整体的空间形态组合构成，因地制宜地运用这四种空间和流线的组合形式。

3）大堂空间与其他功能部分的关系

星级商务酒店由四部分组成：客房部分，后线部分，设备部分，公共区域部分。公共区域体主要由公共服务部分、大堂服务部分以及中庭空间组成。大堂服务部分和中庭空间部分组成大堂部分。

大堂部分和各个部分的组合形式可以分为三种类型：塔楼围合形式，嵌入塔楼形式，裙房自由形式。

塔楼围合形式的酒店大堂空间的尺度可小可大。大堂的空间体块被酒店塔楼（一般为客房体块）包围或半包围。采用这种形式的大堂空间可设计得比较灵活，它不受塔楼结构方面的影响（图 5-40），如内蒙古包头万號国际酒店，大堂体块位于酒店裙房，被酒店客房塔楼体块包围，嵌入酒店公共区域。

嵌入塔楼形式的酒店大堂空间尺度不会做得太大，它受塔楼结构影响比较大，一般镂空上下楼板，作空间形式的变化（图 5-41），如北京长白山国际酒店大堂位于客房塔楼体块内，嵌入酒店公共区域体块，和客房体块紧密联系。

裙房自由形式的酒店大堂空间的形式更为灵活多变，它在结构上不受塔楼影响，

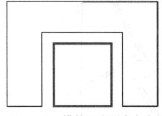

图5-40 塔楼围合形式大堂
空间体块与酒店各体块关系

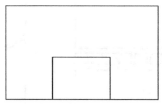

图5-41 嵌入塔楼形式大堂
空间体块与酒店各体块关系

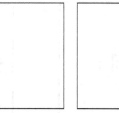

图5-42 裙房自由形式大堂空间体块
与酒店各体块关系

可以做成各种形状（图5-42）。如北京燕莎凯宾斯基酒店，大堂体块位于酒店建筑裙房，嵌入酒店公共区域，一侧紧靠客房塔楼体块。

5.5 餐饮空间设计

餐饮是现代饭店必不可少的重要的服务部门和创收部门。餐饮部分指旅馆的餐厅、宴会厅、饮料厅及其厨房或称总供应部分。每个餐厅应该有清晰的方位感，既可从房间内看到其独特的设计，又可从外部看到其特有的外观。餐厅所处位置应聚集于可供后勤辅助设备放置的场所，并且宜给顾客以强烈的视觉效果。对于较大空间的餐厅，需要有在客流量较低时段可关闭或缩减出口区段的功能；必须考虑主要人流区域通道的通畅，如大厅到餐厅的通道。在专项酒店平面方案中，如果没有特别说明，餐厅不设于地下；所有餐厅宜采用自然采光（也要有必要的防晒措施）。通常情况下，厨房一般占据指定餐厅面积的1/3。

所有餐厅设计均应考虑残疾通道，无烟要求，健康清洁卫生规则，消防安全的要求，该类标准应参照当地专门标准设计。

5.5.1 餐厅的空间组成及布局

1）餐厅的空间组成

餐饮部分由餐厅（中餐厅、西餐厅）、饮料厅（咖啡厅、酒吧）和厨房三部分组成。在餐饮发展多元化的今天，又出现了各色各样的体现文化特征及生活方式的餐厅，如日本料理餐厅、韩式餐厅等。

（1）餐厅部分

旅馆餐厅作为接待住宿旅客和社会客人用膳的部分，应各具特色。现代饮食服务业向豪华与方便两端发展的趋势也体现在旅馆餐厅中：既满足希望在较短时间内用餐的客人的要求，设快餐或自助式服务，也满足视用餐为享乐的高消费客人的要求，设高档餐厅（图5-43、图5-44）。

（2）饮料部分

饮料部分即咖啡厅、鸡尾酒厅、酒吧、茶室及其辅助用房。这是旅馆向客人提供的舒适的休息和交流场所。

（3）厨房部分

厨房是餐厅、宴会厅的后方，是供应菜肴、点心的基地，由各类中、西餐厨房，风味餐厅厨房（包括洗涤、加工、储藏、烹饪、备餐等）及咖啡准备室、酒吧服务间

图 5-43　北海香格里拉酒店自助餐厅

图 5-44　香格里拉北京嘉里中心大酒店

等组成。

2）餐饮空间布局

餐饮空间布局根据旅馆整体布局进行，以构成完整的系统并适应旅馆经营。餐饮部分一般布置在旅馆公共活动部分中旅客和公众最易到达的部位，同时必须考虑餐厅与厨房的紧密关系、厨房与后勤供应的频繁联系，并尽可能区分客人进餐厅流线与服务人员送餐流线。因此，餐饮部分的布局须解决人与物的流线以及餐饮部分内部与其他部分间既紧密联系又互不干扰的关系。大型城市商务酒店的餐厅一般布置在一层、二层、三层的局部。

其布局方式可分为以下几种：

（1）独立设置的餐饮设施

建于用地较大的郊区、风景区、休疗养地的旅馆，总体多为分散式布局，餐饮部分设在公共活动区域或单独布置，与客房楼部分分立，餐厅有优雅的用餐环境，厨房进货、出垃圾及厨房到餐厅的送菜路线均较便捷。餐饮设施的开间、进深、层高较灵活，通风采光条件良好，但建筑用地不够经济，从客房到餐厅的路线也较远，若无连廊，逢雨雪天甚为不便。

我国南方地区有些旅馆采用此种布局，如珠海宾馆、深圳东湖宾馆、中山温泉宾馆。

（2）餐饮部分以水平流线为主的横向布局

这是旅馆餐饮部分最常用的布局方式，即餐饮部分在裙房或中庭周围，与客房楼水平相接，餐饮部分本身也围绕着各式厨房，组成群体，形成大、中、小系列服务。

餐厅之间有的是封闭的隔墙，有的全部敞开在中庭四周。有的中、小型旅馆的餐厅、酒廊、酒吧均布置在首层，与门厅相通。

（3）餐饮部分在底层竖向分层布局

基地狭小的城市旅馆常采用这种布局，各类餐厅分层重叠在门厅上方，有关厨房也分层重叠在餐厅之侧，客人到餐厅靠竖向交通，路线很短，餐厅与厨房联系密切，厨房物品均需垂直运输，有时，餐厅内部布置受结构构件的限制。

（4）顶层观光型餐饮部分

在城市中心、地处闹市并可供客人俯瞰城市景观的高层旅馆常在屋顶层设空中酒吧、咖啡厅、餐厅或旋转餐厅（图5-45）。顶层餐饮部分层高不受限制，排油烟、排气较方便，但客货垂直交通量增加。由于为客人创造观景条件，餐厅餐座宜靠近外墙布置；酒吧和咖啡厅的准备间面积小，可布置在核心部分；餐厅所需的厨房较大，应设在紧邻餐厅处，由于运输量较大，厨房必须与服务电梯有内部联系的通道。

然而，并非所有高层旅馆均需在顶层设餐饮部分，有的因地理位置欠佳、外部景观不吸引人，有的为避免设计的复杂性或减少竖向交通量等，也不必勉强设置。

3）餐饮空间特征

餐饮空间历来是酒店建筑最基本的组成部分，现代酒店建筑的餐饮空间是人类广泛交流的结果。标准的餐饮空间内容极多，在建筑中占较大比重，要求比较便捷的交通路线，其餐饮收入占总收入的1/3以上，也就是说，它直接关系到整个酒店建筑的布局和经济效益；另一方面，对外开放使餐饮空间在城市生活中起着联系和媒介的作用，推动了酒店建筑多功能、综合化发展的进程，也赋予了空间自身更多

图 5-45　东方明珠空中旋转餐厅

的活力。

为旅客就餐的餐厅座位数，一、二、三级旅馆建筑不应少于床位数的 80%，四级不应少于 60%，五、六级不应少于 40%（《旅馆建筑设计规范》）。

4）餐饮系统流线布置

现在宾馆所实行的餐饮服务系统建立在现代化的信息传递系统之上，餐厅服务员将客人所点的菜品输入点菜器，点菜信息直接传送到厨房并自动打印，厨师据此进行菜品的制作。结账也是通过该信息系统，自动打印客人账单。根据此系统的数据，厨房主管可以得到每天各种食材的消耗情况，并对照库存，制订第二天的采购计划。新的餐饮服务系统对于厨房的成本效益控制、管理服务水平等都具有重要的作用（图 5-46 ～图 5-48）。

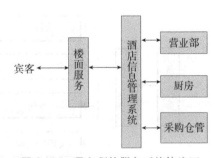

图 5-46　现在餐饮服务系统流线图

总的餐饮服务系统及服务流线如图所示：

5）各部分的具体面积指标

（1）主餐厅：四星级及以上等级的豪华宾馆，主餐厅的每座面积大约需要 1.8 ～ 2m²，由于现在市中心的宾馆的餐饮大多也向社会开放，餐饮规模都较大，大致为 1.5 ～ 2 座／客房。

（2）主厨房：主厨房应当按工作负荷来决定面积。主厨房不仅要供应主餐厅，也

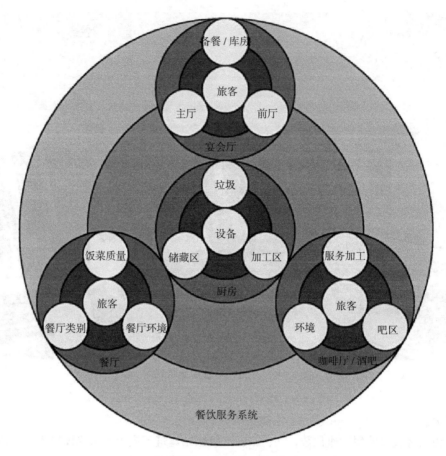

图 5-47　餐饮服务系统图

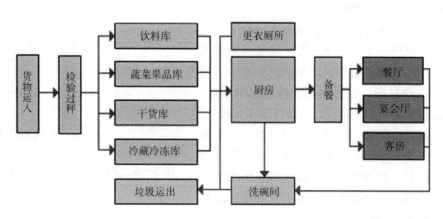

图 5-48　餐饮服务系统流线图

可能要供应宴会厅、客房饮食等，例如调研的北京海航万豪宾馆就是这样，厨房比贮藏间大 33%。如果厨房仅供应主餐厅，其面积一般为餐厅面积的 50% ～ 70%。

（3）糕点房：宾馆里通常有各种类型的糕点房，一般为中式和西式的。有的跟各自的中厨房和西厨房设置在一起，其面积指标为 0.2m²/ 客房，如果跟厨房分开设置，其面积约为厨房面积的 20%。

（4）咖啡厅：咖啡厅不仅提供咖啡等饮品，也提供一些西式便餐。对调研的 30 座宾馆进行分析总结得出 63% 设有咖啡厅，一般的面积指标为 $0.65m^2/$ 客房，每座面积约为 $1.7 \sim 2m^2$。

（5）咖啡厅厨房：如果咖啡厅不靠近主厨房，通常单独设置咖啡厅厨房，一些工作量较大的饮食，制作时可向主厨房取得支援，自己仅制作一些简单及所需设备较小的饮食。其面积大约是咖啡厅面积的 $1/5 \sim 1/4$。

5.5.2　厨房的功能及布置形式

1）厨房的功能

厨房是为宾馆餐厅、宴会厅提供服务的后方，是供应各类菜肴食品的基地。厨房是宾馆后勤服务部分中工艺流程最复杂，设计要求最高的部分。厨房设计本身就是一门学科，现在大型宾馆的厨房一般由专门的厨房设备厂家进行专业的设计。建筑师一般不了解厨房部分的工艺，但如果建筑师了解厨房工艺流程，对厨房的设计会有很大的帮助。建筑师应该了解食品从运入宾馆送入厨房直至最终烹制完成送入餐厅的整个流程，并且在设计中与厨房工程师讨论并交换意见，从而设计出适用的厨房空间设计。

2）厨房的种类

厨房的种类很多，如中餐厨房、西餐厨房、特色餐厅厨房。厨房内部由贮藏、洗涤、加工、烹饪、备餐等各部分组成，还有一些咖啡厅的制作准备间、酒吧的服务间等也是宾馆厨房的组成部分。

（1）按照设施的完善程度及面积的不同，厨房分为主厨房和次厨房。主厨房服务于宾馆的主餐厅，一般面积较大，设施完善，多位于宾馆的首层，靠近餐厅区域的后方，由于目前宾馆首层一般布置较多的公共空间，越来越多的宾馆的主厨房布置在地下层。次厨房一般位于某些分散布置的餐厅的后方，面积较小，设施不如主厨房完善，有时仅发挥备餐的作用，菜肴的主要制作过程仍在主厨房内完成。其优点是位置灵活，服务的对象也很广泛。

（2）按照制作食品种类的不同，分为中餐厨房、西餐厨房以及一些特色餐厅的厨房。不同的菜肴制作要求不同，厨房的设计也会有很大的区别，例如中餐厨房由于菜肴制作程序繁复，所需面积一般较大，西餐厨房会设置糕点房，日式厨房的冷菜间的面积较大等，都有其各自的特点。

（3）按照厨房所服务内容不同，分为常餐厅厨房、宴会厅厨房以及职工餐厅厨房等。也有专门为客房提供服务的客房厨房，目前在我国并不单独设立，一般常与餐厅厨房一起设置，通过宾馆的客房订餐系统进行联系。

3）厨房的布置形式

宾馆的总的平面布局确定了餐厅以及厨房的位置，在一个中大型的城市宾馆中，餐厅可能很多，厨房也会不止一个，但会有一个主厨房，其他的为简单厨房。主厨房的布置方式有三种：适合小型厨房布置的统间式、适合中型厨房布置的分间式以及适合大型厨房布置的统分结合式。咖啡厅的制作准备间，一般单独设置在咖啡厅后面，如果位置接近餐厅厨房，也可与餐厅厨房设置在一起。酒吧的准备间则与吧台连在一起，酒吧服务员在吧台内侧进行饮料的准备制作。

（1）统间式厨房将食品的粗细加工、烹饪、主食制作等布置在一个大空间内，其优点是平面紧凑，联系方便，面积利用方便经济，也利于自然通风采光。缺点是流线容易交叉，互相影响较大，不便管理。冷荤间必须单独设立。

（2）分间式厨房将食物制作的各个程序按照工艺流程依次布置在专门的房间，优点是各部分分开，方便管理，卫生条件较好。缺点是流线较长，各部分联系不便，通风采光不好处理。为改善通风条件，除冷荤间、储藏间外，其他部分多作不封到顶的隔墙处理。

（3）统分结合式厨房是上述两种布置方式的结合，一般食物的切配等粗加工以及烹饪多布置在大间，洗涤及点心制作等服务布置在小间，在一定程度上集合了两种布置方式的优点。

4）厨房工艺流程

大型城市宾馆的厨房面积很大，工艺流程复杂。食物的一般过程是：货物购入—储存—食品加工—烹饪—备餐出菜—垃圾运出，并对餐具进行清洗，对垃圾进行收集清除（图5-49）。

厨房的功能分区由以下几部分组成：

（1）货物出入区

厨房的货物泛指各种食品原料、酒水饮料、食物器皿以及产生的垃圾等。目前，宾馆设计中，厨房的货物进出多与整个宾馆的货物进出设计在一起。

（2）货物储存区

食品原料的储藏分为常温、冷藏两种。一些食物器皿、米、面、油以及各种干货的储藏采用常温储藏，而肉类、蔬菜、瓜果以及酒水饮料则需冷藏。根据食品所需的冷藏条件不同，冷藏库房又分为高温冷库（0～-5℃）、中温冷库（-15℃左右）、低温冷库（-22℃）。宾馆的冷藏库房也可设置在厨房外部，但必须与厨房联系方便。

现代宾馆中的食物器皿样式越来越多样化，再加上一些专门的玻璃器皿、瓷器器皿，甚至一些高级宴会中使用的银器，一般都设有专用仓库进行存放。

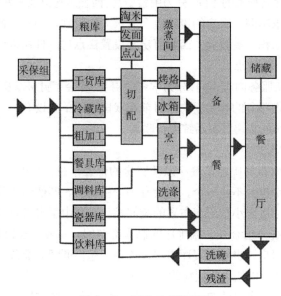

图5-49　厨房工艺流程图

　　厨房每日产生的垃圾量较大且大部分为湿垃圾，为防止其发霉影响卫生，厨房部分常设 −15℃冷藏垃圾间；干垃圾中的饮料空瓶等经收集分拣，定期回收。

　　(3) 食品加工区

　　a. 主食加工

　　中餐的主食为米饭、各种面食；西餐的主食为面包。各种主食制作均需要专门的设备，在厨房设计中将其设置在一区。

　　b. 副食加工

　　副食加工可分为粗加工和细加工，就是对菜品原料进行清洗、切配等加工，是食物在烹饪之前的加工程序。

　　c. 点心加工

　　中式点心花样众多，如各种小笼包、花卷、烧卖、虾饺等，粥、羹种类更是众多，因此一般设专门的加工区域。西式点心为各种蛋糕、甜品，多与西餐主食的面包房设在一起。

　　d. 冷荤加工

　　冷荤间用于制作冷菜，必须单独设置，且卫生要求十分严格，一般装有空调，严格控制温度，并且在冷荤间外设二次更衣室，员工进入前需消毒。

　　(4) 烹饪区

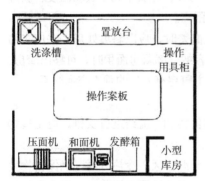

图 5-50　主食制作间布置图

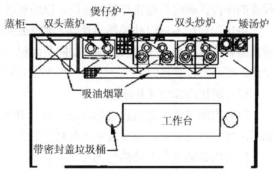

图 5-51　副食烹饪间布置方式一

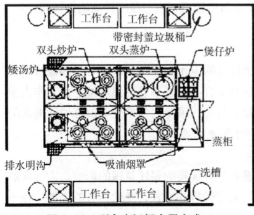

图 5-52　副食烹饪间布置方式二

图 5-53　冷荤间布置图

a. 中餐烹饪

中餐烹饪方式众多，中餐厨房的炉灶数量众多，设计时需与厨房设备专家充分沟通，合理选择和布置各种汤炉、炒炉、烤炉、蒸炉设备。

b. 西餐烹饪

西餐的烹饪工具相对中餐来说少一些，但也有各种烤箱、油炸炉、西式汤炉、蒸煮炉、烤炉等，设备更加专业。制作各种西式菜肴。

（5）备餐间

备餐间是厨房的菜品制作完成后送入餐厅之前临时存放的区域，传菜员到此取菜并送至餐桌。目前厨房备餐间放置一些冰激凌机、榨汁机等设备，所需面积增大。

（6）洗涤区

餐厅的玻璃杯使用后一般在备餐间清洗，烘干后用布擦拭干净。餐厅用过的碗碟、筷子、汤匙等在专门的洗碗间进行洗涤。

5）厨房设计原则

（1）餐饮与厨房的位置关系

厨房与餐厅宜同层设置，若条件不允许，厨房与餐厅必须分层设置时，应设服务电梯。厨房与餐厅间如果有高差，宜采用坡道连接。全部厨房不能在同层设置，库房、点心制作间等可移至邻层，但与厨房间联系应方便。

厨房备餐间到餐厅的距离不应过大，小于40m为宜，过长不利于食物温度、新鲜程度的保持。厨房长边宜与餐厅连接，以缩短送菜距离。

厨房与餐厅不应以楼梯踏步连接，如无法避免高差时，应以斜坡处理，并应有防滑措施和明显标志，以引人注意。如同层面积不够容纳全部厨房面积时，可移出库房、冷库、点心制作等房间到上、下层，但要求它们与主厨房有方便的垂直交通联系。

（2）厨房内部分区和流线

厨房内部按照工艺流程进行合理分区，并按照食物加工流线进行安排，避免食物加工流线的往返交叉，提高效率且有利于卫生。

厨房内必须进行严格的生熟分区、洁污分区、干湿分区、冷热分区，确保食物生与熟、洁与污的分离，且互不交叉。厨房区域的厕所必须设置在污物区，避免食物加工流线经过厕所而被污染。点心房、备餐间室内要求干燥，洗涤间、海鲜房则十分潮湿，相互之间应尽量远离。冷荤间、西点制作要求温度较低，应与温度较高的烹饪间分开，避免彼此冷热影响。

（3）装修材料的选用

厨房卫生的重要性不言而喻，为了达到较高的卫生标准，厨房的各种装修材料都有其特殊性，如地面砖要求光而不滑，不仅利于打扫，且不易在湿环境下使工作人员滑倒。墙面采用卫生瓷砖，利于油污的清除。另外，厨房内经常处于湿环境，地面的排水坡度应比较大，并设置地面排水沟，利于积水排放。

（4）避免厨房油烟、噪声对餐厅的影响

厨房内会产生大量的油烟及噪声，为避免其对优雅的餐厅氛围的影响，应该采取一些必要的措施，如备餐间到餐厅之间的门采用转折的方式，降低声音的传播。在一些靠近餐厅的位置，放置声音较小的设备。

厨房的空调要设计成负压，这样，餐厅的气压比厨房的气压高，厨房内的油烟气味便不易于向餐厅扩散。现代宾馆中，一般厨房采用全空调设计，有利于气流的组织。在油烟、蒸汽集中的烹饪区配备专门的排油烟机，将油烟及蒸汽快速排出。

（5）方便流畅的交通流线

厨房与货物入口、食品库房之间应有方便流畅的路线。为客房提供餐饮服务的厨房应有食物电梯将食物直接运送至客房层。

5.5.3　餐饮空间设计要求

1）餐饮空间设计的一般要求

（1）餐厅分对内与对外营业两种。对外营业餐厅应有单独的对外出入口、衣帽间和卫生间。

（2）餐饮空间一般不宜过大，以 80 座左右的规模为宜，最大不宜超过 200 座。

（3）餐厅必须紧靠厨房，以利于提高服务质量。

（4）顾客入座路线和服务员服务路线应尽量避免重叠。服务路线不宜过长（最大不超过 40m)，并且尽量避免穿越其他用餐空间。大型多功能厅或宴会厅应设置备餐廊。

（5）餐饮空间中桌椅组合形式应多样化，以满足不同顾客的要求。

（6）备餐间出入口要隐蔽，顾客的视线应有遮挡，同时避免厨房气味窜入餐厅。

（7）餐饮空间内装修和陈设应统一，菜单、窗帘、桌布和餐具及室内墙面、地面和顶棚的设计必须互相协调，并且富有鲜明的个性。

2）旅馆餐饮空间设计的原则

（1）餐饮空间应是多种空间形态的组合

人们厌倦形态单一的空间表现形式，喜欢空间形态的多样组合，以获得丰富多彩的空间体验。因此，餐饮建筑设计及室内设计的第一步就是规划设计出多种形态的餐饮空间，并加以巧妙组合，使其大中有小、小中有大、层次丰富、相互交融，使客人置身其中，感到乐趣和舒适。

（2）空间设计需满足使用要求

空间设计必须具有实用性。因此，餐饮空间的大小、形式及空间的组合方式都必须从实际出发。注重空间设计的合理性，满足餐饮活动的需求，尤其要注意满足各类餐桌椅的布置和各种通道的尺寸以及送餐流程的便捷、合理。

（3）空间设计必须满足工程技术的要求

材料和结构是围隔空间的物质技术手段，空间设计必须符合这两者的特性。同时，在空间设计中，必须为声光热及空调等为空间营造某种氛围和创造舒适物理环境的手段以及技术留出必要的空间并能满足其技术要求。

5.6　其他公共活动部分设计

旅馆的公共部分设计是旅馆设计的重点部分之一，包括最先与旅客、社会公众接触，为他们提供服务的公共厅堂和各类活动用房，其形象、环境及设施直接影响旅馆对旅客与公众的吸引力。

不同规模、等级、性质的旅馆设置的公共部分内容不一，如何设置应按经营之需而定。

5.6.1 公共活动空间的组成

从旅馆基本功能构成来看，公共活动空间除门厅—大堂空间以外，还包含以下三个部分：

(1) 会议厅室、宴会厅、多功能厅与商务中心

大、中、小会议厅，宴会厅，多功能厅（可用于宴会、各种会议等）。

复印、打字、个人电脑。

(2) 商业

各类商店、专卖店的营业厅与库房。

公用电话。

鲜花和报刊店。

(3) 康乐设施

游泳池、各类球场、球室、健身房、桑拿与蒸汽浴室、按摩室、保龄球室。

舞厅、卡拉 OK、电子游戏及其他娱乐室（国外有的旅馆设赌场）。

美容、美发。

与各健身、娱乐设施相应的服务台、工作间、吧台、休息角、更衣室、卫生间等。

1) 会议功能空间

如果宾馆为会议性宾馆，则会议设施的规模会更大，所需后线服务人员的数量也会比较多。宾馆的会议厅往往具有多种功能，一些大型的会议厅会兼做宴会厅、展览厅，但为满足会议需要，一般所需的设备标准较高，如同声传译设备、高水平的声像设备等。例如：北京万达铂尔曼大饭店（图 5-54），酒店拥有 2160m² 的会议空间，其中 1400m² 的无柱大宴会厅层高为 8.5m。

会议空间包括大小会议室、多功能厅、学术报告厅、新闻发布厅等。会议空间的类型如下：

(1) 会议室

会议室为教育培训、团队建设及各项战略问题的解决等活动提供良好的空间环境及交流平台。

会议室的分类：

a. 200～500 人用的团体大会议室（可以兼用于晚宴、商业午餐、特殊典礼、招待会、产品推广和团体会议等）。

b. 30～150 人使用的中、小团体会议室（图 5-55）

c. 10～20 人使用的临时会议室。

d. 满足其他专门要求的会议室（例如董事会会议室）。

会议室的设计要点：

a. 会议室的位置方向要有清晰的标志，应集中设计在底层或者二层等低楼层上，并且相对独立。

b. 交通流线的设计尽量减少与酒店内其他人员的重复。

c. 房间要求有很好的隔声效果。例如地面铺设优质地毯，以减少噪声；侧界面的设计及材料的选择也应考虑能改善室内的吸声效果；顶面设计有地面和平面布置相呼

图 5-54　北京万达铂尔曼大饭店会议厅　　　　图 5-55　北京帝景豪庭酒店爱丽舍

应，烘托整体氛围。

d．会议室的面积一般按 $0.7m^2/$ 座设置。小于 30 座的室内净高不应低于 2.5m，有空调的不应低于 2.4m，30 座以上的会议室净高应在 3.0m 以上。

e．室内整体环境色宜淡雅，选择无强烈对比的中性色。

（2）新闻发布厅

新闻发布厅是为新闻发布会提供的场所，是高档商务酒店的主要功能之一。设计要点：

a．座位四周走道应宽阔，为摄影、摄像记者提供操作空间。

b．新闻发布厅相关设施要考虑记者采访需要。

c．发布会现场要求配套的硬件设施，如无线同传设备。

（3）多功能厅

为迎合市场需求，宾馆大多设置可用于各种礼仪庆典活动的多功能厅。此空间还用于举行各种宴会、商讨会、展览会等，以提高多功能厅的利用率，增加收益。

多功能厅的设计要求：

a．多功能厅内桌椅的材质必须是较轻便的，易于变动，利于房间功能的迅速转变，相应的储藏室面积为多功能厅面积的 5%～10%。储藏区需要进行消防控制，如烟火传感器、耐火饰材、适宜温度、通风系统等，还需提供相应的设施和搬运设备。

b．多功能厅的活动式舞台可做成升降式或拆装式，以适应室内空间的不同需求。

c．多功能厅宜有前室作为缓冲空间。

d．高档的现代商务酒店多功能厅常有先进的声像设备，如同声传译系统、录像设施、幻灯、投影仪、音响设备和调光系统等，以满足各种不同性质的使用要求，例如北京华侨大厦多功能厅（图 5-56）。

多功能厅设计要符合人体工

图 5-56　北京华侨大厦多功能厅

程学，有好的舒适度，利于久坐。扶手座位可以结合微型麦克风、投票系统、暗灯写字板等设备设计。座椅可以设计成折叠式的，每隔一行可设可转换的桌子。成排的座位可以是直线或曲线形的。

多功能厅防火要求：为了安全疏散人群，500人容量的多功能厅至少设置两个出口，每增加250人需增设一个出口，一般300人以上的礼堂出口宽度为1200～1500mm，楼梯间的每段楼梯阶数应不大于16，但要大于2。出口处门向外开，保持路线通畅。设置可防火的墙壁、隔板、地板、楼梯和电梯门，安装有防火设备、紧急标志、逃生路线的照明和通风设备。

多功能厅室内空间的分隔形式：

a. 封闭式分隔：用到顶的轻体隔墙等限定度较高的实体界面分隔空间。

b. 互动性分隔：一是用低矮的面分隔空间；二是用栏杆、花格、构架玻璃窗等通透的隔断分隔空间；三是用绿化、水体、材质、光线、高差等因素分隔空间。其特点是空间隔而不断，隔声效果较差，但空间有一定的流动性，层次较丰富。

c. 弹性分隔：可利用帷幕式、拼接式、滑动式、折叠式、升降式等活动隔断划分空间。其特点是可依据不同性质空间的使用要求随时启闭、移动，空间也随之或大或小、或分或合，灵活多变。

商务会议空间是现代商务酒店公共空间中不可或缺的一项，现代大、中型酒店均在公共部分设商务中心、会议室、多功能厅等，以适应现代酒店的发展要求。

2）康乐功能空间

随着酒店建筑的不断完善和人们对健身娱乐要求的不断提高，康乐空间在酒店建筑中越来越显得重要，事实上，康乐设施已是衡量酒店建筑标准的重要依据之一。对于星级酒店来说，康乐设施与星级的关系有着国际上的规定。

为适应现代社会的发展、变化，现代酒店的公共活动部分都包括健身中心。信息时代，城市旅馆建筑的康乐空间功能不断扩展：健身房、游泳池、日光浴、静吧、网疗（包括远程医疗保健、网络心理保健等）。不同地区、不同气候条件、不同酒店等级的健身中心所配置的健身设施也不相同。位于山地滑雪区和风景游览区的酒店兼备滑雪项目和设置多种球场；位于海滨的酒店有进行帆船、帆板、滑水等项目的条件；依山傍水的温泉宾馆可设置跑马场、高尔夫球场；位于市郊的酒店在其宽敞的花园中可设置游泳池、网球场；市区的酒店往往只能在屋顶花园中设置游泳池或网球场及小型健身设施。

（1）娱乐空间的分类

a. 歌舞厅：歌舞厅的主要设施有舞池、演奏台、休息座、音控室、酒吧台、包房等。

b. KTV：客人在一个独立的空间内唱歌。KTV要有一定的独立性，干扰性小，随宾馆的档次高低而异。

c. PTV：一种更新颖的卡拉OK形式，是在KTV的基础上发展起来的。其特点是演唱者根据屏幕上的画面进行演唱，同时将自己的形象投影到屏幕的背景画面上。

d. 夜总会：分为西式和中式两种，提供各种不同的晚餐及表演等。

e. 棋牌室：提供棋类、牌类等游戏的场所。

f. 美容美发

（2）健身空间的分类

a. 游泳池

通常包括室内和室外游泳池。

a）室内游泳池：造价高，温度可以调节，不受气候季节的影响，使用灵活性较大。水池形状的设计较灵活，一般较规整（图5-57）。

b）室外游泳池

酒店中的游泳池与规定的体育比赛游泳池不同。酒店中的游泳池的大小、形状可根据设计的具体情况做出变化。游泳池池边平

图 5-57　北京万达铂尔曼大饭店游泳池

台应不小于 4.5m，以供人们休息、日光浴等。一般游泳池池底均铺砌蓝色瓷砖，使浅浅的水池有较深的效果。地面须防滑，也可与健身房、蒸汽浴结合，但应设置专用出口与淋浴设施。

较正规室外游泳池长 50m，短池长 25m，宽不小于 21m。水池最小尺寸为 8m×15m（最好为 8m×18m）。一般分深水区与儿童戏水区。深水区深度不小于 1.8m，儿童戏水区一般不大于 0.48m，最深处不大于 1.0m，与成人池分开并设护栏。

b. 各类球场

酒店中一般设置占地较小的球场，有的在室内，有的可利用屋顶，如网球、桌球、乒乓球等。郊区旅馆、休养地酒店用地大，可设较多种类的球场，但不用一应俱全，数量、类型有限。

a）网球场

网球双打场地为 10.97m×23.77m，单打场地为 8.23m×23.77m。端线以外空地宽度不小于 6.4m，边线以外空地宽度不小于 3.66m。

b）羽毛球场地

羽毛球单打场地为 13.4m×5.18m，双打场地为 13.4m×6.10m，场地四周净距不小于 3m，网柱高 1.55m。

c）乒乓球场地

乒乓球台为 2.74m×1.525m，高 760mm，球场一般不小于 12m×6m。

d）保龄球场地

保龄球球道长 19m、宽 1.15m，用枫木等硬木铺成。保龄球道一般在酒店内做 4～8 道。保龄球场很少采用自然采光通风，球道两侧一般不开窗，这样可避免室外干扰。

e）台球房

台盘的尺寸一般为长 2750mm、宽 1525mm。球桌要坚固平整、摆放合理，四周通道宽敞，两桌间距为 2.5～3.0m。台球室自然采光应良好，有较充足的室内照明，光线应柔和，并控制适宜的温度。

f）壁球场

壁球场地由四个壁面围合而成，要求前墙高、后墙低，侧墙是前墙与后墙相连接的斜墙（一般以红线画出）。场地净空要求不小于 5.64m。

（3）洗浴

健身浴室设施具有洗浴、休息、按摩、健身、健美、消除疲劳等多种功效，是商务酒店必备的项目之一，主要类别有桑拿浴、蒸汽浴和 SPA。

a. 桑拿浴

酒店规模的大小决定了桑拿室的大小及数量，酒店内桑拿间一般以 4～6 人为宜。

b. 蒸汽浴

其温度低于桑拿浴，湿度较高，室内可配置立体音响及全自动香气输送器等设备。

c. SPA

狭义上讲，指水疗美容与养生，广义上讲，包括人们熟知的水疗、芳香按摩、沐浴等。

因为水力按摩浴池荷载较大，一般设于宾馆的地下层、首层。可设共享休息大厅或者包房，让洗浴后的顾客在此休息、娱乐、恢复体力或者等待按摩，一般配有休息沙发、酒吧、日光浴、包房等设施。如按摩床位是休息大厅容纳客人总数的 1/3 的话，则厅内面积可按 $4.5～6.5m^2/$ 人确定。

（4）健身房

健身房入口一般设更衣室、卫生间及淋浴室，提供健身运动器械。桑拿房宜靠近健身房。设计规模可依据酒店的规模而定，空间大小的设定应考虑丰富的运动项目和健身器材的需要以及空间高度的因素，一般面积为 $50～100m^2$，高度不小于 2.9m，例如北京贵宾楼饭店健身房（图 5-58）。

3）商业功能空间

随着时代的发展，为了让旅客在停留期间仍能沟通信息，进行必要的商务活动，城市商务酒店常设商务中心。一般商务中心设有电传、打字、图文传真等服务，并提供国际长途电话、行李托运、代售邮票、代发信件、代购交通票务、代购影剧参观票务等服务。有些高档商务酒店的商务中心还配备秘书和翻译服务。

现代旅馆中，商店的种类、大小随着旅馆的类型、规模和经营特点的不同而改变。经济型旅馆可以只设小卖部，商品主要靠周围商业网点提供。舒适型旅馆的商店有一定数量和规模，以促进客人消费。豪华型旅馆的商店反映着旅馆的身价，设置数间名牌专卖店，商店的装修与大堂一样考究，珠宝、首饰、手工艺品和服装等高档商品在高照度的橱窗内，成为公共活动层的装饰广告。

酒店商业的布局可以有两种：一是在酒店内有独立的商店区。二是将商店布置在商旅客人到客房或餐厅等处的走道两侧。

商务中心的设计要求：商务中心一般集中设置在宾馆人流方便到达的裙房的首层、二层，尽量避免干扰。

5.6.2 公共活动空间流线组织

城市大、中型旅馆的客人分为住宿客人、宴会客人、外来客人三种。

（1）住宿客人

住宿客人在旅馆中的行为一般是进出旅馆，办手续、等候、进餐和娱乐等公共

图 5-58　北京贵宾楼饭店健身房

活动。住宿客人又有团体客人与零散客人之分。现代高级旅游旅馆为适应团体客人的集散需要，常在主入口边设专供团体客车停靠的团体的入口，并设团体客人休息厅，例如上海新锦江大酒店，团体客人可从团体门厅进入，通过电梯厅直接上到四层的中餐厅、宴会厅等。

（2）宴会客人

高级城市旅馆的宴会厅承担相当的社会活动功能，有向社会开放的宴会厅、会议设施的现代旅馆，为避免住宿客人进出旅馆及办手续、等候时与宴会的大量人群混杂而可能引起的不便，需将宴会客人与住宿客人的流线分升，并单独设宴会出入口和宴会门厅。宴会出入口应有过渡空间与大堂及公共活动、餐饮设施相连，避免各部分单独直接对外。

（3）外来客人

外来客人一般指进入旅馆的当地人士，国外旅馆普遍对市民开放，除住宿之外也可让访客进入餐饮及公共活动场所，其对旅馆的收益有一定提高作用，所以需重视这条流线，多数旅馆对外来客人如同住宿客人一样，也从主入口出入，以示一视同仁。我国有的高级旅馆将对社会开放的餐厅、商店等出入口单独设置，出入口过多不便管理。大型高级旅馆以三个出入口为宜，即主要出入口、团体出入口、宴会与顾客出入口。

1）会议部分空间布置

会议部分的出入口与位置应考虑旅馆客人与社会客人同时使用的人流路线，宜与旅馆客流路线分开，互不干扰，并应避免会议的噪声影响住店客人休息。会议部分宜单独布置，并与饮食供应系统有较方便的联系。当规模较大时，应单独设置出入口、休息厅、衣帽间和卫生间（图5-59）。

2）康乐部分空间布置

其各种项目由于在使用功能上有一定的连续性，宜布置成区。由于客人可能在客房穿好运动衣后再去康乐区，其空间构成应考虑不通过主门厅直接与客房相连。对于要对外开放的康乐设施，应设置单独的出入口，并有与之相匹配的更衣室，以方便外来人员使用。康乐设施的位置应便于管理和使用，避免干扰客房区。健身的室内空间应保持良好的通风。干区（休息及健身部分）与湿区（水池等）应有明显的分隔。

图 5-59　会议部分平面功能关系图

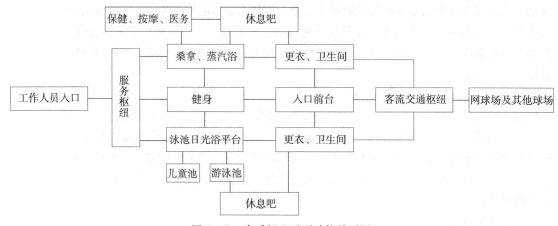

图 5-60　康乐部分平面功能关系图

3）商业部分空间布置

有的酒店的建筑商业部分在酒店的大堂里，有的商业部分在酒店的地下，有的为独立的商业部分。

商店多设置在首层、二层、地下一层等人流方便到达之处，其入口多兼顾住店客人和社会客人的进出。旅馆设计中，为增加收益，应尽量扩大收益部分，相应的行政、生活服务、后勤与工程维修部分则尽可能缩减。

5.7　后勤服务及管理部分设计

旅馆的职工生活部分直接影响职工的服务心理；众多设施设备必须保养维修，万一突发事故，更需急修，这部分直接影响旅馆的声誉及经营效益，因此需与客房、公共部分一样引起重视。

现代宾馆根据使用者的不同对宾馆进行分区，将宾馆的管理者和服务人员工作的空间，客人一般不进入的部分称为宾馆的后线空间。后勤服务及管理部分的规划与设计，对于宾馆能否成功经营是起着非常重要的作用的。

在宾馆建筑设计中，为保证宾馆正常运行并最大限度地满足客人的需求，宾馆后线的规划和设计跟前线同等重要。我们必须重视宾馆后线的设计，为宾馆的员工提供舒适、周到而又能调动其积极性的工作环境，使员工的工作效率得到最大限度发挥，从而降低宾馆的运营成本，提高经济效益。

这部分的主要功能空间包括：员工生活区、行政办公区、后勤服务区、机房与工程维修区。

5.7.1　旅馆员工与组织构成

1）旅馆员工数量

旅馆员工的数量与旅馆规模、等级、性质等因素有关，规模越大，等级越高，员工数量越多。

旅馆性质不同，员工指标也不同，度假的旅馆、城市旅馆的员工数量较多，公务旅馆、公寓旅馆的员工数量较少。

旅馆员工数量还与季节（旅馆出租率的高低）、餐厅和商店的出租程度有关，旅馆所在国的劳动力价格也直接影响旅馆员工数量，在一些劳动力紧张、人工费高昂的国家与地区，旅馆员工数是相应降低的。

2）旅馆的组织结构

旅馆的组织结构与旅馆规模等级相关，大型旅馆分工细，业务部门与服务工种众多，中、小型旅馆往往简化合并业务部门及服务工种。

旅馆员工按其所属可分为：旅馆正式职工属旅馆、外包工属外包公司、临时工属半工半读学生或业余劳动者、出租营业部分的职工属该出租商营业部分。

按其作用，旅馆员工分直接接触旅客的一线员工与不与旅客直接接触的二线员工。

（1）与旅客直接接触的员工

a. 门口应接员、门卫

在旅馆大门口负责迎送客人、代客叫车、调度汽车停放、协助照料行李、大门警卫等任务。

b. 行李搬运员

在大门口处为旅客搬运行李、管理行李的服务人员，有时也接待旅客、引导旅客。

c. 侍者

在入口处迎接旅客、协助搬运行李、带领旅客进入客房的服务员。

d. 总服务台职员

负责总台问询、介绍、登记、结账，贵重物品及邮件、留言存放等。

e. 总服务台出纳员

负责结账、出纳、外币兑换等。

f. 衣帽间服务员

在宴会前厅设衣帽间，保管外来客人衣帽、物件、雨伞等。

g. 客房部服务员

负责客房清扫、整理、补充消耗物品、将旅客需洗衣物送至洗衣房等。

h. 餐厅总管（也称领班）

餐厅、宴会厅中服务员的负责人，总管餐厅内一切事情。

i. 引座员

安排旅客入座的服务员。

j. 餐厅服务员

在餐厅、宴会厅负责台面服务，从介绍菜单到送菜服务。

k. 酒吧服务员、酒保

酒保是酒吧服务员中的负责人，需有高度配酒技术，且有丰富的知识与客人闲语。

（2）不与旅客直接接触的员工

a. 客房服务部员工（国外常称管家部员工）

原则上不与旅客接触，因需处理旅客要求，在多数旅馆仍称为一线员工。

b. 厨房员工与厨师长

厨房中，从清洗、切配到烹调、点心等，有各类专职员工，厨师长为总负责人，组织各类工作，监督出菜程序与质量，并负责开菜单、领料单等。

c. 酒库管理员

负责按品种、生产年月等分门别类地贮藏各种酒。

d. 洗涤工作人员

无论旅馆是否设洗衣房，均需有负责分类、验收、保管、修补等工作的员工，设洗衣房时，有洗涤工负责旅馆布件、旅客与职工衣物的洗涤。

e. 采购、保管、供应的员工

在小型旅馆中，这三部分可合并，旅馆所需物品如食品、备品、易耗品等均需验收入账、保管、供应。

f. 职工食堂员工

负责供应员工用餐。

g. 工程技术人员

负责电气、水暖、空调等方面的技术事故处理和日常保养。

h. 检修工

负责建筑物各部分的修缮保养，如油漆工、裱糊墙纸工、家具维修工、修锁工、室内装饰工等。

i. 经理、秘书及监督员

负责旅馆及各部门的经营管理、各部门的工作监督和监察。

5.7.2 行政办公及员工生活部分

1）部门组成

宾馆的上层员工为总经理、副总经理以及经理秘书等领导。中层员工为各个部门如会计部、销售部、客房部、餐饮部、公关部、人力资源部、保安部、供应部的员工。下层员工为各个具体工种的服务人员。

（1）行政办公区

该区域是宾馆的管理层以及各个部门的经理办公区域，该区域承担着接待客户、展示宾馆形象的重要责任，装修规格一般较高，办公环境宜人。行政办公区一般与其他的员工办公区及员工生活区分开设置，也有宾馆将其集中设置，布置于门厅下一层。

宾馆的高层领导、人力资源部以及财务部等部门多集中在宾馆的专门行政办公区办公。由于宾馆的规模以及等级的不同，雇佣员工的数量也不同，因此行政办公区域的大小也不尽相同。若宾馆的规模较大，行政办公部分也可以分开设置，若设置于不同的楼层，应注意使相互之间的联系方便紧密。

（2）销售部

销售部负责宾馆的对外宣传工作，吸引客人在本宾馆住宿、召开会议、举行宴会等。销售部员工要经常接待来访者，所以其办公环境的设计应展示出宾馆的形象。销售代表应有独立的办公室以方便接待客人。销售经理的办公室一般靠近总经理办公室设置，方便之间的协作与联系。

（3）客房部

客房部负责客房的打扫、整理，补充客房内消耗的日用品，进行各种布草织物的更换，并对客房内客人的具体需求如洗衣、物品需求等进行处理。客房层靠近服务电梯和手推车存放间应设置服务员休息间，服务员在工作间隙在此进行短时间的休息。

客房部经理的办公室因其经常参与顾客接待、经营决策，多靠近总经理办公室。

（4）餐饮部

餐饮部主要负责各类餐厅、宴会厅的日常工作安排，如餐厅的饮食供应、所需食品原料的统计并向供应部提出订购要求。餐饮部主管各类饮食供应及制作，位置一般靠近厨房区域设置。但餐饮部经理因为也经常参与决策，其办公室一般也不在餐饮部办公区域，而是与总经理办公室等相近。

（5）供应部

宾馆各部门所需的食品、备品、易耗品、工具等都是由宾馆的供应部进行统一订购，供应部办公室一般靠近宾馆的进货区域设置，方便各种物品的验收、入库以及向各个部门的供应。

（6）工程部

工程部技术人员负责宾馆的各种设备的控制及维护工作，一般不与客人进行直接接触。工程部的办公室一般靠近其服务的区域如宾馆的各类机房及工程维修用房。工程部的工作人员数量相对较少，办公面积也较小，工程部办公室应布置在容易通往各设备区的位置，方便员工的工作。

2）员工生活区

员工生活区域包括员工打卡签到、更衣浴厕以及员工吃饭和休息的区域，大致可分为员工更衣浴厕区、员工食堂区、员工住宿区三大部分。目前的大、中型城市宾馆，员工数量众多，还设有培训室、娱乐室、学习室等。设计师在设计中应关注员工的生活及工作习惯，创造良好的员工生活环境，这在一定程度上能提升员工的心理归属感，从而提高劳动效率。

员工区各部分看起来独立，实际上各部分之间联系十分密切，例如人力资源部与员工出勤上岗有关，员工餐厅与员工厨房有关，员工入口要单独设置，保安部设在员工入口附近，同时应该看到货运出入口。

（1）员工更衣浴厕区

员工更衣浴厕设置在员工出入口附近，员工进门后先进行更衣，换上工作服后以整齐的仪表到达各自的工作岗位。

更衣室应男女分开设置，高级职员的更衣室单独设置，另外，保安人员也设置独立的更衣室。每位职工配置一个带锁的更衣柜。更衣柜的一般尺寸：宽 250mm，深 300mm，高 1200 ~ 1400mm。

更衣间的地面宜采用防水弹性块材，墙面宜选用便于清洁的材料，更衣柜目前大部分为钢制。更衣室附近设厕所，另外在员工工作区也宜设厕所。

（2）员工食堂区

员工餐厅的厨房一般独立设置，从食物采购到加工烹饪应该与客人餐厅分开运行，同时也方便进行经济核算，从而衡量宾馆的运营成本。早期的员工餐厅的装修标准较低，目前新建的一些大型宾馆对员工的工作生活区域相当重视，装修标准提高了很多，良好的用餐环境从一定程度上提高了员工的自豪感和集体认同感，提高了工作效率和工作热情。

员工餐厅中用餐方式有两种：一种是多种菜肴自选，另一种是自助餐形式。现在的员工餐厅一般都采用自助餐形式，用餐效率高，方便卫生，也便于管理。为提高员工餐厅的周转率，从而节约其面积，宾馆中对员工供餐的时间一般较长，方便员工换班用餐，周转率可以采用 3 次计算。

员工餐厅面积计算：

员工餐厅面积（m^2）=（0.9m^2/餐座 × 员工总人数 × 70%）/周转率

其中，员工总人数 × 70% 相当于最大当班人数，周转率为 3，每餐座指标为 0.9m^2。

（3）员工住宿区设计

城市宾馆员工生活区大多仅设置少量倒班宿舍，供员工深夜值班或换班时使用，一般布置在员工更衣室附近。也有大型宾馆在宾馆附近设有员工单身宿舍，宾馆内不再单设员工休息室。倒班宿舍内一般设施较简单，除提供简单的储物柜外，便是休息用的床铺，有些宾馆由于面积紧张，倒班宿舍内设置的是上下铺位，在一定程度上造成了员工休息的不便。此外，宾馆一般会为保安提供长期宿舍，因为长期居住，设施相对较好。

（4）面积指标研究

男职工更衣及厕所：设在员工生活区，是职工用房的一部分，一般的面积指标为 0.22m^2/客房，周到的设计考虑 0.33m^2/客房，如果按照图表上显示的平均值，是比较拥挤的。一般把更衣和厕所设为两间且相邻，一般厕所及淋浴部分面积约占 35%，更衣室面积约占 65%。按照具体的职工人数确定必要的卫生设备数量是更细致的办法。

女职工更衣及厕所：大致和男职工更衣浴厕相同，如果男女职工数量大致相等，这部分设施的面积也相等，如果某种性别员工数量较多，这部分面积就应相应增大。

员工餐厅：供宾馆内部职工工作期间进餐，一般均采用简单食谱的自助餐形式，其面积指标为 0.9 ~ 1.3m^2/座。

员工住宿：在大部分宾馆中均设有倒班宿舍，宿舍面积较小，指标约为 0.2m^2/客房，有少量宾馆设员工日常宿舍，面积较大。总体来说，该部分应根据各宾馆的具体情况而设置。

3）行政办公、员工生活部分的位置

行政办公与员工生活部分属旅馆内部用房，要求与供旅客使用的部分截然分开、互不干扰。国外常将行政、生活部分分层设置。行政部分中的人事部、采购部宜靠近内部出入口，会计室宜靠近总服务台。

5.7.3　后勤服务部分

后勤服务部分包括为旅馆服务的、关系旅馆营业的各种不与旅馆直接接触的部分。

1）物品流线

宾馆的正常运行需要各种食品原料、必备品、易耗品，这些物品均经过其特定的流线进入其服务系统。大、中型宾馆通过这些物品流线的设计，提高工作效率，满足清洁卫生要求。其中，食品以及客房布草的进出量最大，在流线设计中应给予特别的重视。

在大、中型的现代城市宾馆中，每个服务部门每天都会产生大量的垃圾，这些垃圾的收集、分类、处理以及运输都要有其特定的流线，避免其对其他清洁区域的干扰。

宾馆的后线区域大致分为四个部分：

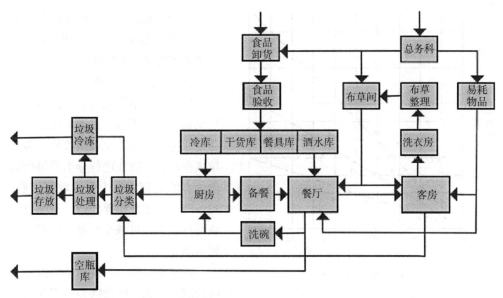

图 5-61 物品、垃圾处理流线分析

后勤服务部分：由厨房、洗衣房、各种储藏库房、垃圾房、卸货处等部分组成。

行政办公部分：宾馆的管理者及各部门的办公室人员的办公区域。

员工生活部分：更衣间、员工食堂、员工活动室等为宾馆的服务人员提供服务的部分。

机房与工程维修部分：各类机房及各类工程维修部门，是宾馆运行的动力基础和设备基础。

2）储藏空间设计

城市大、中型宾馆中需要面积很大的储藏区域，包括用于储藏各类物品的库房。这部分一般由宾馆的供应部负责，其按照宾馆的日常消耗与需求来采购各类所需品，登记后分类放置于各类库房。

（1）库房的分类

宾馆的库房可分为两类：总储藏间、分散库房。

a. 总储藏间面积较大，一般存放一些剩余的家具并布置各类储存物品的区域。总储藏间安全要求较高，设置电子监控措施，多布置在宾馆的货物入口处。

b. 各种分散库房，包括厨房的食品库房、酒水饮料库房、调料库房、器皿库，宴会厅附近的一些家具库，洗衣房附近的布草间，客房部的日用品及消耗品库，管理部门的一些文件档案库等。该类库房一般分散设置于所服务部门的附近，储存物品明确。

（2）库房设计原则

a. 就近设置各种分类库房。

b. 合理估算库房所需面积。

c. 注意特殊库房温湿度的要求。

3）垃圾房设计

垃圾房是宾馆中各类垃圾的暂存之处。宾馆垃圾有食品垃圾、废纸类垃圾、空瓶

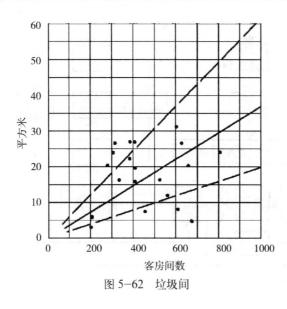

图 5-62　垃圾间

罐及其他破损垃圾等。垃圾的暂存和回收中都应该考虑其对卫生的影响，做到妥善处理各类垃圾。

（1）宾馆垃圾处理方式

目前大、中型城市宾馆的高层客房层通过垃圾管道，或者采用手推车通过服务电梯运往垃圾回收处。各类垃圾在垃圾回收处进行分类后等待运出。有的大型宾馆中设垃圾压缩机，对一些垃圾进行粉碎处理，对纸类垃圾进行压缩，可减小垃圾的体积，方便运出。

我国宾馆的一些食品垃圾会被回收处理，制成一些动物养殖产业的饲料。国外会利用粉碎机对其进行粉碎后随水流集中，脱水成固态垃圾。

（2）垃圾房的分类

垃圾房分为常温垃圾房、低温垃圾房等，也会按照垃圾种类分别设置干、湿垃圾房，并设置可进行回收的空瓶间、纸箱间等，食品垃圾通常在冷藏室存放，以避免食物发霉对环境卫生的影响。

（3）垃圾房设计原则

a.垃圾间尽量靠近服务电梯和垃圾管道，运输过程要迅速，路线短捷，减小垃圾对室内环境的影响。

b.垃圾出口在宾馆主入口视域之外，避免影响观瞻。

c.垃圾出口与货物出入口宜分开设置。两者的卸货平台一起设计时，注意卸货平台处的清污流线应分开设置，避免垃圾与食品原料流线的交叉干扰。

（4）垃圾房面积指标

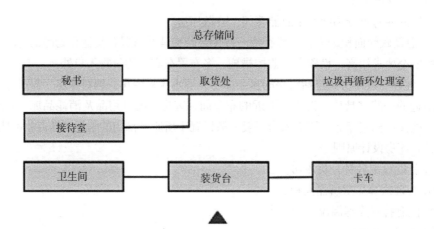

图 5-63　收货区功能空间关系图

一般情况下，垃圾房的面积指标是 $0.06m^2/$ 客房。使用垃圾压缩设备将会减小垃圾间的面积。

（5）卸货收货区域设计

a. 货物流线：

目前我国的宾馆大多将取货处设在厨房的附近，方便餐饮部的应用，但对于洗衣房、客房清理部或者一些分类储藏室等部门来说，路程较长。由于餐饮部是每日进货量最大、最频繁的部门，将收货处与厨房的后勤部分联系设置比较合理。

b. 卸货取货处设计原则：

尽管大多数货物收货以后会立刻运送到主储藏间，但卸货区域也应该提供暂时性的储存空间。负责检查货物质量和数量的收货室与货物入口应紧密联系，采购部的办公间也多在此区域设置。如需运到其他楼层，则应靠近卸货区安装货物电梯。

收货区域宜是封闭的，以方便检查货物，保证货物安全。收货处与仓库宜直接用走廊相连，走廊宽度不宜小于 2m，以方便运输。卸货平台的最小宽度是 2m，这个宽度是两股运输车的最小宽度，平台高度为车尾板的高度 1.2m。

宾馆的取货处以及收货区域需要有明确的进货口与外运口，货物出入口与垃圾出口应该分开设置。卸货平台最好设橡胶保护措施，避免货车停靠平台时的碰撞，地面应该采用经久耐用，易于清洁的材料。

c. 面积指标研究：

收货间：货物中的食品、饮料、客房布草以及其他供应品送来时，一般需要经过检查发货单、过磅、计数和检验等程序，这些货物放在收货间里，等到有人力时再送到各类储藏室里去。收货间的面积指标一般为 $0.15m^2/$ 客房，但图表上显示有很大的幅度。

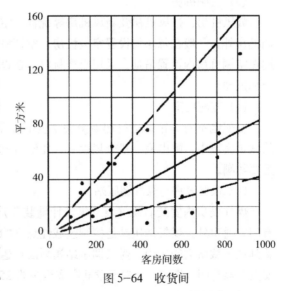

图 5-64　收货间

4）面积指标

宾馆的库房面积与宾馆规模、等级和服务种类有关。宾馆的豪华程度越高，物品的种类越多，库房的面积相应也会增加，我国宾馆设计规范中提出高级宾馆库房面积指标为 $1.5m^2/$ 间，中档宾馆为 $1.0m^2/$ 间，经济型宾馆为 $0.5m^2/$ 间。

厨房储藏室：该储藏室为厨房的总储藏室，用于存放各种调料、蔬菜库、乳制品、肉类等，内部有各种货架、冰箱和冷库等。厨房储藏室面积指标约为 $0.37m^2/$ 客房。

饮料储藏室：应与食品储藏室分开设置，以保证其可靠的控制。酒类中价值较高的，需单独储藏并加锁，设置饮料储藏、酒类储藏等不同的名称，方便储藏和管理。

5.7.4　机房与工程维修

各类机房以及工程维修用房是后线服务区域很重要的部分。这些机房为宾馆供应水、电、热、冷、汽以及电话网络等，而工程维修部的日常修缮对宾馆的日常运营也非常重要。

1）各类机房

（1）锅炉房

目前锅炉房有热水锅炉和蒸汽锅炉两种类型。前者的热源为热水，后者为蒸汽。蒸汽锅炉有高压锅炉与低压锅炉两种。工作压力低于 $0.7 \times 105Pa$ 的蒸汽锅炉称为低压锅炉，超过 $0.7 \times 105Pa$ 的蒸汽锅炉为高压锅炉。锅炉房有以下三种布局方式：

a. 锅炉房独立布置：在宾馆总平面布局中，将锅炉房独立建设在基地的下风向，并且注意其位置的隐蔽。

b. 锅炉房与宾馆主体相邻建设：当宾馆基地比较小时，锅炉房可以与宾馆主体紧贴在一起建造，但其连接部分设防爆墙，不能在墙上开门、开窗。

c. 锅炉房在宾馆的顶层或地下：目前，宾馆设计中，锅炉房常常布置在宾馆的地下室或宾馆的屋顶，这样可以尽量增加地面公共部分的面积，以增加宾馆的收益面积。

（2）冷冻机房

冷冻机房是宾馆的冷源供应机房，内部设备有冷冻机和水泵，会产生很大的噪声，无论设置在什么位置，均应采取降噪措施。若设置在地下室，通过墙面贴吸声材料、基础隔振等措施来降低噪声。

（3）空调机房

鼓风机房、排风机房及新风机房等统称为空调机房。除了在设备层有较大型的空调机房外，一般在每层均设置空调机房。空调机房也存在振动与噪声的问题，一般通过在空调机房内设置吊顶、采用吸声材料、在设备基础下采用减振器等方法来降低噪声和振动。

（4）变配电室

变配电室对宾馆的运行起着至关重要的作用，相当于宾馆的"心脏"。大、中型的城市宾馆中，配电室一般分层设置，变配电室设计中应注意避免高温，注意通风并且要防潮。

（5）煤气表房与煤气调压站

煤气表房内安装着煤气表（煤气计量装置），规范要求煤气表房设在地面层，并有门直通室外。煤气调压站是控制区域性煤气的调压装置，它能将该煤气管线压力调整到该区域所需的压力。煤气调压站属易爆性建筑，消防规范对宾馆与煤气调压站的安全距离有明确规定，一般要求其距离至少为25m。

（6）防灾中心

防灾中心是宾馆内预防火灾等各类灾害的指挥中心。防灾中心内有各类报警器显示盘，可显示宾馆内任何地点发生的火灾，有启动消防泵、防火卷帘的装置，并设有紧急广播呼叫设施，用以在灾难发生时指挥旅客疏散等。

（7）保安中心

保安中心是宾馆为安全保卫而设置的监控中心。房间内有多台电视监控器、防盗报警装置等，并为保安人员配置无线呼叫电话。保安中心与防灾中心一般相邻设置，有的宾馆设计中也合在一起设置（图5-65）。

图 5-65　金花豪生宾馆安控室　　　　　　图 5-66　金花豪生宾馆机房

（8）电话机房

电话机房一般设置在前台附近，由四部分组成：话务室、电话交换机房、检修室、蓄电池室。室内有防潮防尘的要求（图 5-66）。

（9）电梯机房

在电梯最上停靠层的上方设置电梯机房，不同品牌或型号的电梯对机房的高度要求不同，电梯速度越高，上部所需冲程高度越高。电梯机房内要求通风良好，并且要求有隔热措施，保证电梯在夏天正常运行。

（10）电脑机房

宾馆专用电脑的功能比较复杂，需显示客房状态，查询旅客账单，还有客房预订等多项功能，电脑机房是前台办公的重要组成部分，一般设置在前台的附近区域，并且在总经理室等处也会设置电脑终端，使其了解宾馆运营情况。

（11）闭路电视及共用天线机房

为保证宾馆客房内电视的清晰，一般设置共用天线机房，当宾馆提供闭路电视服务时，设置闭路电视与天线共用机房。闭路电视一般为收费形式，客房内采用记账式收费方式收费。

2）工程维修用房

大型宾馆中一般设置一些维修工场，对宾馆的家具、设施等进行日常修缮，中、小型宾馆内一般不设置或较少设置工程维修用房。这些维修用房包括钥匙间、家具间、木工间、油漆间、管工间、电工间、电视维修间、室内装修间等，各宾馆根据实际需要可以有选择地设置，这些工程维修用房的出入门一般较宽，需要在 1.8m 以上，以方便维修物件的进出。

3）面积指标

锅炉房：锅炉房面积由很多因素决定，如气候条件、燃料类型、蒸汽的用途、锅炉的形式等，一般按 $0.55m^2$／客房的面积指标设置，可以作为初步的依据。

燃料储藏室：如果完全使用煤气或区域性供应的蒸汽，不需设置燃料储藏室，如果以煤或油作为燃料或备用燃料，需要设储藏空间。一般按 $0.2m^2$／客房来设置。该数据应根据宾馆的具体情况而定。

维修间：为了保持宾馆的正常运行，维修间是必需的。一般需要至少三个分开的房间：水电工场间，木工装修件，油漆间。这些房间的工作不能混杂。维修间的面积指标为 $0.37m^2/$ 客房。有的宾馆将此部分的面积减少了很多，这样会给维修带来困难。当缺少维修的手段时，就只能更换新的，这样，经营的开支就会增加。

家具储藏间：备用家具以及待修的家具需要储藏间来存放。该储藏间的面积一般较大，不应把这些物品放在某后线部分的走道里。家具储藏间的面积指标一般按 $0.23m^2/$ 客房设置。

推荐书目

(1) 唐玉恩，张皆正 . 旅馆建筑设计 [M]. 北京：中国建筑工业出版社，1993.

(2)《建筑设计资料集》编委会 . 建筑设计资料集 4 [M]. 北京：中国建筑工业出版社，1994.

(3) 旅游饭店星级的划分与评定 [S].

第**6**章

高层建筑结构设计

6.1 高层建筑结构设计概述

   6.1.1 高层建筑结构设计特点

   6.1.2 高层建筑结构体系分类

6.2 高层建筑结构体系

   6.2.1 高层建筑结构竖向分体系

   6.2.2 高层建筑结构基础体系

6.3 高层建筑结构的布置

   6.3.1 结构布置的基本原则

6.3.2 框架结构体系的布置

6.3.3 剪力墙结构体系的布置

6.3.4 框架－剪力墙结构体系的布置

6.3.5 筒体结构体系的布置

6.3.6 框架—筒体结构体系的布置

6.3.7 基础体系的布置

6.3.8 变形缝的布置

作为建筑物的骨架,建筑结构抵御着建筑内外可能出现的各种作用力,影响着建筑的使用空间和视觉空间,使建筑符合安全适用、技术先进、经济合理等方面的要求。建筑结构的方案设计和选型设计是一项细致的工作,设计时要充分考虑各种影响因素,经过全面分析后才能得出最优的方案。

6.1 高层建筑结构设计概述

6.1.1 高层建筑结构设计特点

1)水平荷载

建筑的结构设计,要考虑竖向荷载(包括楼面活荷载、屋面活荷载和结构自重等)和水平荷载(由风荷载或地震作用引起)的作用。在进行多低层建筑结构设计时,主要考虑竖向荷载的作用,在进行高层建筑结构设计时,要以水平荷载为主。

竖向荷载主要引起结构的竖向轴力,它与建筑高度成正比。水平荷载主要引起弯矩和剪力,它产生的弯矩与建筑高度的平方成正比,建筑层数越高,该层承受的地震作用和风荷载越大。

2)侧移

在水平荷载作用下,整个建筑物会来回晃动,产生侧移(房屋水平变形)。

过大的侧移使人感到不安全和不舒适,使隔墙、围护结构和装修饰面开裂、脱落,使电梯轨道变形,使建筑物主要承重结构出现裂缝,上下层偏心,导致建筑物各构件产生附加内力,引起整个建筑物的倒塌。所以,在设计时必须进行合理的结构选型,对建筑物的侧移加以控制。

3)轴向变形

在水平荷载的作用下,轴向变形会影响结构剪力和侧移。所以,在进行高层建筑结构剪力和侧移计算时,一定要考虑轴向变形。

4)结构延性

高层建筑在地震作用下变形较大,为使建筑结构在进入塑性变形阶段后仍具有较强的变形能力,避免倒塌,应对结构构件采取适当措施,保证结构具有足够的延性。

6.1.2 高层建筑结构体系分类

建筑结构体系分为水平分体系、竖向分体系和基础体系三部分。

基本水平分体系指建筑物的楼盖和屋盖结构,一般由板、梁、拉压杆等构件组成,主要包括板-梁体系、桁架体系、网架体系、悬索结构体系、薄膜结构体系等。水平分体系的作用是:在竖向,通过构件的弯曲承受楼板、屋面的竖向荷载,并把它传递给竖向结构分体系;在水平方向,起到隔板和支承竖向构件的作用,并保持竖向构件的稳定。

基本竖向分体系指建筑物的竖向承重结构,一般由(框架)柱、(剪力)墙、筒体等构件组成，主要包括框架体系、墙体系和井筒体系等。竖向分体系的作用是：在竖向，承受由水平分体系传来的全部荷载，并把它们传递给基础；在水平方向，抵抗水平作用力，如风荷载、水平地震作用等。

　　建筑物、建筑结构总体系、结构的基本水平分体系和基本竖向分体系、结构构件、构件受力状态之间的隶属关系见图 6-1。

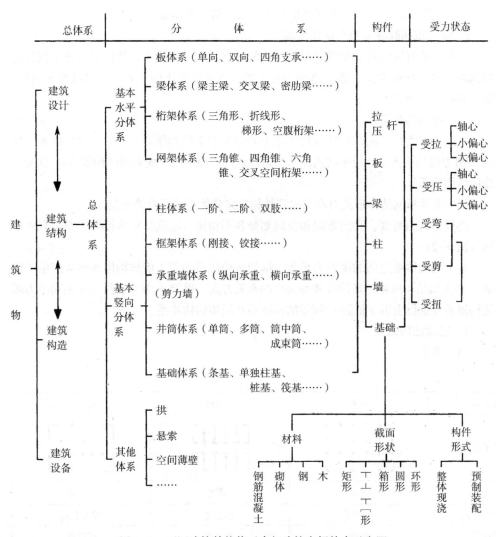

图 6-1　不同建筑结构体系内部建筑空间特点示意图

6.2　高层建筑结构体系

6.2.1　高层建筑结构竖向分体系

（1）按材料分

按材料分，高层建筑的结构体系主要分为钢筋混凝土结构体系、钢结构体系、钢－

钢筋混凝土组合结构体系等。

a.钢筋混凝土结构体系

优点：结构强度较高，抗震性较好，具有良好的可塑性。

缺点：自重大，延性差，抗拉抗剪强度低。

b.钢结构体系

优点：强度高，自重轻，有良好的延性和抗震性，能满足建筑大跨度、大空间的要求，结构所占建筑空间小，基础工程难度和造价低，施工周期短。

c.钢－钢筋混凝土组合结构体系

优点：兼有钢结构和钢筋混凝土结构的优点，侧向刚度大，结构造价介于钢结构和钢筋混凝土结构之间，施工速度和结构所占建筑空间比例均低于钢筋混凝土结构，钢管混凝土柱刚度大。

（2）按结构形式分

按结构形式分，高层建筑结构体系主要分为框架结构体系、剪力墙结构体系、框架－剪力墙结构体系、筒体结构体系（包括框筒、筒中筒、成束筒结构体系）、框架－筒体结构体系等。

本书主要根据结构形式对高层建筑结构竖向分体系进行分类介绍。

高层建筑的高度、功能布局和空间划分各不相同，建筑结构体系的选型也有所不同（图6-2）。

各个结构体系之间的演变关系为：框架结构体系和剪力墙结构体系结合产生了框架－剪力墙结构体系，通过改变剪力墙的布置方式，框架－剪力墙结构体系和剪力墙结构体系分别衍生出了框架－筒体结构体系和筒体结构体系。

1）框架结构体系

（1）定义

结构体系	框架	剪力墙	框架－剪力墙
结构平面	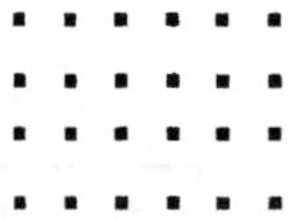		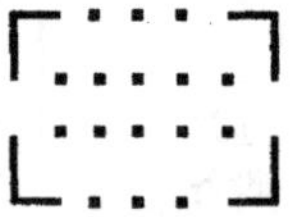
建筑平面布置	灵活	限制大	较灵活
建筑内部空间	大空间	小空间	较大空间
结构体系	框筒	筒中筒	框筒束
结构平面	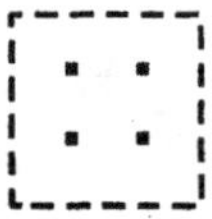		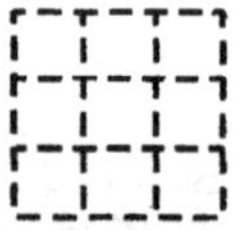
建筑平面布置	灵活	较灵活	灵活
建筑内部空间	大空间	较大空间	大空间

图6-2 不同建筑结构体系内部建筑空间特点示意图

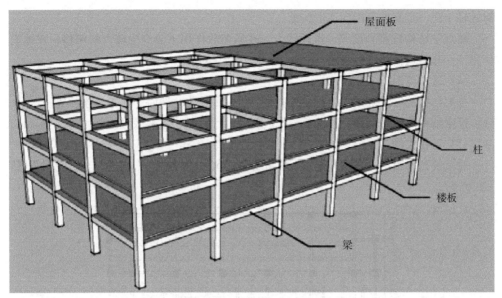

图6-3　框架结构体系示意图

　　框架结构体系是由柱与梁所组成的承重骨架（图6-3），它同时承担竖向荷载和水平荷载。

　　框架结构一般采用钢筋混凝土和钢材为主要材料。

　　按施工方法，框架结构可分为全现浇、半现浇、全装配式和半装配式四种。地震区宜优先选用全现浇框架结构。

　　（2）受力和变形特点（图6-4）

　　框架结构内力的分布是底层柱子的轴力、剪力和弯矩最大，并由下向上减小。框架结构的抗侧刚度主要由梁、柱截面的尺寸决定，梁、柱截面的惯性矩越小，结构在水平荷载作用下的侧向变形越大。

　　框架结构的变形规律是底层框架的层间变形最大，向上逐渐减小。

　　（3）优缺点

　　优点：建筑平面布置灵活，易形成较大空间；建筑立面造型丰富；结构的自重相

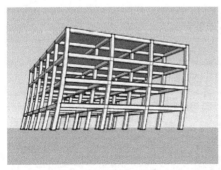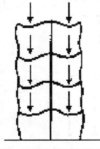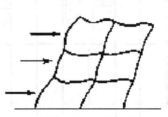

水平形变　　　　　竖向荷载作用下的形变　　　　水平荷载作用下的形变

图6-4　框架结构变形示意图

对较轻；在一定高度范围内造价较低。

缺点：结构抗侧刚度差，柔性较大，在风荷载作用下会产生较大的侧移，在地震作用下，非结构构件（如隔墙、装饰等）破坏较严重。

（4）适用范围

框架结构被广泛应用于各种建筑类型当中，如住宅、医院、旅馆、学校等。

框架结构的适用层数一般为 6 ~ 15 层，设计为 10 层左右较经济。

（5）工程实例

北京长富宫饭店，1989 年建成，总高度 90.85m，共 26 层（地上 24 层，地下 2 层）（图 6-5）。

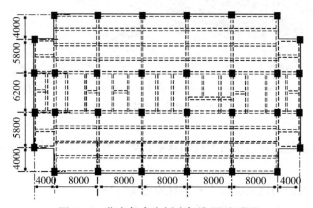

图 6-5 北京长富宫饭店标准层平面图

2）剪力墙结构体系

（1）定义

剪力墙结构体系是由建筑物纵、横墙互相连接而成的承重墙结构体系（图 6-6），承担竖向荷载和水平荷载，并兼作建筑物的外部围护和内部分隔。

剪力墙结构一般采用钢筋混凝土为主要材料。

按施工方法，剪力墙结构可分为全现浇、全装配式和半现浇半装配式三种。

根据墙体开洞情况，剪力墙结构可以分为整体墙、小开口整体墙、连肢墙（分双肢墙和多肢墙）、壁式框架、独立墙肢、框支墙、错洞墙等类型（图 6-7）。

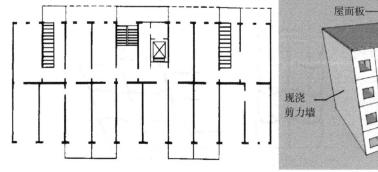
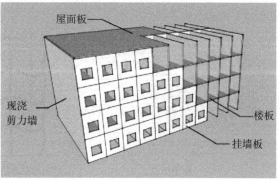

图 6-6 剪力墙结构体系示意图

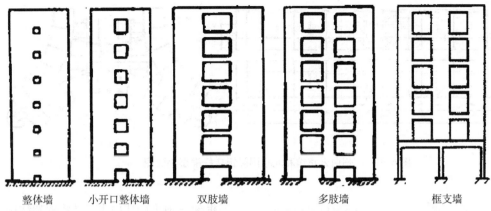

| 整体墙 | 小开口整体墙 | 双肢墙 | 多肢墙 | 框支墙 |

图 6-7　不同类型的剪力墙结构示意图

（2）受力和变形特点

剪力墙结构的墙体承担竖向荷载和水平荷载。根据墙体的开洞大小和方式不同，剪力墙结构具有不同的受力状态和特点。

剪力墙结构的侧移由弯曲变形和剪切变形两部分组成。高层建筑剪力墙结构以弯曲变形为主，其位移曲线呈弯曲形态，结构层间位移随楼层墙增高而增加（图 6-8）。

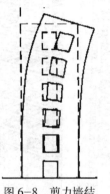

图 6-8　剪力墙结构变形示意图

为了满足底层大空间的设计需要，剪力墙结构的底层采用框架结构，形成了框支剪力墙结构。框支剪力墙结构的受力特点是侧向刚度在底层楼盖处发生突变。规范对框支剪力墙结构的转换层有明确的技术要求。

（3）优缺点

优点：结构整体性好，抗侧刚度大，在水平荷载作用下侧移较小；抗震性好；用钢较省；相比框架结构体系，施工较简洁；梁柱棱角不外露，房间效果美观。

缺点：剪力墙间距小，建筑平面布置不灵活；结构的自重较大。

（4）适用范围

剪力墙结构适用于小开间、隔墙多的住宅、公寓和旅馆建筑等，地震区和非地震区均可采用（框支剪力墙结构不能用于地震区）。底层为大空间的住宅、公寓和旅馆建筑，可使用框支剪力墙结构。

剪力墙结构的适用层数一般为 50 层以下，设计为 10 ～ 30 层左右较经济。

（5）工程实例

广州白云宾馆，1976 年建成，总高度 112.45m，共 33 层，剪力墙结构，为国内首幢百米高层建筑（图 6-9a）。

北京国际饭店，1987 年建成，总高度 104m，共 27 层，底层层高 5m，标准层层高为 2.9m，剪力墙厚度为 200 ～ 600mm（不小于楼层高度的 1/25 及 160mm）（图 6-9b）。

3）框架 - 剪力墙结构体系

（1）定义

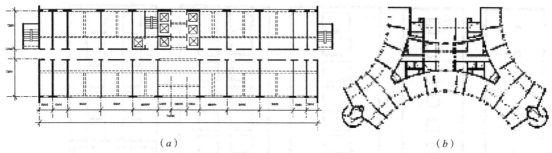

（a）　　　　　　　　　　　　　　　（b）

图6-9　广州白云宾馆和北京国际饭店标准层平面图

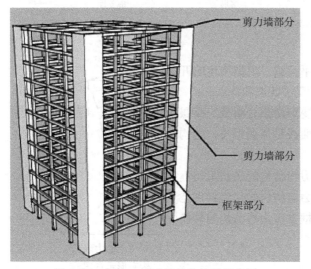

图6-10　框架－剪力墙结构体系示意图

框架－剪力墙结构体系是将框架结构和剪力墙结构组合在一起而形成的结构体系（图6-10）。建筑的水平荷载主要由剪力墙承担，竖向荷载由框架和剪力墙共同承受。

（2）受力和变形特点

框架－剪力墙结构由框架结构和剪力墙结构两部分组成，它们的受力和变形特点各不相同。

框架结构在水平荷载作用下呈剪切型变形，剪力墙结构呈弯曲型变形，当两者通过楼板协同工作，共同抵抗水平荷载时，侧向变形呈弯剪型。框架－剪力墙结构上下各层层间变形趋于均匀，顶点侧移减小，框架各层层间剪力、各层梁柱截面尺寸和配筋也趋于均匀（图6-11）。

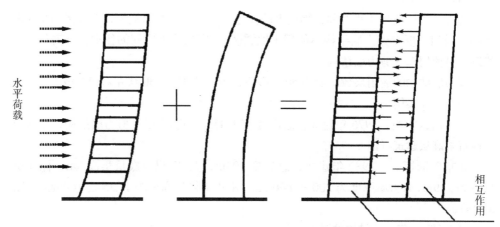

水平荷载作用下各结构的形变：框架结构（左）、剪力墙结构（中）和框架剪力墙结构（右）

图6-11　框架－剪力墙结构变形示意图

（3）优缺点

框架－剪力墙结构兼有框架结构和剪力墙结构的优点，建筑平面布置灵活，立面造型丰富，侧向刚度大，抗震性能好。

（4）适用范围

框架－剪力墙结构被广泛应用于各种建筑类型当中，如办公楼和旅馆等。

其适用层数一般为 15 ~ 30 层，设计为 12 ~ 15 层左右较经济。

（5）工程实例

北京民族饭店，1959 年建成，共 12 层，采用框架－剪力墙结构（图 6-12a）。

上海明天广场，1998 年建成，总高度为 238m，共 60 层（图 6-12b）。

4）筒体结构体系

筒体结构体系是由若干片纵横交接的剪力墙或框架所围成的筒状封闭骨架。筒体结构不仅能承担竖向荷载，还能承受较大的水平荷载。

筒体结构抗侧刚度大，抗震性能高，当建筑高度较高时，往往采用筒体结构体系。

根据筒体结构组合方式的不同，筒体结构体系分为框筒结构体系（单筒）、筒中筒结构体系（二重筒）、群筒结构体系（多筒）和成束（或组合）筒结构体系等。

按照外围结构的不同，筒体结构分为由剪力墙构成的薄壁筒和由密柱深裙梁组成的框筒。

（1）框筒结构体系

a.定义

框筒结构体系是外围为由剪力墙或密柱（柱距一般不大于 3m）围合成的筒体，内部区域为柱的承重结构。建筑的水平荷载主要由筒体承担。

b.受力和变形特点

框筒结构的外筒存在剪力滞后，内筒以弯曲变形为主。外筒框架柱数量增加，形成筒体，剪切变形减小，抗侧刚度增加。

c.适用范围

框筒结构体系适用于建筑高度和平面宽度之比不小于 3 的高层建筑。

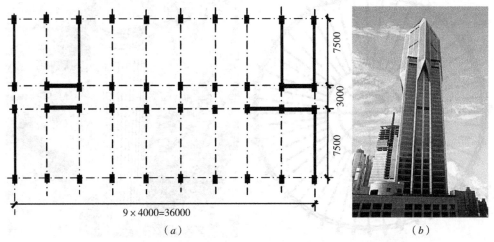

（a）　　　　　　　　　　　　　（b）

图 6-12　北京民族饭店标准层平面图和上海明天广场实景照片

d. 工程实例

芝加哥德威特斯切特纳特公寓（图 6-13）。

（2）筒中筒结构体系

a. 定义

筒中筒结构体系是由内外几层筒体组成的承重骨架体系。

内筒一般为实腹钢筋混凝土墙体，局部设门洞或其他孔洞。外筒多为用密柱（柱距一般不大于 3m）和横梁组成的空腹网格式框筒，以满足采光需求（洞口面积一般不大于墙体面积的 50%）。

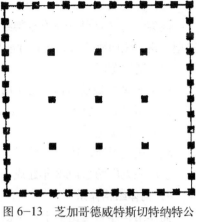

图 6-13　芝加哥德威特斯切特纳特公寓标准层平面图

b. 优缺点

筒中筒结构抗侧刚度较强，能承受较大的水平荷载；建筑易形成较大空间。

c. 适用范围

筒中筒结构适用于办公、旅馆、综合楼等超高层建筑。

其适用层数一般为 30～50 层。

d. 工程实例

中国香港合和中心，1980 年建成，高度达 215m，共 64 层，内有办公楼、商场、超市、餐厅和车库等功能用房，采用圆形多重筒体，由三个内筒和一个外筒组成（图 6-14）。

（3）束筒结构体系

a. 定义

又称"组合筒"。束筒结构体系是由多个剪力墙小筒体成束组合而形成的承重骨架。

b. 受力和变形特点

束筒结构可减小剪力滞后的影响，同时结合外伸臂桁架及周边桁架，获得较佳受力。

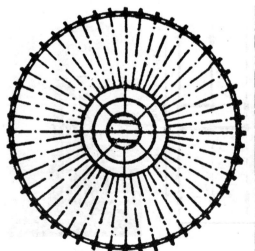

图 6-14　中国香港合和中心标准层平面图和实景照片

c. 优缺点

束筒结构整体刚度较强；建筑平面布置灵活，易形成较大空间。

d. 适用范围

束筒结构被广泛应用于各种超高层建筑类型当中，特别是平面长宽比较大的建筑。

其适用层数一般为 80 层左右。

e. 工程实例

美国西尔斯大厦，1974 年建成。总高度为 442m，共 109 层，为束筒钢结构，由九个方形小筒体组合成束。从 50 层开始，逐级向上，在三个不同部位中断了一些单元筒体，建筑造型独特（图 6-15）。

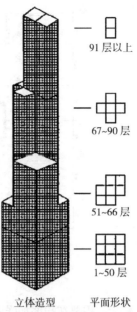

立体造型　　平面形状

图 6-15　美国西尔斯大厦设计示意图

5）框架－筒体结构体系

（1）定义

框架－筒体结构体系是由一个或若干个筒体和柱组成的承重骨架。建筑的水平荷载主要由筒体结构承担，竖向荷载由筒体结构和框架结构共同承受。框架－筒体结构体系是框架－剪力墙结构体系的一种特殊形式。

按照筒体和框架位置的不同，框架－筒体结构分为框架－核心筒结构体系、框架－端筒结构体系和框架－多筒（群筒）结构体系三类（图 6-16）。

（2）受力和变形特点

框架－筒体结构的受力和变形特点和框架－剪力墙结构的受力及变形特点基本相似，但筒体比剪力墙具有更高的侧向刚度和承载能力。

（3）优缺点

框架－筒体结构兼有框架结构和筒体结构的优点，建筑平面布置灵活，立面造型丰富，侧向刚度大，抗震性能好。

（4）适用范围

框架－核心筒结构被广泛应用于各种超高层建筑类型当中，框架－端筒结构适用于建筑中心区域有较大空间需求的建筑物，框架－多筒（群筒）结构应用于建筑平面

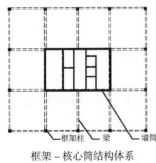
框架－核心筒结构体系

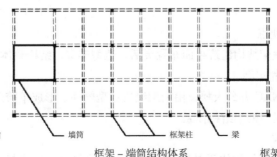
框架－端筒结构体系　　　　框架－多筒（群筒）结构体系

图 6-16　框架－筒体结构平面布置示意图

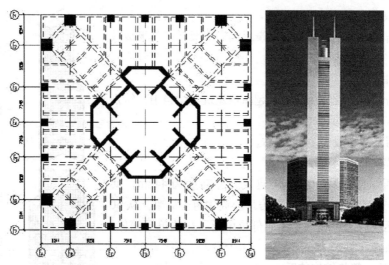

图 6-17　南京金陵饭店标准层平面图和实景照片

较大，需要在端部加强刚度的建筑物。

框架－筒体结构的适用层数一般为 10～30 层。

（5）工程实例

南京金陵饭店，1983 年建成。总高度为 108m，共 37 层，为框架－筒体结构（图 6-17）。

6）其他结构体系

随着建筑功能的日趋复杂，建筑高度的日益增高，高层建筑结构设计出现了新的变化，如结构体系巨型化、体形锥体化、结构构件立体化和轻量化、抗侧力结构周边化和支撑化等。一些整体刚度大、抗水平荷载性能好，且更加经济的新型结构体系相继出现。

（1）巨型框架结构体系

a.定义

巨型框架结构体系是将型钢连接成空腹的筒体，各筒体之间每隔数层用巨型梁相连而形成的承重结构。

b.受力和变形特点

巨型框架结构的楼面荷载直接或由次框架传递到巨型梁上，继而由筒体传到建筑基础上。

c.优缺点

巨型框架结构建筑平面布置灵活，造型丰富，结构整体刚度强。

d.工程实例

东京 NEC 办公大楼，由桁架组成巨型梁柱，形成单跨四层大框架（图 6-18）。

（2）巨型桁架结构体系

a.定义

巨型桁架结构体系是在建筑物周边布置斜撑，形成起主要承重作用的空间桁架，由空间桁架和框架构成的承重骨架。

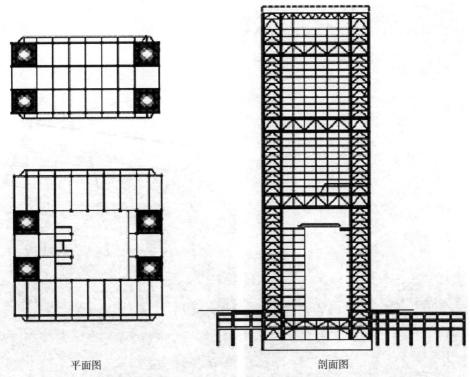

平面图　　　　　　　　剖面图

图6-18　东京NEC办公大楼平面图和剖面图

b. 受力和变形特点

巨型桁架结构的楼面荷载直接或由次框架传递到空间桁架上，继而传到建筑基础上。

c. 优缺点

优点：建筑平面布置灵活，造型丰富，结构整体刚度强。

缺点：结构节点构造复杂，施工复杂。

d. 工程实例

中国香港中银大厦，1986年建成，由贝聿铭设计，采用巨型桁架结构，建筑高度为315m，共70层，建筑平面为52m×52m的正方形（图6-19a）。

芝加哥约翰·汉考克大厦，由SOM设计，采用巨型桁架结构，建筑高度为332m，共100层，建筑形体为上小下大的锥形，内部有办公楼、公寓、商场和车库等功能用房（图6-19b）。

（3）巨型悬挂式结构体系

a. 定义

悬挂式结构体系是在支撑筒体顶部设置桁架，从桁架上引出吊杆或吊索与下部各层楼面结构相连而成的承重骨架（图6-20）。

b. 受力和变形特点

悬挂式结构的楼面荷载通过吊杆或吊索传递到支撑筒体上，继而由筒体传到建筑基础上。

（a）　　　　　　　　　　　　　　　（b）

图 6-19　中国香港中银大厦和约翰·汉考克大厦实景照片

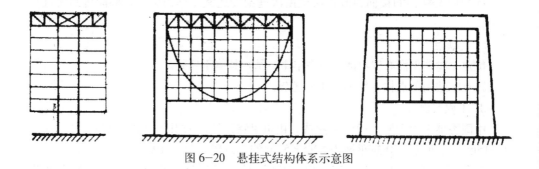

图 6-20　悬挂式结构体系示意图

c. 优缺点

悬挂式结构建筑平面布置灵活，造型丰富，节约钢材。由于悬挂式结构的基础集中在承重筒体下部，所以基础面积集中，工程量小。因为结构构件主要采用吊杆和吊索，所以受基础不均匀沉降的影响小。

d. 工程实例

中国香港汇丰银行总部大楼，1986 年建成，由 Norman Foster（诺曼·福斯特）设计。采用巨型悬挂式结构，建筑高度为 175m，地上 45 层，地下 4 层，悬挂层数达到 41 层（图 6-21）。

6.2.2　高层建筑结构基础体系

建筑基础是建筑地下的承重构件，地基是承受由基础传下的荷载的土层。基础承受建筑上部结构传下来的全部荷载，并把这些荷载连同本身的重量一起传到地基上。高层建筑基础设计的优劣影响着整个建筑的坚固安全，设计时要结合结构类型、荷载特点和地基性质等因素进行合理的基础选型。

按构造形式的不同，基础分为条形基础、独立基础、柱下条形基础、柱下十字交叉基础、片筏基础和箱形基础等。

按照埋深不同，基础分为浅埋基础（条形基础、独立式基础、柱下条形基础、柱下十字交叉基础、片筏基础和箱形基础等）和深埋基础（桩基和沉井等）。

图 6-21　中国香港汇丰银行总部大楼实景图片

本书主要根据构造形式对高层建筑的基础体系进行分类介绍。

不同类型的基础体系示意图见图 6-22。

1）条形基础

又称"带形基础"。条形基础是沿建筑物上部承重墙体的走向设置的长条形基础。条形基础常采用砖、石、灰土、混凝土等材料。

它的优点是抵抗不均匀沉降能力好。

条形基础用于地基条件较好、基础埋深较浅的墙承载建筑。

2）独立基础

独立基础是按建筑物上部框架柱或排架柱的位置设置的独立块状基础，按剖面形状可分为台阶形、锥形、杯形等。

独立基础的优点是土方量少，便于管道穿越；缺点是基础之间无连接件，基础空间刚度差。

独立基础用于地基土质均匀、建筑荷载均匀的柱承载建筑。

3）柱下条形基础

柱下条形基础是沿建筑物上部框架柱或排架柱的单向柱列设置的长条形基础。

其优点是减少建筑对不均匀沉降的敏感。

柱下条形基础用于地基承载力较小的柱承载建筑。

4）柱下十字交叉基础

柱下十字交叉基础是沿建筑物上部框架柱或排架柱的双向柱列设置的交叉形基础。

其优点是减少建筑对不均匀沉降的敏感。

柱下十字交叉基础用于地基承载力较小、建筑荷载分布不均匀的柱承载建筑。

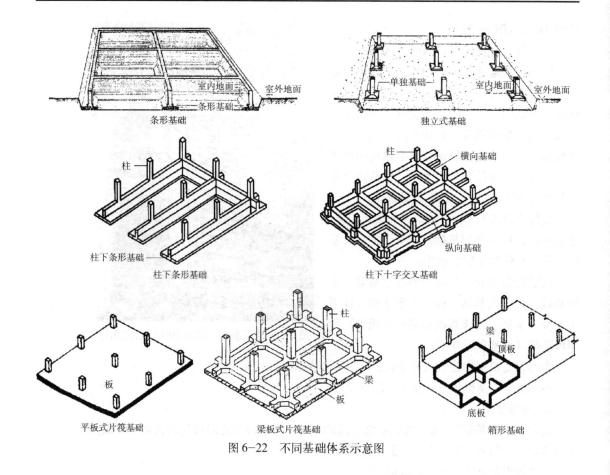

图6-22　不同基础体系示意图

5）片筏基础

片筏基础是将整个建筑的下部做成一整块钢筋混凝土梁板的基础形式，分为平板式片筏基础和梁板式片筏基础两种。

其优点是抵抗不均匀沉降能力好，增强建筑的抗震性，跨越地下局部软弱层和浅层小洞穴等；缺点是抗弯刚度有限，钢筋需求量大等。

片筏基础用于地基承载力较低、建筑物上部荷载较大的墙承载或柱承载建筑。

6）箱形基础

箱形基础是将地下室做成钢筋混凝土的整体的格式空间基础。

其优点是地基稳定性高，基础沉降量低，基础空间刚度大，建筑抗震性高；缺点是地下室室内空间划分不灵活。

箱形基础用于地基承载力较低、建筑物上部有特大荷载、设有地下室的墙承载或柱承载高层建筑。

6.3　高层建筑结构的布置

确定高层建筑结构体系之后，可结合建筑功能和空间、结构受力和经济性等需求对建筑结构进行具体布置。

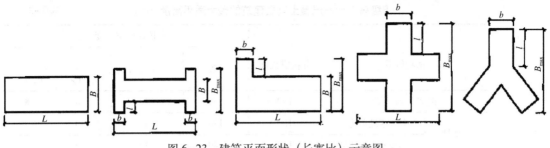

图6-23 建筑平面形状（长宽比）示意图

6.3.1 结构布置的基本原则

1）平面布置

（1）建筑平面宜简单、规则、对称，结构布置宜对称、均匀，尽量使结构刚度中心和地震作用合力中心（一般在建筑质量中心位置）重合，减少扭转影响。

（2）根据《高层建筑混凝土结构技术规程》的规定，为了减少水平荷载的作用，高层建筑平面长宽比（图6-23）不宜小于表6-1的规定。

表6-1

平面尺寸及凸出部位尺寸的比值限值

设防烈度	L/B	l/B_{max}	l/b
6、7度	≤ 6.0	≤ 0.35	≤ 2.0
8、9度	≤ 5.0	≤ 0.30	≤ 1.5

2）形体设计

（1）建筑形体宜规则、均匀，避免过大的变化。

（2）根据《高层建筑混凝土结构技术规程》的规定，A级和B级钢筋混凝土高层建筑结构的最大适用高度应符合表6-2和表6-3的规定。

表6-2

A级高度钢筋混凝土高层建筑的最大适用高度（m）

结构体系		非抗震设计	抗震设防烈度				
			6度	7度	8度		9度
					0.20g	0.30g	
框架		70	60	50	40	35	
剪力墙	框架－剪力墙	150	130	120	100	80	50
	全部落地剪力墙	150	140	120	100	80	60
	部分框支剪力墙	130	120	100	80	50	不应采用
筒体	框架－核心筒	160	150	130	100	90	70
	筒中筒	200	180	150	120	100	80
板柱－剪力墙		110	80	70	55	40	不应采用

注：1.表中框架不含异形柱框架；

2.部分框支剪力墙结构指地面以上有部分框支剪力墙的剪力墙结构；

3.甲类建筑，6、7、8度时宜按本地区抗震设防烈度提高一度后符合本表的要求，9度时应专门研究；

4.框架结构、板柱－剪力墙结构以及9度抗震设防的表中其他结构，当房屋高度超过本表数值时，结构设计应有可靠依据，并采取有效地加强措施。

B级高度钢筋混凝土高层建筑的最大适用高度（m）　　　　　表6-3

结构体系		非抗震设计	抗震设防烈度			
			6度	7度	8度	
					0.20g	0.30g
框架－剪力墙		170	160	140	120	100
剪力墙	全部落地剪力墙	180	170	150	130	110
	部分框支剪力墙	150	140	120	100	80
筒体	框架－核心筒	220	210	180	140	120
	筒中筒	300	280	230	170	150

注：1. 部分框支剪力墙结构指地面以上有部分框支剪力墙的剪力墙结构；

2. 甲类建筑，6、7度时宜按本地区抗震设防烈度提高一度后符合本表的要求，8度时应专门研究；

3. 当房屋高度超过表中数值时，结构设计应有可靠依据，并采取有效地加强措施。

平面和竖向均不规则的高层建筑结构，其最大适用高度宜适当降低。

（3）高层建筑的高宽比越大，建筑的侧移越大，抗倾覆的能力越小，因此，在进行建筑体形设计时应避免出现较大的高宽比。

根据《高层建筑混凝土结构技术规程》的规定，钢筋混凝土高层建筑结构的高宽比不宜超过表6-4的规定。

钢筋混凝土高层建筑结构适用的最大高宽比　　　　　表6-4

结构体系	非抗震设计	抗震设防烈度		
		6度、7度	8度	9度
框架	5	4	3	—
板柱－剪力墙	6	5	4	—
框架－剪力墙、剪力墙	7	6	5	4
框架－核心筒	8	7	6	4
筒中筒	8	8	7	5

复杂体形的高层建筑，可按所考虑方向的最小宽度计算高宽比，凸出建筑物平面很小的局部结构（如楼梯间、电梯间等），一般不应包含在计算宽度内。

带有裙房的高层建筑，当裙房的面积和刚度相对于其上部塔楼的面积和刚度较大时，计算高宽比时房屋的高度和宽度可按裙房以上部分考虑。

3）结构布置

（1）结构体系的设置必须满足建筑功能和使用需求。

（2）结构体系的设计必须受力合理，便于施工，如结构刚度宜下大上小，逐渐变化，限制楼盖长宽比和最小厚度，以确保楼盖刚度和承载力等。在进行地震区建筑设计时，应选择抗震性较高的结构体系。

（3）结构的承重构件宜选用高强度材料，非承重构件尽量采用轻质材料，以减轻自重，节省材料。

（4）结构尺寸（如开间、进深和层高等）和构件应减少规格类型，有利于工业化生产。

6.3.2 框架结构体系的布置

布置框架结构体系时，除应满足高层建筑结构的基本布置原则之外，还应满足以下要求：

1）柱网布置

框架结构体系的柱网要满足合理受力和经济要求，柱网尺寸宜在6.0～9.0m之间，均匀分布。

柱网多采用正方形或矩形布置，特殊的建筑平面形状可采用不规则的布置形式。

柱网要双向布置（抗震设计不宜采用单跨框架）、上下连续，形成中部核心支撑筒体，支撑位置不应产生较大的扭转效应。也可采用跨层支撑。

框架结构的承重方式主要分为横向框架承重方式、纵向框架承重方式和纵横向框架承重方式三种。

框架结构平面布置见图6-24。

2）柱截面形式

框架柱的截面形状多为正方形、矩形，也有"T"形、"L"形和十字形等形状。

柱截面高度不宜小于400mm，截面宽度不宜小于350mm，截面高宽比不宜大于3。

一般来说，柱截面应上下一致，但也可沿建筑高度向上略有减小，当柱截面尺寸发生变化时，轴线位置应保持不变。

3）梁截面形式

梁的截面形状多为矩形或"T"形。

梁截面高度可按照梁跨度尺寸的1/10～1/15来估算，梁截面宽度不宜小于梁截

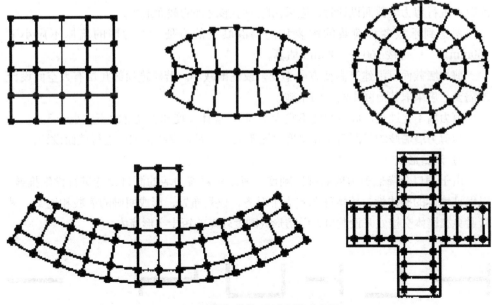

图6-24 框架结构平面布置示意图

面高度的 1/4，也不宜小于 200mm，一般可按梁截面高度的 1/2 ～ 1/3 来估算。

6.3.3 剪力墙结构体系的布置

布置剪力墙结构体系时，除应满足高层建筑结构的基本布置原则之外，还应满足以下要求：

1）剪力墙布置

剪力墙的间距取决于楼板跨度，一般为 3.0 ～ 8.0m。

当建筑平面为矩形、"T"形或"L"形时，可沿两个主轴方向布置；当建筑平面为三角形时，可沿三个主轴方向布置；当建筑平面为圆形时，可沿多个射线方向布置。剪力墙不应采用仅单向有墙的布置。

沿建筑高度方向，剪力墙宜连续贯通，避免刚度突变。

剪力墙的承重方式，可分为横墙承重和纵横墙承重两种，横墙承重主要用于板式高层建筑，横纵墙承重多用于塔式高层建筑。

剪力墙结构平面布置见图 6-25。

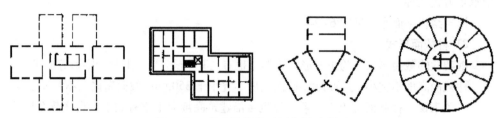

图 6-25　剪力墙结构平面布置示意图

2）剪力墙截面形式

根据墙体交接的不同，剪力墙的截面形状分为工字形、"L"形、"T"形、槽形、"Z"形和一字形等（图 6-26）。两片墙体相连较单片墙体具有更高的侧向刚度和稳定性，所以在进行剪力墙截面设计时，应采用除一字形之外的截面形式。

考虑到承载各种荷载的需要和浇灌混凝土的方便，剪力墙的墙厚不应小于160mm，一般可按 160 ～ 300mm 估算。

剪力墙截面可沿建筑高度方向不变，或逐渐减小。若建筑顶部几层有大空间设计的需要，应采取其他强化刚度的措施。

剪力墙不宜过长，墙体长度不宜大于 8m，墙体高度和长度之比不宜小于 3。

当剪力墙墙肢的截面高度和厚度之比不大于 4 时，宜按框架柱进行截面设计。

3）洞口形式

由于洞口会降低剪力墙的抗侧刚度，所以应对剪力墙的洞口设计进行详细推敲，以保证墙体的整体性。墙体开洞宜上下对齐，成列布置，形成明确的墙肢和连梁。尽量避免在墙体交接处开设洞口，以防形成刚度较差的短十字形墙体。

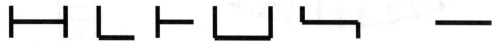

图 6-26　剪力墙截面平面示意图

6.3.4 框架-剪力墙结构体系的布置

布置框架－剪力墙结构体系时，除应满足高层建筑结构的基本布置原则之外，还应满足以下要求：

1）框架－剪力墙布置

（1）框架－剪力墙结构的布置可采用以下形式：框架与剪力墙分开布置、在框架结构的若干跨内嵌入剪力墙、在单片抗侧力结构内连续分别布置框架和剪力墙以及以上三种形式相结合的形式。

（2）框架－剪力墙结构的柱网布置和框架结构的柱网布置一致。

（3）框架－剪力墙结构应设计成双向抗侧力体系，两个主轴方向均应布置剪力墙。

剪力墙宜布置在建筑平面的端部附近、平面形状复杂的部分、恒载较大的位置和平面洞口（如楼电梯间等）的部位。平面形状凹凸较大时，宜在凸出部分的端部附近布置剪力墙。

剪力墙宜贯通建筑的全高，避免刚度突变。

2）框架－剪力墙截面形式

（1）框架－剪力墙结构的柱截面形式和框架结构的柱截面形式一致。

（2）剪力墙的截面形状应采用工字形、"L"形、"T"形、槽形和"Z"形等，避免采用一字形（图6-26）。

框架－剪力墙结构的剪力墙截面尺寸和剪力墙结构的剪力墙截面尺寸一致。

剪力墙截面可沿建筑高度方向不变，或逐渐减小。若建筑顶部几层有大空间设计的需要，应采取其他强化刚度的措施。

3）洞口形式

剪力墙开洞宜上下对齐，成列布置。

6.3.5 筒体结构体系的布置

布置筒体结构体系时，除应满足高层建筑结构的基本布置原则之外，还应满足以下要求：

1）筒体布置

（1）筒体结构的内外筒间距，抗震设计中不宜大于12m，非抗震设计中不宜大于15m。

筒体结构的平面为三角形时，平面宜切角，外筒的切角长度不宜小于相应边长的1/8，角部可设刚度较大的角柱或角筒；内筒的切角长度不宜小于相应边长的1/10，切角处的筒壁宜适当加厚。

（2）当筒体结构的外筒为密柱形式时，建筑平面的长宽比不宜大于1.5，最大不应大于2，超过极限值可以采用束筒结构。内筒边长不宜小于外筒同方向边长的1/3。

柱距不宜大于层高，一般可按照1.5~3.0m来估算，最大不宜超过4.0m，以保证结构的整体性。

建筑底层部分可通过转换结构来扩大柱距，但柱子的总截面面积不应减小。

（3）筒中筒结构宜平面对称，宜选用矩形、圆形、椭圆形和正多边形等平面形式，其中矩形平面的长宽比不宜大于2。

筒中筒结构内筒的长宽尺寸不小于外筒长宽尺寸的1/3。

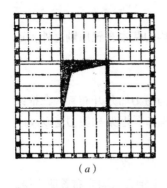 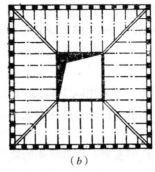 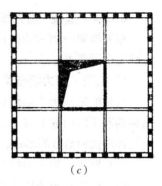

（a）　　　　　　　　（b）　　　　　　　　（c）

图 6-27　筒中筒结构楼面布置

筒中筒结构的楼面布置有以下三种类型（图 6-27），其中 c 类型只适用于内外筒之间距离较小的建筑平面。

筒中筒结构的高度不宜低于 80m，高宽比不应小于 3。

2）筒体截面形式

（1）筒体结构的墙厚与剪力墙结构的墙厚一致，或更厚一些。

（2）框筒结构的柱截面一般分为矩形、"T" 形、圆形和三角形等。

（3）当筒体结构的外筒为密柱形式时，框筒柱的截面长边应沿筒壁方向布置，必要时可采用 "T" 形截面。

角柱截面面积可取中柱的 1 ~ 2 倍。

外筒梁的截面高度可取柱净距的 1/4。

3）洞口形式

筒体结构角部附近不宜开洞。

筒体结构的内筒不宜在水平方向连续开洞，洞间墙肢的截面高度不宜小于 1.2m。

当筒体结构的外筒为密柱形式时，外筒的洞口面积不宜大于墙面面积的 60%，洞口高宽比宜与层高与柱距之比值相近。

6.3.6　框架—筒体结构体系的布置

布置框架－筒体结构体系时，除应满足高层建筑结构的基本布置原则之外，还应满足以下要求：

（1）框架－筒体结构的框架柱距一般大于 4m，更大甚至达到 8 ~ 9m。

框架－筒体结构的筒体宜贯通建筑全高。

（2）核心筒的宽度不宜小于筒体总高的 1/12。

框架－核心筒结构的周边柱间必须设置框架梁。

对于高度不超过 60m 的框架－核心筒结构，可按框架－剪力墙结构设计。

（3）框架－端筒结构两个筒体间楼板开洞时，其有效楼板宽度不宜小于楼板典型宽度的 50%。

6.3.7　基础体系的布置

1）浅埋基础

浅埋基础的埋深不大于 3.0 ~ 6.0m。

2）片筏基础

平板式片筏基础的板厚不宜小于 400m。

梁板式片筏基础的梁高不宜小于平均柱距的 1/6。

3）箱形基础

箱形基础的高度不宜小于箱形基础长度的 1/20，且不宜小于 3.0m，一般可取建筑高度的 1/12～1/8 来估算。

无人防设计要求的箱形基础，基础底板不应小于 300mm，外墙厚度不应小于 250mm，内墙厚度不应小于 200mm，顶板厚度不应小于 200mm。

箱形基础的埋深一般可按照箱形基础的高度来估算，在地震区，不宜小于建筑高度的 1/10。

6.3.8　变形缝的布置

变形缝分为温度伸缩缝、沉降缝和防震缝。

1）温度伸缩缝

又称"伸缩缝"。为了防止建筑平面尺寸过大，因温度变化或材料收缩而导致建筑产生裂缝，应每隔一定的距离设置伸缩缝，将建筑物分成几个独立的单元，使各单元随温度变化而自由伸缩。

伸缩缝必须贯通基础之上建筑的全部高度，基础部分可不分开。

依据《混凝土结构设计规范》，钢筋混凝土结构伸缩缝最大间距要求见表 6-5。

钢筋混凝土结构伸缩缝最大间距（m）　　　　　　表6-5

结构类别		室内或土中	露天
排架结构	装配式	100	70
框架结构	装配式	75	50
	现浇式	55	35
剪力墙结构	装配式	65	40
	现浇式	45	30
挡土墙、地下室墙壁等类结构	装配式	40	30
	现浇式	30	20

注：1.装配整体式结构的伸缩缝间距，可根据结构的具体情况取表中装配式结构与现浇式结构之间的数值；

2.框架-剪力墙结构或框架-核心筒结构房屋的伸缩缝间距，可根据结构的具体情况取表中框架结构与剪力墙结构之间的数值；

3.当屋面无保温或隔热措施时，框架结构、剪力墙结构的伸缩缝间距宜按表中露天栏的数值取用；

4.现浇挑檐、雨罩等外露结构的局部伸缩缝间距不宜大于12m。

当设置钢筋混凝土伸缩缝时，框架、排架结构的双柱基础可不断开。

当有抗震设防要求时，各种变形缝均应满足防震缝的要求。

2）沉降缝

为了避免因建筑不均匀沉降而产生的上部结构开裂和变形，应设置沉降缝将建筑物分开。

沉降缝应连同建筑基础一起分开。

沉降缝应设置在以下部位：建筑物高度或荷载差异较大处；上部不同结构体系或结构类型的相邻交界处；基础底面标高相差较大或基础类型不一致处；地基土质松软，土层变化大，土壤压缩性有显著差异处。

沉降缝可兼起伸缩缝和防震缝的作用。当有抗震设防要求时，各种变形缝均应满足防震缝的要求。

3）防震缝

为了避免地震对建筑物的破坏，在建筑物形体复杂或各部分刚度、高度分布不均匀时，应设置防震缝把建筑物平面分成若干形状简单、刚度均匀的独立单元。

防震缝与伸缩缝类似，必须贯通基础之上建筑的全部高度，基础部分不分开。

遇到以下情况应设置沉降缝：平面长度和凸出部分尺寸超过限值，且没有采取加强措施；各部分结构刚度相差悬殊，且没有采取有效措施；各部分结构质量相差很大时；房屋有较大错层时。

防震缝应设置在建筑结构变形的敏感部位。

依据《建筑抗震设计规范》，高层钢筋混凝土房屋防震缝的宽度应遵循以下三点规定（钢结构房屋需要设置防震缝时，缝宽应不小于相应钢筋混凝土结构房屋的1.5倍）：

（1）框架结构房屋的防震缝宽度，当高度不超过15m时，不应小于100mm；高度超过15m时，6度、7度、8度和9度分别每增加高度5m、4m、3m和2m，宜加宽20mm。

（2）框架－抗震墙结构房屋的防震缝宽度不应小于（1）项规定数值的70%，抗震墙结构房屋的防震缝宽度不应小于（1）项规定数值的50%，且均不宜小于100mm。

（3）防震缝两侧结构类型不同时，宜按需要较宽防震缝的结构类型和较低房屋高度确定缝宽。

防震缝可兼起伸缩缝的作用。当有抗震设防要求时，各种变形缝均应满足防震缝的要求。

第 **7** 章

高层建筑防火设计

7.1 概述
  7.1.1 火灾特点和危害
  7.1.2 高层建筑防火要点
7.2 建筑分类和耐火等级
  7.2.1 建筑分类
  7.2.2 耐火等级
7.3 防火设计
  7.3.1 总平面设计
  7.3.2 报警设备与消防控制室
  7.3.3 防火分区与防烟分区
  7.3.4 疏散设计
7.4 超高层建筑防火设计
  7.4.1 设避难层
  7.4.2 屋顶飞机救援

7.1 概述

高层建筑的使用功能复杂，设备种类繁多，火灾隐患多，由于建筑的特殊性，一旦起火，人员安全疏散难度大，火势蔓延迅速，烟气扩散迅速，扑救困难，极易造成人们生命财产的损失。所以，做好高层建筑的防火设计尤为重要。

目前我国防火设计主要依据《高层民用建筑设计防火规范》GB 50045—95（2005年版）和《建筑设计防火规范》GB 50016—2006等，设计人员应按照规范要求进行高层建筑的防火设计，不符合防火规范的工程设计，不得上报审批或交付施工。

7.1.1 火灾特点和危害

1）火势蔓延快

据统计，火灾中被烟熏死（包括被烟熏倒后烧死）的人数占火灾死亡人数的一半以上，所以，阻挡高层建筑发生火灾时的烟气蔓延是尤为重要的。高层建筑的楼梯间、电梯井、电缆井、风井等竖向井道易形成烟囱效应，导致火势迅速蔓延。加速高层建筑火灾蔓延的还有风力因素，风速增大会扩大火势的蔓延，而使火灾更加难以控制和扑灭。

2）疏散困难

普通电梯一般都布置在开敞的走道或电梯厅内，起火时被切断电源，停止使用，所以，火灾时人员的垂直疏散主要靠楼梯进行。

依靠楼梯进行高层建筑的疏散，主要有以下难点：层数多，垂直疏散距离和时间长；人员集中，疏散时容易出现拥挤的情况；火灾的烟气和火势向上蔓延快，易窜入楼梯间，增加疏散的难度。疏散楼梯的尺度、防火、防烟、排烟及设置消防避难层（间）等都是自救和安全疏散的重要措施。

3）扑救难度大

目前世界上最先进的云梯车只能达到100m左右的高度，而且，高层建筑底部的大部分外围被裙房包围，消防车、云梯车难以靠拢，导致高层建筑的水平和垂直扑救范围受到限制。高层建筑的消防用水量是根据一般的火灾规模考虑的，当形成大面积火灾时，室内消防水量也不能满足灭火需求。基于以上两点原因，高层建筑较低层建筑来说扑救难度更大。

4）火险隐患多

高层建筑内部功能复杂，设备繁多，存在着多种易导致火灾的着火源和可燃物。以下为常见火源和起火部位：

最主要的着火源：未熄的烟头、火柴，厨房的烹调用火及电气事故的电火花等。

最易被引燃的可燃质：液体或气体燃料油类、家具及混纺织品等。

失火可能性最大的部位：办公室、居住房间、厨房、库房及某些设备用房。

最易引起烟火蔓延并造成伤亡的因素：楼梯开敞，吊顶、墙面可燃，墙体不耐火及防烟措施不当。

7.1.2　高层建筑防火要点

在进行高层建筑的防火设计时,应着重考虑以下方面问题：

（1）总体布局要保证通畅安全。处理好高层和裙房部分的关系,保持与场地周围其他各类建筑的防火间距,合理安排道路、广场、空地和绿化,提供消防车接近高层建筑的良好条件。

（2）合理地进行防火防烟分区。明确水平分区（以防火墙划分）和垂直分区（以耐火的楼板划分）,合理安排自然排烟和机械排烟的位置,力争将火势在起火单元内扑灭,防止向相邻的防火单元和其他层扩散。同时,各种管道及线路的设计要尽量消除起火和蔓延的可能性。

（3）安全疏散路线要简明直接。疏散距离要符合疏散规定,疏散楼梯数量、位置和宽度要合理,同时做好疏散楼梯的防火封闭和排烟措施,保证人员安全撤离。

（4）建筑物的基本构件——梁、楼板、柱、墙、防火门等,要具有足够的耐火极限,保证火灾时结构的耐火支持能力和分区的隔火能力。

（5）采用先进可靠的自动报警和灭火系统并正确地设计安装位置,设置消防控制室,对报警、灭火、排烟和疏散等防火措施进行调控。

（6）做好建筑物室内外消防给水系统的设计,保证足够的消防用水量和最不利点灭火设备所需的水压。

7.2　建筑分类和耐火等级

7.2.1　建筑分类

为了降低火灾发生率,保持高层建筑主体在灾后的基本完整,减少人员伤亡,高层建筑应有一定的耐火能力。根据建筑物使用性质、火灾危险性、疏散和扑救难度等因素,高层建筑被分为以下两类,见表7-1。

建筑分类

表7-1

名称	一类	二类
居住建筑	十九层及十九层以上的住宅	十层及十八层的住宅
公共建筑	1. 医院 2. 高级旅馆 3. 建筑高度超过50m或24m以上部分的任一楼层的建筑面积超过1000m²的商业楼、展览楼、综合楼、电信楼、财贸金融楼 4. 建筑高度超过50m或24m以上部分的任一楼层的建筑面积超过1500m²的商住楼 5. 中央级和省级（含计划单列市）广播电视楼 6. 网局级和省级（含计划单列市）电力调度楼 7. 省级（含计划单列市）邮政楼、防灾指挥调度楼 8. 藏书超过100万册的图书馆、书库 9. 重要的办公楼、科研楼、档案楼 10. 建筑高度超过50m的教学楼和普通的旅馆、办公楼、科研楼、档案楼等	1. 除一类建筑以外的商业楼、展览楼、综合楼、电信楼、财贸金融楼、商住楼、图书馆、书库 2. 省级以下的邮政楼、防灾指挥调度楼、广播电视楼、电力调度楼 3. 建筑高度不超过50m的教学楼和普通的旅馆、办公楼、科研楼、档案楼等

注：综合楼是指使用功能在两种及两种以上的建筑,如：若干层作商场,若干层作办公用；若干层作高级公寓,若干层作办公室等。

表格来源：GB 50045-1995,高层民用建筑设计防火规范（2005年版）[S].北京：中国计划出版社.2005.

7.2.2 耐火等级

高层民用建筑的耐火等级分为一、二两级，其构件的燃烧性能和耐火极限不应低于表 7-2 的规定。

建筑构件的燃烧性能和耐火极限 表7-2

构件名称	燃烧性能和耐火极限（h）	耐火等级	
		一级	二级
墙	防火墙	不燃烧体 3.00	不燃烧体 3.00
	承重墙、楼梯间的墙、电梯井的墙、住宅单元之间的墙、住宅分户墙	不燃烧体 2.00	不燃烧体 2.00
	非承重外墙、疏散走道两侧的隔墙	不燃烧体 1.00	不燃烧体 1.00
	房间隔墙	不燃烧体 0.75	不燃烧体 0.50
柱		不燃烧体 3.00	不燃烧体 2.50
梁		不燃烧体 2.00	不燃烧体 1.50
楼板、疏散楼梯、屋顶承重构件		不燃烧体 1.50	不燃烧体 1.00
吊顶		不燃烧体 0.25	不燃烧体 0.25

一类高层建筑的耐火等级应为一级，二类高层建筑的耐火等级不应低于二级。裙房的耐火等级不应低于二级。高层建筑地下室的耐火等级应为一级。

7.3 防火设计

7.3.1 总平面设计

（1）在进行总平面设计时，应根据城市规划，合理确定高层建筑的位置、防火间距、消防车道和消防水源等，便于消防时的交通组织与疏散。

（2）为了满足消防人员登高及消防车展开工作的要求，高层建筑的底边至少有一个长边或周边长度的 1/4 且不小于一个长边长度，不应布置高度大于 5.00m、进深大于 4.00m 的裙房，且在此范围内必须设有直通室外的楼梯或直通楼梯间的出口。因此，总平面布置要留出充分余地，尤其是用地紧张的城市综合体。

（3）消防车道

高层建筑的周围，应设环形消防车道。当设环形车道有困难时，可沿高层建筑的两个长边设置消防车道，当建筑的沿街长度超过 150m 或总长度超过 220m 时，应在适中位置设置穿过建筑的消防车道。

有封闭内院或天井的高层建筑沿街建设时，应设置连通街道和内院的人行通道（可利用楼梯间），其距离不宜超过 80m。

高层建筑的内院或天井，当其短边长度超过 24m 时，宜设有进入内院或天井的消防车道。

消防车道的宽度不应小于 4.00m。消防车道距高层建筑外墙宜大于 5.00m，消防车道上空 4.00m 以下范围内不应有障碍物。穿过高层建筑的消防车道，其净宽和净空高度均不应小于 4.00m。

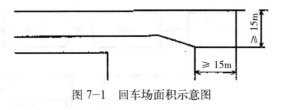

图 7-1　回车场面积示意图

尽头式消防车道应设有回车道或回车场，回车场不宜小于 15m×15m（图 7-1）。大型消防车的回车场不宜小于 18m×18m。

消防车道与高层建筑之间，不应设置妨碍登高消防车操作的树木、架空管线等。

（4）防火间距

为了保证消防车辆的停靠、通行和操作，防止火势向邻近建筑蔓延等，高层建筑总体设计应保持建筑间的防火间距。高层建筑之间及高层建筑与其他民用建筑之间的防火间距，不应小于表 7-3 的规定。

高层建筑之间及高层建筑与其他民用建筑之间的防火间距（m）　　　表7-3

建筑类别	高层建筑	裙　房	其他民用建筑		
			耐火等级		
			一、二级	三　级	四　级
高层建筑	13	9	9	11	14
裙　房	9	6	6	7	9

注：防火间距应按相邻建筑外墙的最近距离计算；当外墙有凸出可燃构件时，应从其凸出部分的外缘算起。

表格来源：GB 50045-1995，高层民用建筑设计防火规范（2005年版）[S].北京：中国计划出版社.2005.

两座高层建筑或高层建筑与不低于二级耐火等级的单层、多层民用建筑相邻，当较高一面外墙为防火墙或比相邻较低一座建筑屋面高 15.00m 及以下范围内的墙为不开设门、窗洞口的防火墙时，其防火间距可不限。

两座高层建筑或高层建筑与不低于二级耐火等级的单层、多层民用建筑相邻，当较低一座的屋顶不设天窗，屋顶承重构件的耐火极限不低于 1.00h，且相邻较低一面外墙为防火墙时，其防火间距可适当减小，但不宜小于 4.00m。

两座高层建筑或高层建筑与不低于二级耐火等级的单层、多层民用建筑相邻，当相邻较高一面外墙的耐火极限不低于 2.00h，墙上开口部位设有甲级防火门、窗或防火卷帘时，其防火间距可适当减小，但不宜小于 4.00m。

厂房、库房等工业建筑的防火设计要求详见现行《高层民用建筑设计防火规范》（2005 年版）。

7.3.2　报警设备与消防控制室

火灾在起火 15 ~ 20 分钟之后才开始蔓延燃烧，及早发现火情并发出警报，使消

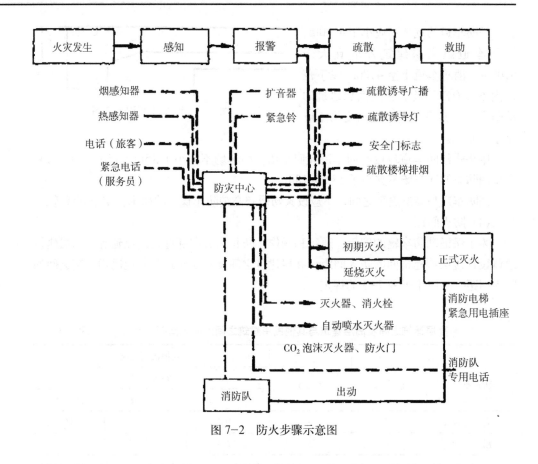

图 7-2 防火步骤示意图

防队员迅速到达火灾现场，人员迅速疏散到安全地段，尽早扑灭火灾，这些防火、灭火的步骤必须得到充分重视，否则会贻误时机，扩大灾情。一般防火步骤见图 7-2。

1）报警设备

在防火部位配备自动报警设备，以便正确、迅速地报警。

自动报警设施有两种：一种是"温感式"，随火灾时设备内部敏感材料外温升高而自行启动，适用于火灾时热量突增的场所，如车库、易燃品库；另一种为"烟感式"，利用火灾初起时，燃气浓度对光或电离子的干扰发出电讯报警，"烟感式"适用于失火初期有烟、过程中烟多而热量上升慢的场所，如旅馆客房、宴会厅及库房等，其中离子式烟感器更为灵敏可靠。

除了上述自动报警设备外，电话报警、警铃报警、消火栓上附报话机、微型报话机、自动喷淋连接的报警等均为报警设备。

2）消防控制室

消防控制室指挥管理着高层建筑内分散各处的警报装置、自动灭火装置、防火门、排烟机等设备，并有与各服务点、消防点迅速联系的设备以便尽快报警。

发生火灾时，消防控制室由电气设备进行控制，停止普通电梯运行，切断电源，接通事故照明电源，开动排烟风机，关闭防火阀、防火门，监测消防梯及消防水泵的工作情况。

消防控制室一般设在高层建筑的首层，靠近建筑入口处，并设直通室外的安全出口，便于消防队员尽快取得火灾情报。消防控制室应采用耐火极限不低于 2.00h 的隔墙和不低于 1.50h 的楼板与其他部位隔开。

7.3.3　防火分区与防烟分区

为了减少火灾时火势的蔓延，最有效的办法就是在高层建筑内划分防火分区，将火势控制在起火区域内并进行扑灭，减少火灾的损失。

水平防火单元是用防火墙、防火门或防火卷帘等进行划分，垂直防火单元是使用具有 1.5h 或 1.0h 耐火极限的楼板和垂直距离不小于 1.2m 的窗间墙将上下层隔开。

1）防火分区

（1）非垂直连通部位

高层建筑内应采用防火墙等划分防火分区，每个防火分区的允许最大建筑面积不应超过表 7-4 的规定。

每个防火分区的允许最大建筑面积　　　　　　　　　表7-4

建筑类别	每个防火分区允许最大建筑面积（m²）
一类建筑	1000
二类建筑	1500
地下室	500

注：1.设有自动灭火系统的防火分区，其允许最大建筑面积可按本表增加1.00倍；当局部设置自动灭火系统时，增加面积可按局部面积的1.00倍计算。

2.一类建筑的电信楼，其防火分区允许最大建筑面积可按本表增加50%。

在设计时，为了满足规范对防火分区的规定，同时使高层建筑标准层面积利用率最大化，往往将标准层面积设计为接近 2000m²。

当高层建筑与其裙房之间设有防火墙等防火分隔设施时，其裙房的防火分区允许最大建筑面积不应大于 2500m²，当设有自动喷水灭火系统时，防火分区允许最大建筑面积可增加 1.00 倍。

高层建筑内的商业营业厅、展览厅等，当设有火灾自动报警系统和自动灭火系统，且采用不燃烧或难燃烧材料装修时，地上部分防火分区的允许最大建筑面积为 4000m²；地下部分防火分区的允许最大建筑面积为 2000m²。

（2）垂直连通部位

高层建筑内设有上下层相连通的走廊、敞开楼梯、自动扶梯、传送带等开口部位时，应将上下连通层作为一个防火分区，其允许最大建筑面积之和不应超过同层防火分区面积的规定。当上下开口部位设有耐火极限大于 3.00h 的防火卷帘或水幕等分隔设施时，其面积可不叠加计算（图 7-3）。

高层建筑中庭防火分区面积应按上、下层连通的面积叠加计算，当超过一个防火分区面积时，应符合下列规定：

a．房间与中庭回廊相通的门、窗，应设自行关闭的乙级防火门、窗。

b．与中庭相通的过厅、通道等，应设乙级防火门或耐火极限大于 3.00h 的防火卷帘。

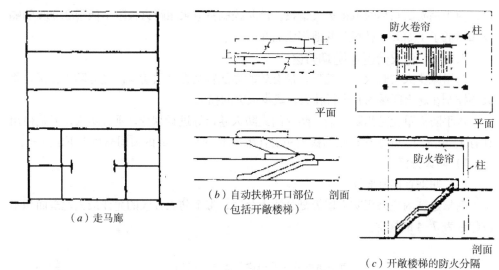

（a）走马廊

（b）自动扶梯开口部位　剖面
（包括开敞楼梯）

（c）开敞楼梯的防火分隔

图7-3　防火分隔处理示意图

c. 中庭的每层回廊应设有自动喷水灭火系统。

d. 中庭的每层回廊应设火灾自动报警系统。

（3）外墙部位

为了阻止火势迅速向上蔓延，垂直防火分区应用高度不小于1.2m的窗间墙将上、下层隔开。

2）防烟分区

高层建筑要设置防烟分区，每个防烟分区的建筑面积不宜超过$500m^2$，且防烟分区不应跨越防火分区。

防烟分区的划分如下：不设排烟设施的房间（包括地下室）和走道，不划分防烟分区。走道和房间（包括地下室）按规定都设置排烟设施时，可根据具体情况按分设或合设的情况划分防烟分区。

高层建筑多用垂直排烟道（竖井）排烟，一般是在每个防烟分区设一个垂直烟道。

设置排烟设施的走道、净高不超过6.00m的房间，应采用挡烟垂壁、隔墙或从顶棚下凸出不小于0.50m的梁划分防烟分区，具体做法见图7-4。

7.3.4　疏散设计

火灾发生时的疏散流线，由受灾人员所在楼层的水平运动和楼电梯间的垂直运动组成，所以，防火设计的重点是水平疏散流线的组织和水平与垂直流线的交点——楼电梯的平面位置、数量、尺度的设置。

疏散设计的原则是路线简单明了，便于人员在紧急时进行判断。

1）疏散距离和疏散宽度

（1）疏散距离

安全疏散距离是指房间门或住宅户门至最近的疏散出口的最大距离。疏散距离的长短将直接影响疏散所需时间。火灾发生时，当人们向一个方向疏散，有可能在惊慌失措的情况下，跑向走道的尽头，发现路不通，再掉转方向寻找疏散楼梯口，基于这

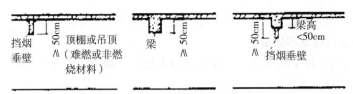

挡烟
垂壁
50cm
≥
顶棚或吊顶
（难燃或非燃
烧材料）
梁
50cm
≥
50cm
≥
梁高
<50cm
挡烟垂壁
（a）固定式挡烟垂壁
（b）梁划分防烟分区
（c）梁和挡烟垂壁结合

图7-4 防烟分区做法示意图

个原因，有必要缩短袋形走道的安全疏散距离，并设置两个以上的疏散出口。

高层建筑的安全出口应分散布置，两个安全出口之间的距离不应小于5.00m。安全疏散距离应符合表7-5的规定。

安全疏散距离 表7-5

高层建筑		房间门或住宅户门至最近的外部出口或楼梯间的最大距离（m）	
		位于两个安全出口之间的房间	位于袋形走道两侧或尽端的房间
医院	病房部分	24	12
	其他部分	30	15
旅馆、展览楼、教学楼		30	15
其他		40	20

办公建筑平面布置灵活，若采用开敞式布置形式，平面必须符合双向疏散或袋形走道的规定。旅馆建筑平面以客房自然间构成，疏散楼梯间一般位于平面中心和走道两端。

高层建筑内的观众厅、展览厅、多功能厅、餐厅、营业厅和阅览室等，其室内任何一点至最近的疏散出口的直线距离，不宜超过30m，其他房间内最远一点至房门的直线距离不宜超过15m。

（2）疏散宽度

高层建筑内走道的净宽，应按通过人数每100人不小于1.00m计算。

高层建筑首层疏散外门的总宽度，应按人数最多的一层每100人不小于1.00m计算。首层疏散外门和走道的净宽不应小于表7-6的规定。

首层疏散外门和走道的净宽（m） 表7-6

高层建筑	每个外门的净宽	走道净宽	
		单面布房	双面布房
医　院	1.30	1.40	1.50
居住建筑	1.10	1.20	1.30
其　他	1.20	1.30	1.40

公共建筑中位于两个安全出口之间的房间，当其建筑面积不超过60m^{2}时，可设置一个门，门的净宽不应小于0.90m。公共建筑中位于走道尽端的房间，当其建筑面

积不超过 75m² 时，可设置一个门，门的净宽不应小于 1.40m。

2）安全出口位置和数量

（1）高层建筑每个防火分区的安全出口不应少于两个。但符合下列条件之一的，可设一个安全出口：

a．十八层及十八层以下，每层不超过 8 户、建筑面积不超过 650m²，且设有一座防烟楼梯间和消防电梯的塔式住宅。

b．十八层及十八层以下，每个单元设有一座通向屋顶的疏散楼梯，单元之间的楼梯通过屋顶连通，单元与单元之间设有防火墙，户门为甲级防火门，窗间墙宽度、窗槛墙高度大于 1.2m 且为不燃烧体墙的单元式住宅。超过十八层，每个单元设有一座通向屋顶的疏散楼梯，十八层以上部分每层相邻单元楼梯通过阳台或凹廊连通（屋顶可以不连通），十八层及十八层以下部分单元与单元之间设有防火墙，且户门为甲级防火门，窗间墙宽度、窗槛墙高度大于 1.2m 且为不燃烧体墙的单元式住宅。

c．除地下室外，相邻两个防火分区之间的防火墙上有防火门连通，且相邻两个防火分区的建筑面积之和不超过表 7-7 规定的公共建筑。

两个防火分区之和最大允许建筑面积 表7-7

建筑类别	两个防火分区建筑面积之和（m²）
一类建筑	1400
二类建筑	2100

注：上述相邻两个防火分区设有自动喷水灭火系统时，其相邻两个防火分区的建筑面积之和仍应符合本表的规定。

（2）高层建筑地下室、半地下室的安全疏散应符合下列规定：

a．每个防火分区的安全出口不应少于两个。当有两个或两个以上防火分区，且相邻防火分区之间的防火墙上设有防火门时，每个防火分区可分别设一个直通室外的安全出口。

b．房间面积不超过 50m²，且经常停留人数不超过 15 人的房间，可设一个门。

c．人员密集的厅、室的疏散出口总宽度，应按其通过人数每 100 人不小于 1.00m 计算。

3）疏散楼梯间

平时，高层建筑的垂直交通主要通过各种电梯进行，发生火灾时，普通电梯因电源切断而停止使用，所以，楼梯便成为起火时人员垂直疏散的最主要工具。

楼梯间防火、防烟和疏散能力的大小，直接影响着受灾人员的生命安全和消防人员的扑救工作。为了避免楼梯间加速火灾时烟火的蔓延（烟囱效应），妨碍疏散和增加伤亡，高层建筑的疏散楼梯间应采取防止烟火侵袭的封闭形式。

除十八层及十八层以下，每层不超过 8 户、建筑面积不超过 650m²，且设有一座防烟楼梯间和消防电梯的塔式住宅以及顶层为外通廊式住宅的高层建筑以外，其他高层建筑通向屋顶的疏散楼梯不宜少于两座，且不应穿越其他房间，通向屋顶的门应向屋顶方向开启。

每层疏散楼梯总宽度应按其通过人数每 100 人不小于 1.00m 计算，各层人数不相等时，其总宽度可分段计算，下层疏散楼梯总宽度应按其上层人数最多的一层计算。疏散楼梯的最小净宽不应小于表 7-8 的规定。

疏散楼梯的最小净宽度

高层建筑	疏散楼梯的最小净宽度（m）
医院病房楼	1.30
居住建筑	1.10
其他建筑	1.20

表7-8

除通向避难层错位的楼梯外，疏散楼梯间在各层的位置不应改变。

疏散楼梯间首层应有直通室外的出口。

为了避免地下层的火灾蔓延到地上部分，高层建筑地下室、半地下室的楼梯间，在首层应直通室外，且不应与地上层共用楼梯间，当必须共用楼梯间时，应在首层与地下或半地下层的出入口处设置耐火极限不低于 2.00h 的隔墙和乙级防火门。

疏散楼梯和走道上的阶梯不应采用螺旋楼梯和扇形踏步，但当踏步上、下两级所形成的平面角不超过 10°，且每级离扶手 0.25m 处的踏步宽度超过 0.22m 时，可不受此限。

（1）封闭楼梯间

按照我国现行《高层民用建筑设计防火规范》，以下建筑需设置封闭楼梯间：

a. 裙房和除单元式和通廊式住宅外的建筑高度不超过 32m 的二类建筑应设封闭楼梯间。封闭楼梯间的设置应符合下列规定：

楼梯间应靠外墙，并应直接天然采光和自然通风，当不能直接天然采光和自然通风时，应按防烟楼梯间规定设置。

楼梯间应设乙级防火门，并应向疏散方向开启。

楼梯间的首层紧接主要出口时，可将走道和门厅等包括在楼梯间内，形成扩大的封闭楼梯间，但应采用乙级防火门等防火措施与其他走道和房间隔开。

b. 单元式住宅的每个单元的疏散楼梯均应通至屋顶，其疏散楼梯间的设置应符合下列规定：

十一层及十一层以下的单元式住宅可不设封闭楼梯间，但开向楼梯的户门应为乙级防火门，且楼梯间应靠外墙，并应直接天然采光和自然通风。

十二层及十八层的单元式住宅应设封闭楼梯间。

十一层及十一层以下的通廊式住宅应设封闭楼梯间。

c. 封闭楼梯间平面形式见图 7-5。

（2）防烟楼梯间

一般在封闭楼梯间的基础上增设装有防火门的前室，构成防烟楼梯间。防烟楼梯

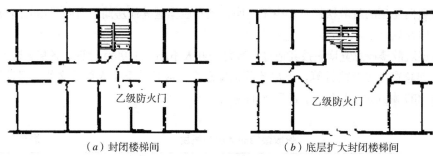

（a）封闭楼梯间　　　　　　　　　　（b）底层扩大封闭楼梯间

图 7-5　封闭楼梯间布置示意图

间将烟气从前室排除，更有效地阻挡烟火侵入疏散楼梯间。

高层建筑防烟楼梯间的防烟设施分为机械加压送风的防烟设施和可开启外窗的自然排烟设施。机械加压送风的原理是增加楼梯间的气压，减少烟气的侵入。自然排烟设施在火灾时不受电源中断的影响，但受室外风向、风速和建筑本身的密封性或热压作用的影响，排烟效果不太稳定。

按照我国现行《高层民用建筑设计防火规范》，以下建筑需设置防烟楼梯间：

一类建筑和除单元式和通廊式住宅外的建筑高度超过 32m 的二类建筑以及塔式住宅，均应设防烟楼梯间。防烟楼梯间的设置应符合下列规定：

楼梯间入口处应设前室、阳台或凹廊。

前室的面积：公共建筑，不应小于 $6.00m^2$，居住建筑，不应小于 $4.50m^2$。

前室和楼梯间的门均应为乙级防火门，并应向疏散方向开启。

十九层及十九层以上的单元式住宅应设防烟楼梯间。

超过十一层的通廊式住宅应设防烟楼梯间。

防烟楼梯间常见的平面布置形式有：

a. 设在靠外墙处，附有能自然排烟的前室或阳台、凹廊的楼梯间（图 7-6a ~ 图 7-6c）。

b. 设在建筑物中央交通核心部分，附有竖井送风排烟前室的楼梯间（图 7-6d）。

c. 室外楼梯，其最小净宽不应小于 0.90m（图 7-6f）。

当防烟楼梯间和消防电梯合用前室时，其面积：居住建筑不应小于 $6.00m^2$；公共建筑不应小于 $10m^2$（图 7-6e）。

（3）剪刀楼梯

剪刀楼梯是在同一楼梯间设置一对相互重叠又互不相通的两个楼梯，具有两条垂直方向疏散通道的功能，这两个楼梯一般为单跑直梯段。

高层建筑的两个疏散楼梯宜独立设置，当确实有困难的时候，可以采用剪刀楼梯的形式（图 7-7），剪刀楼梯的设计应符合下列规定：

a. 剪刀楼梯间应为防烟楼梯间。

b. 剪刀楼梯的梯段之间，应设置耐火极限不低于 1.00h 的不燃烧体墙。

c. 剪刀楼梯应分别设置前室。塔式住宅中，确有困难时可设置一个前室，但两座楼梯应分别设加压送风系统，剪刀楼梯间的前室面积和本章 7.3.4（2）防烟楼梯间的

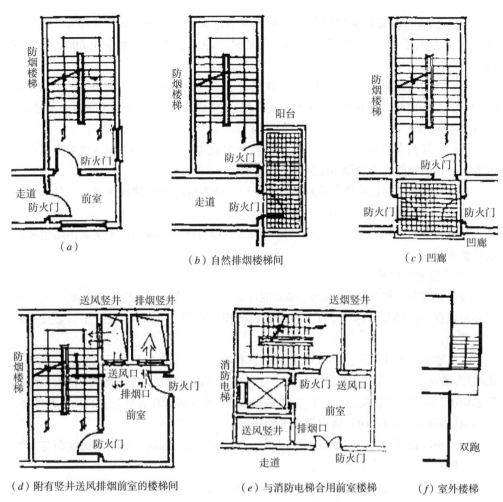

（a）

（b）自然排烟楼梯间

（c）凹廊

（d）附有竖井送风排烟前室的楼梯间

（e）与消防电梯合用前室楼梯

（f）室外楼梯

图 7-6　防烟楼梯间平面布置形式

前室面积保持一致。

4）消防电梯

消防电梯是在火灾发生时运送消防人员和消防器材以及抢救受伤人员的交通工具。

我国现行的《高层民用建筑设计防火规范》对设置消防电梯的建筑类型有如下要求：

（1）一类公共建筑。

（2）塔式住宅。

（3）十二层及十二层以上的单元式住宅和通廊式住宅。

（4）高度超过 32m 的其他二类公共建筑。

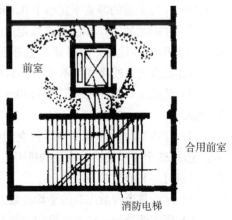

图 7-7　剪刀楼梯布置示意图

消防电梯的设置数量应符合下列规定：当每层建筑面积不大于 1500m² 时，应设 1 台。当大于 1500m² 但不大于 4500m² 时，应设 2 台。当大于 4500m² 时，应设 3 台。

消防电梯应设前室，其面积：居住建筑，不应小于 4.50m²；公共建筑，不应小于 6.00m²。当与防烟楼梯间合用前室时，其面积：居住建筑，不应小于 6.00m²；公共建筑，不应小于 10m²。

消防电梯前室的防火分隔可以采用防火卷帘或防火门，但为了保证受灾人员向下疏散，合用前室的防火分隔不能采用防火卷帘。

在首层的前室应设直通室外的出口或经过长度不超过 30m 的通道通向室外。

消防电梯的载重量不应小于 800kg。

一般将消防电梯与客梯、工作电梯、服务电梯合用，但应满足上文对消防电梯的设计要求。

5）人流密集用房

高层建筑内的观众厅、会议厅、多功能厅等人员密集场所，应设在首层或二、三层；当必须设在其他楼层时，一个厅、室的建筑面积不宜超过 400m²，安全出口数量不应少于两个。

高层建筑内的歌舞厅、卡拉 OK 厅（含具有卡拉 OK 功能的餐厅）、夜总会、录像厅、放映厅、桑拿浴室（除洗浴部分外）、游艺厅（含电子游艺厅）、网吧等歌舞、娱乐、放映、游艺场所，应设在首层或二、三层，宜靠外墙设置，不应布置在袋形走道的两侧和尽端，当必须设置在其他楼层时，尚应符合下列规定：

（1）不应设置在地下二层及二层以下，设置在地下一层时，地下一层地面与室外出入口地坪的高差不应大于 10m。

（2）一个厅、室的建筑面积不应超过 200m²，出口不应少于两个；当一个厅、室的建筑面积小于 50m² 时，可设置一个出口。

高层建筑内设有固定座位的观众厅、会议厅等人员密集场所，其疏散走道、出口等应符合下列规定：

（1）厅内的疏散走道的净宽应按通过人数每 100 人不小于 0.80m 计算，且不宜小于 1.00m；边走道的净宽不宜小于 0.80m。

（2）厅的疏散出口和厅外疏散走道的总宽度：平坡地面应分别按通过人数每 100 人不小于 0.65m 计算，阶梯地面应分别按通过人数每 100 人不小于 0.80m 计算。疏散出口和疏散走道的净宽均不应小于 1.40m。

（3）疏散出口的门内、门外 1.40m 范围内不应设踏步，门必须向外开，且不应设置门槛。

（4）厅内座位的布置：横走道之间的排数不宜超过 20 排，纵走道之间每排座位不宜超过 22 个；当前后排座位的排距不小于 0.90m 时，每排座位可为 44 个；只一侧有纵走道时，其座位数应减半。

（5）厅内每个疏散出口的平均疏散人数不应超过 250 人。

（6）厅的疏散门，应采用推闩式外开门。

7.4　超高层建筑防火设计

高度超过 100m 的建筑称为超高层建筑。较高层和多、低层建筑，超高层建筑内人员更加密集，设备及管线系统更加复杂，一旦发生火灾，疏散与扑救更加困难。除了上文提及的高层建筑防火措施外，超高层建筑还应采取其他的防火设计。

7.4.1　设避难层

火灾时，超高层建筑内部须设置若干安全区域，使受灾人员不用走完楼梯全程就能到达，得以暂时避难，这些安全区域被称为避难层（间）。

《高层民用建筑设计防火规范》规定，建筑高度超过 100m 的公共建筑，应设置避难层（间），并应符合下列规定：

（1）避难层的设置，自高层建筑首层至第一个避难层或两个避难层之间，不宜超过 15 层。

（2）通向避难层的防烟楼梯应在避难层分隔、同层错位或上下层断开，但人员均必须经避难层方能上下。

（3）避难层的净面积应能满足设计避难人员避难的要求，并宜按 5.00 人 /m² 计算。

（4）避难层可兼作设备层，但设备管道宜集中布置。

（5）避难层应设消防电梯出口。

（6）避难层应设消防专线电话，并应设有消火栓和消防卷盘。

（7）封闭式避难层应设独立的防烟设施。

（8）避难层应设有应急广播和应急照明，其供电时间不应小于 1.00h，照度不应低于 1.00lx。

除了上述专门设计的避难层外，超高层建筑的屋顶平台、中庭也可作为避难区，但中庭需设防火卷帘、水帘或防火玻璃进行分隔，并配充足的自动喷淋设备。

避难层一般有开敞式和封闭式两种布置方式。开敞式即外墙有可开启的百叶窗，烟雾直接排出室外。封闭式是不具备自然排烟条件（外墙不能作开敞），只能采取机械排烟设施排烟的封闭式避难层。

7.4.2　屋顶飞机救援

超高层建筑的屋顶可以设置供直升机起降的平台，用于营救屋顶的避难人员、运送消防人员和消防器材以及在屋顶进行救火。

现行《高层民用建筑设计防火规范》（2005 年版）规定，建筑高度超过 100m，且标准层建筑面积超过 1000m² 的公共建筑，宜设置屋顶直升机停机坪或供直升机救助的设施，并应符合下列规定：

（1）设在屋顶平台上的停机坪，距设备机房、电梯机房、水箱间、共用天线等凸出物的距离，不应小于 5.00m。

（2）出口不应少于两个，每个出口的宽度不宜小于 0.90m。

（3）在停机坪的适当位置应设置消火栓。

（4）停机坪四周应设置航空障碍灯，并应设置应急照明。

推荐书目

(1) GB 50045-1995，高层民用建筑设计防火规范（2005 年版）[S]. 北京：中国计划出版社 .2005.

(2) GB 50016-2006，建筑设计防火规范 [S]. 北京：中国计划出版社 .2005.

第 8 章

高层建筑地下汽车库设计

8.1 地下汽车库类型

  8.1.1 单建式和附建式地下汽车库

  8.1.2 坡道式和机械式地下汽车库

8.2 坡道式地下汽车库

  8.2.1 坡道式地下汽车库和高层建筑
      的组合关系

  8.2.2 坡道式地下汽车库的形式

  8.2.3 坡道式地下汽车库的设计要点

8.3 机械式地下汽车库

汽车是人们日常出行的主要交通工具。随着车辆的增多，停车设施的需求量也在不断增加。城市中汽车数量不多，道路和场地相对宽裕时，车辆可以路边停车。但是当路边和建筑周边场地不能满足停车需求的时候，就需要建造专门的汽车库来解决城市停车问题。

汽车库分为地上机械式多层汽车库和地下汽车库。地上机械式多层汽车库无需考虑进出车坡道和行车通道的空间，且层数不受限制。地下汽车库节省城市地面用地（出入口和通风口等占用地面空间较小，一般不超过其总面积的15%）。由于我国城市地面用地十分紧张，且工业发展水平有限，所以，在我国采用地下汽车库是合理的选择。

8.1 地下汽车库类型

地下汽车库是指停车库室内地平面低于室外地平面的高度超过该层车库净高一半的汽车库。按地下建筑与地面建筑的关系来分，地下汽车库可分为单建式和附建式两种类型。按汽车在汽车库内的行驶及停放方式来分，地下汽车库可分为坡道式和机械式两种类型。

8.1.1 单建式和附建式地下汽车库

1）单建式地下汽车库

单建式地下汽车库是地面上没有建筑物的地下汽车库。单建式地下汽车库对地面空间基本没有影响（除少量出入口和通风口之外），顶部覆土后仍是城市开敞空间，而且汽车库的柱网尺寸和外形轮廓不受地面上建筑物使用条件的限制，在结构合理的前提下，可完全满足车辆行驶和停放的技术要求。单建式地下汽车库一般建于城市广场、公园、道路、绿地或空地之下。

2）附建式地下汽车库

利用地面上多层或高层建筑的地下室布置的地下汽车库，称为附建式地下汽车库。附建式地下汽车库可节省用地，设计难点是要选择合适的柱网尺寸，使其能同时满足地上建筑功能要求和地下停车需求。一般情况下，附建式地下汽车库多布置在裙房部分的地下室中，由于裙房部分的柱网尺寸相对较大，比较容易满足各项停车要求——我国高层建筑多采用这种方式布置附建式地下汽车库。

8.1.2 坡道式和机械式地下汽车库

1）坡道式地下汽车库

采用各种形式的坡道作为车库与地面、库内各层之间的垂直交通组织方式的地下汽车库，称为坡道式地下汽车库。坡道式汽车库造价低，进出车速度较快，不受机电设备运行状况的影响，但是坡道面积占整个车库建筑面积的比重较大。坡道式地下汽车库是我国目前常见的地下汽车库类型。

2）机械式地下汽车库

使用机械设备作为运送或运送且停放汽车的地下汽车库，称为机械式地下汽车库。由于受到机械运转条件的限制，机械式汽车库进出车有一定的时间间隔，在交通高峰期内可能会出现等候现象，而机电设备的高造价增大了机械式汽车库的成本。

8.2　坡道式地下汽车库

8.2.1　坡道式地下汽车库和高层建筑的组合关系

坡道式地下车库和高层建筑的组合关系分为以下几种类型：①地下汽车库位于高层建筑主体的地下室中，平面轮廓和柱网与上部建筑一致，容量小，见图 8-1a。②地下汽车库位于高层建筑裙房的地下室中，平面轮廓和柱网受高层建筑地上部分影响不大，见图 8-1b。③地下汽车库全部位于高层建筑的地下室中，见图 8-1c。④地下汽车库部分位于高层建筑的地下室中，部分位于天井或庭院等室外地面以下，见图 8-1d。

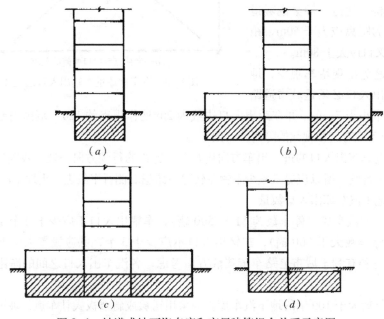

图 8-1　坡道式地下汽车库和高层建筑组合关系示意图

8.2.2　坡道式地下汽车库的形式

根据用地条件和总体布局，坡道式地下汽车库的形式主要有长坡道式、错层式、倾斜楼板式和螺旋坡道式等（图 8-2）。

长坡道式形式规整，结构简单，上下车方便，在实际工程中采用较多，缺点是占用空间较大。错层式是楼板错开半层，一条坡道上下半层高度，这种形式使用方便，节省面积。倾斜楼板式一般不适用于地下汽车库。螺旋坡道式节省空间，适用于较为局促的场地。由于车辆在螺旋坡道上行驶时有连续旋转，视线距离短，因此在设

185

计此类车库时，必须保持适当的坡度和足够的宽度以保证车辆的安全通行。

在进行坡道式地下汽车库设计时，应从具体环境条件出发，灵活组合直线坡道与曲线坡道，满足车辆进出和上下路线的短捷和安全。

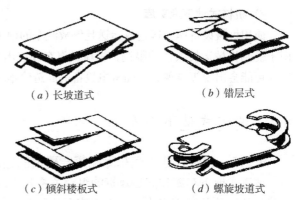

（a）长坡道式 （b）错层式

（c）倾斜楼板式 （d）螺旋坡道式

图 8-2　坡道式地下汽车库形式

8.2.3　坡道式地下汽车库的设计要点

1）总平面设计

（1）地下汽车库出入口和道路的关系

为了保证交通安全和畅通，地下汽车库车辆出入口与城市人行过街天桥、地道、桥梁或隧道等引道口的距离应大于 50m，距离道路交叉口应大于 80m。

为了避免出现堵车现象，地下汽车库出入口必须退城市道路

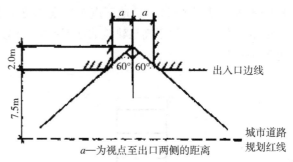

a—为视点至出口两侧的距离

图 8-3　汽车库库址车辆出入口通视要求

规划红线不小于 7.5m，并在距出入口边线内 2m 处作视点的 120° 范围内至边线外 7.5m 以上不应有遮挡视线的障碍物（图 8-3）。

地下汽车库出入口的进、出车方向应与所在道路的行驶方向一致。我国规定车辆在道路右侧行驶，所以应尽量减少车辆左转弯后跨越右侧行车线进、出地下汽车库。

（2）地下汽车库出入口数量

大、中型汽车库（停车数为 51～500 辆），车辆出入口不应少于 2 个；特大型汽车库（停车数大于 500 辆），车辆出入口不应少于 3 个，并应设置人流专用出入口。从安全和有利于城市道路车流疏散方面考虑，各汽车出入口之间的净距应大于 15m。

停车位数大于 100 辆的地下汽车库，当采用错层或斜楼板式且车道、坡道为双车道时，其首层或地下一层至室外的汽车疏散出口不应少于 2 个，汽车库内其他楼层的汽车疏散坡道可设 1 个。

（3）地下汽车库出入口宽度

地下汽车库出入口的宽度也是一般车辆通行的宽度，车辆双向行驶时不应小于 7m，单向行驶时不应小于 5m。

2）防火分区设计

地下汽车库应设防火墙划分防火分区，防火分区的最大允许建筑面积为 2000m²，当汽车库内设有自动灭火系统时，其防火分区的最大允许建筑面积可增加一倍，为

4000m²。敞开式①、错层式、倾斜楼板式汽车库的上下连通层面积应叠加计算。

室内地坪低于室外地坪面的高度超过该层汽车库净高1/3且不超过净高1/2的汽车库，或设在建筑物首层的汽车库，防火分区最大允许建筑面积不应超过2500m²。

除敞开式汽车库、倾斜楼板式汽车库以外的地下汽车库，汽车坡道两侧应用防火墙与停车区隔开，坡道的出入口应采用水幕、防火卷帘，或设置甲级防火门等措施与停车区隔开。当汽车库和汽车坡道上均设有自动灭火系统时，可不受此限。

3）汽车转弯半径

汽车最小转弯半径是指汽车回转时车前轮外侧循圆曲线行走轨迹的半径。在进行车辆转弯设计时，要满足汽车最小转弯半径。常见车型的最小转弯半径可参考表8-1。

汽车库内汽车的最小转弯半径 表8-1

车　型	最小转弯半径（m）
微型车	4.50
小型车	6.00
轻型车	6.50 ~ 8.00
中型车	8.00 ~ 10.00
大型车	10.50 ~ 12.00
铰接车	10.50 ~ 12.50

4）车流组织

地下汽车库的交通组织主要是使库内车流进出顺畅，行驶路线短捷，避免交叉和逆行。由于车库内的人员较少，所以人流组织满足安全行走和疏散即可。

地下汽车库内的水平交通，首先要协调好行车通道与停车位的关系。行车通道与停车位的关系主要有一侧通道一侧停车（图8-4a）、中间通道两侧停车（图8-4b）、两侧通道中间停车（图8-4c）、环形通道四周停车（图8-4d）。高层建筑的地下汽车库多采用中间通道两侧停车的方式，以保证行车通道的高利用率。行车通道的方向组织灵活，可以是车辆单向行驶的单车道，也可以是双向或单向行驶的双车道。

5）车位和柱网布置

（1）车位尺寸

汽车的类型和外廓尺寸随汽车生产厂家和型号而异，依据中国汽车车型手册（1993年版）的相关内容，我国汽车主要分为以下八类（表8-2）：

a. 微型车：包括微型客车、微型货车、超微型轿车。

b. 小型车：包括小轿车、6400系列以下的轻型客车和1040系列以下的轻型货车。

c. 轻型车：包括6500 ~ 6700系列的轻型客车和1040 ~ 1060系列的轻型货车。

d. 中型车：包括6800系列中型客车、中型货车和长9000mm以下的重型货车。

e. 大型客车：包括6900系列的中型客车、大型客车。

① 敞开式汽车库是指每层车库外墙敞开面积超过该层四周墙体总面积的25%的汽车库。

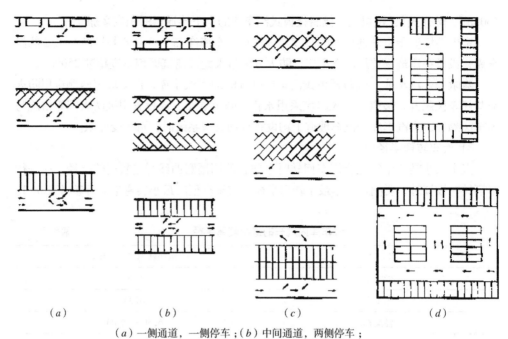

（a）　　　　　　　（b）　　　　　　　（c）　　　　　　　（d）

（a）一侧通道，一侧停车；（b）中间通道，两侧停车；
（c）两侧通道，中间停车；（d）环形通道，四周停车

图8-4　停车间内行车通道与停车位的关系

f. 大型货车：包括长9000mm以上的重型载货车，大型货车。

g. 铰接客车：包括铰接客车，特大铰接客车。

h. 铰接货车：包括铰接货车、列车（半挂、全挂）。

汽车设计车型外廓尺寸　　　　　　　　　　表8-2

尺寸　　　项目	外廓尺寸（m）		
车型	总长	总宽	总高
微型车	3.50	1.60	1.80
小型车	4.80	1.80	2.00
轻型车	7.00	2.10	2.60
中型车	9.00	2.50	3.20（4.00）
大型客车	12.00	2.50	3.20
铰接客车	18.00	2.50	3.20
大型货车	10.00	2.50	4.00
铰接货车	16.50	2.50	4.00

注：专用汽车库可按所停放的汽车外廓尺寸进行设计。括号内尺寸用于中型货车。

汽车在汽车库里停放时，除车体本身所占空间外，汽车与汽车、汽车与墙、汽车与柱之间也应留有一定的空间，以保证打开车门、倒车和进车的方便（表8-3）。

尺寸　　　　　　　车辆类型 项目	微型汽车、小型汽车（m）	轻型汽车（m）	大、中、铰接型汽车（m）
平行式停车时汽车间纵向净距	1.20	1.20	2.40
垂直式、斜列式停车时汽车间纵向净距	0.50	0.70	0.80
汽车间横向净距	0.60	0.80	1.00
汽车与柱间净距	0.30	0.30	0.40
汽车与墙、护栏及其他构筑物间净距　纵向	0.50	0.50	0.50
横向	0.60	0.80	1.00

汽车与汽车、墙、柱、护栏之间的最小净距　　　　　　　表8-3

注：纵向指汽车长度方向，横向指汽车宽度方向，净距是指最近距离，当墙、柱外有凸出物时，应从其凸出部分外缘算起。

一般情况下，小轿车的车位尺寸可按 3.0m×6.0m 进行设计。

（2）车辆停驶和停放方式

汽车库内的停驶和停放方式应排列紧凑，通道短捷，出入迅速，与柱网相协调。

车辆在汽车库内的停驶方式主要有顺车进倒车出、倒车进顺车出、顺车进顺车出三种（图 8-5）。停放方式主要有垂直式、平行式、倾斜交叉式、倾斜式（倾角30°、45°、60°）六种（图 8-6）。

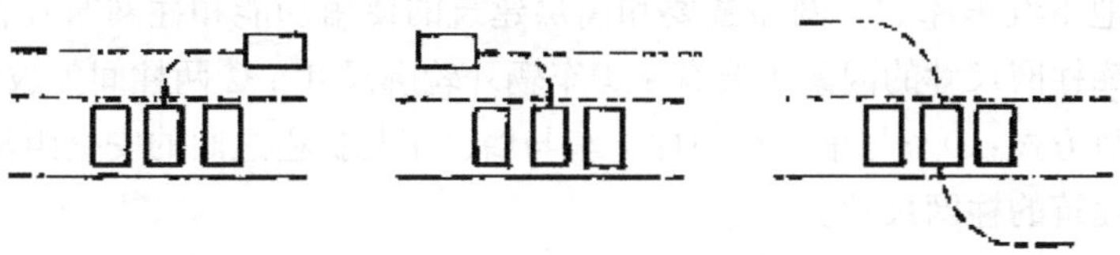

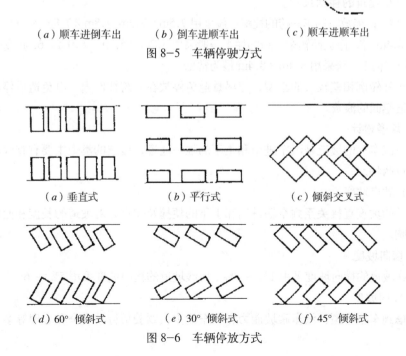

（a）顺车进倒车出　　　　（b）倒车进顺车出　　　　（c）顺车进顺车出

图 8-5　车辆停驶方式

（a）垂直式　　　　　　（b）平行式　　　　　　（c）倾斜交叉式

（d）60°倾斜式　　　　（e）30°倾斜式　　　　（f）45°倾斜式

图 8-6　车辆停放方式

车辆垂直式停放时，车辆有从两个方向进出的可能，且车位周围基本无空间浪费，但行车通道宽度较大。平行停放时，车辆进出方便，但和柱网不易协调。倾斜式停放时，车辆进出较方便，和柱网协调容易，所需行车通道宽度较小，但车位后部会出现不易利用的三角形空间。一般来说，高层建筑地下汽车库常采用垂直式停放方式。

上述停车方式所需行车通道的最小宽度见表8-4。

各车型建筑设计最小通车道宽度 表8-4

车型分类 参数值 停车方式	项目	通车道最小宽度（m）					
		微型车	小型车	轻型车	中型车	大货车	大客车
平行式	前进停车	3.0	3.8	4.1	4.5	5.0	5.0
斜列式 30°	前进停车	3.0	3.8	4.1	4.5	5.0	5.0
斜列式 45°	前进停车	3.0	3.8	4.6	5.6	6.6	8.0
斜列式 60°	前进停车	4.0	4.5	7.0	8.5	10	12
斜列式 60°	后退停车	3.6	4.2	5.5	6.3	7.3	8.2
垂直式	前进停车	7.0	9.0	13.5	15	17	19
垂直式	后退停车	4.5	5.5	8.0	9.0	10	11

（3）柱网布置

附建式地下汽车库的柱网布置要和高层建筑的使用功能和柱网布置相协调。影响地下汽车库柱网尺寸的因素主要有：①车辆外轮廓尺寸；②两柱间停放的车辆数；③车辆的停放方式；④车与车、车与柱、车与墙、车与护栏之间的安全距离；⑤柱径；⑥上部高层建筑的柱网尺寸。

一般来说，停放三辆车一跨的柱距一般采用7.5m×7.5m、7.8m×7.8m、8.1m×8.1m、8.4m×8.4m等，停放两辆车一跨的柱距一般采用5.7m×5.7m、6.0m×6.0m等。这其中以停放三辆车一跨采用8.4m×8.4m最为常见。

对于外轮廓相差较大的车型，应尽量避免停放在一跨柱网内，以免造成停车位和行车通道空间的浪费。

6）坡道设计

地下汽车库的坡道是汽车进出和上下的唯一通道，坡道的类型主要有直线坡道和曲线坡道两种。

（1）坡道坡度

坡道的坡度直接关系到车辆进出和上下的便捷及安全，对坡道的长度和面积也有一定影响。

a. 横向坡度

直线坡道的横向坡度采用1%～2%；曲线坡道的横向坡度采用5%～6%。

b. 纵向坡度

考虑到车辆类型、汽车爬坡能力和刹车能力、驾驶员行驶安全和心理等多方面因素，坡道的最大纵向坡度应符合表 8-5 的规定。

汽车库内通道的最大坡度　　　　　　　　　表8-5

车型 \ 坡度 \ 通道形式	直线坡道		曲线坡道	
	百分比（%）	比值（高：长）	百分比（%）	比值（高：长）
微型车 小型车	15	1：6.67	12	1：8.3
轻型车	13.3	1：750	10	1：10
中型车	12	1：8.3		
大型客车 铰接客车	10	1：10	8	1：12.5
大型货车 铰接货车	8	1：12.5	6	1：16.7

注：曲线坡道坡度以车道中心线计。

（2）坡道宽度

汽车库内坡道的宽度关系到行车安全和坡道所占空间，过窄或过宽都不合理。坡道的最小净宽应符合表 8-6 的规定。

坡道最小宽度　　　　　　　　　　表8-6

坡道形式	计算宽度（m）	最小宽度（m）	
		微型、小型车	中性、大型、铰接车
直线单行	单车宽 +0.8	3.0	3.5
直线双行	双车宽 +2.0	5.5	7.0
曲线单行	单车宽 +1.0	3.8	5.0
曲线双行	双车宽 +2.2	7.0	10.0

注：此宽度不包括道牙及其他分隔带宽度。

根据《汽车库、修车库、停车场设计防火规范》GB 50067-97 的规定，汽车疏散坡道的宽度不应小于 4m，所以上表中坡道最小宽度都不应小于 4m。

为了行车安全和平衡驾驶员的心态，若坡道两侧没有墙体，应该配有护栏和道牙。护栏高度除保证行车安全外，还应遮挡驾驶者对车库外四周建筑物的视线。单行道的道牙宽度不应小于 0.3m；双行道中宜设宽度不小于 0.6m 的道牙，道牙的高度不应小于 0.15m。

两个汽车坡道毗邻设置时，应采用防火隔墙隔开。

（3）缓坡

为了防止汽车上下坡时汽车头、尾和车底擦地，当地下汽车库内坡道纵向坡度大于 10% 时，应在坡道上、下端设置缓坡段。直线缓坡段的水平长度不应小于 3.6m，缓坡坡度应为坡道坡度的 1/2，曲线缓坡段的水平长度不应小于 2.4m，曲线的半径不应小于 20m，缓坡段的中点为坡道原起点或止点（图 8-7）。

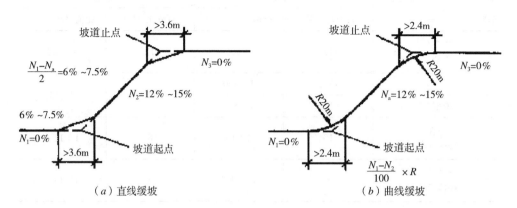

（a）直线缓坡　　　　　　　　　　　（b）曲线缓坡

图 8-7　缓坡设计示意图

7）净高设计

地下汽车库的层高包括库内净高、梁板结构高度和各种管道（通风管道、喷淋管道等）高度，设计时需根据车库内停放车型选择具体尺寸。各类汽车所需最小净高（包括汽车高度和行车安全高度）见表 8-7。

汽车库室内最小净高　　　　　　　　　　　　　　　　　　表8-7

车型	最小净高（m）
微型车、小型车	2.20
轻型车	2.80
中、大型、铰接客车	3.40
中、大型、铰接货车	4.20

注：净高指楼地面表面至顶棚或其他构件底面的距离，未计入设备及管道所需空间。

地下汽车库的层高影响到车库的埋深、造价、通风量、坡道所占空间等，在可能的条件下，应采用适当的结构形式，减少结构构件和各种管线所占空间，尽量缩小层高。

当地下汽车库上部地面栽种植物时，地下汽车库顶部和室外地坪之间需预留一定的覆土厚度。若种植乔木，覆土厚度一般为 1500mm 左右；如种植灌木，覆土厚度为 450～600mm 之间；若种植地被类植物，覆土厚度为 300mm 左右；如种植草皮，覆土厚度为 200mm 左右。

8）人员疏散设计

（1）疏散出入口

地下汽车库的人员安全出口和汽车疏散出口应分开设置。

地下汽车库的每个防火分区内，其人员安全出口不应少于两个，但符合下列条件之一的可设一个：同一时间的人数不超过 25 人；地下汽车库内的停车数量小于等于 50 辆。

（2）疏散距离

汽车库室内最远工作地点至楼梯间的距离不应超过 45m，当设有自动灭火系统时，其距离不应超过 60m。

（3）疏散楼梯

地下汽车库的室内疏散楼梯应设置封闭楼梯间，楼梯间的门应向疏散方向开启，疏散楼梯的宽度不应小于 1.1m。

室外疏散楼梯的倾斜角度不应大于 45°，栏杆扶手的高度不应小于 1.1m。

（4）电梯

为了提高地下汽车库的使用率，二层以下的地下汽车库应设置载人电梯。

9）停车位数量

单位停车位和高层建筑总建筑面积、地下汽车库建筑面积的系数指标见表 8-8。由于建筑形式多样，变动可能性较大，表中数字仅作参考。

地下汽车库的面积指标　　　　　　表8-8

指标内容	小型车汽车库	中型车汽车库
每停 1 辆车所需建筑面积（m²/ 辆）	35-45	65 ~ 75
每停 1 辆车所需停车部分面积（m²/ 辆）	28-38	55 ~ 65
停车部分面积占总建筑面积的比例（%）	75-85	80 ~ 90

根据《旅游饭店星级的划分与评定》GB/T 14308-2010 的要求，旅馆建筑的停车位分为三个得分档，分别为"自备停车场（包括地下停车场、停车楼），车位不少于 40% 的客房数"、"自备停车场，车位不少于 15% 的客房数"和"在饭店周围 200m 内可以停放汽车，车位不少于 15% 客房数"。在进行旅馆建筑设计的时候可以进行参考。

8.3　机械式地下汽车库

根据工程的具体条件，机械式地下汽车库可分为升降机式、两层式、多层循环式等类型。机械式地下汽车库在本课程的设计中涉及较少，故本书不作论述。

推荐书目

(1) JGJ 100-1998, 汽车库建筑设计规范 [S]. 北京：中国标准出版社 .1998.

(2) GB 50067-1997, 汽车库、修车库、停车场设计防火规范 [S]. 北京：中国标准出版社 .1997.

第 9 章

高层建筑设备

9.1　绪论

　　9.1.1　设备系统

　　9.1.2　设计要求和设计配合

9.2　高层建筑空调系统

　　9.2.1　空调系统的组成

　　9.2.2　空调系统的分类

　　9.2.3　空调系统的冷、热源

　　9.2.4　设备机房的设计

9.3　高层建筑电气系统

　　9.3.1　电气系统基本内容

　　9.3.2　高层建筑的供电方式

　　9.3.3　高层建筑的供电要求

　　9.3.4　电气竖井

　　9.3.5　变配电室

　　9.3.6　发电机房

　　9.3.7　火灾报警和消防联动系统

　　9.3.8　电梯及其他设备

　　9.3.9　高层建筑的防雷

9.4　高层建筑给水排水系统

　　9.4.1　给水系统

　　9.4.2　热水系统

　　9.4.3　排水系统

9.5　设备层与竖井

　　9.5.1　设备层

　　9.5.2　竖井

9.1 绪论

建筑师了解高层建筑设备知识的目的是合理布置设备层、机房和竖井的位置，并控制其面积，并非从事设备系统设计。通过建立高层建筑的设备系统概念，满足高层建筑设备工艺对设备空间的要求。

9.1.1 设备系统

高层建筑中，为了保障舒适、安全的生活和工作环境，需要设置复杂的设备系统，包括空调系统、电气系统、消防系统以及建筑智能化系统等。所有这些设备系统都应该与土建工程配合，在建筑设计的统筹之下，合理布局，有机配合，才能保证其正常的运行。表 9-1 为高层建筑常见的设备系统构成。

设备系统构成   表9-1

序号	设备系统	系统构成	序号	设备系统	系统构成
1	空调	热源设备 冷源设备 空调"末端装置"	4	给水排水	热水系统 给水系统 排水系统
2	电气	供配电设备 弱电设备	5	通风	送风系统 回风系统 新风系统 排风系统
3	火灾自动报警	区域报警控制系统 集中火灾报警控制系统 控制中心报警系统			

高层建筑的设备与系统之间、系统与系统之间又有千丝万缕的联系，内容十分复杂。

9.1.2 设计要求和设计配合

本章主要从建筑师的角度讲述在高层建筑设计中，如何实现设备系统与建筑设计的合理配合。这种配合贯穿了设计的全过程，通常在设计的初期，即方案阶段，就需要加入进来，这时，建筑与设备设计双方要讨论以下事项：

(1) 设备用房的位置、面积、尺寸以及与主体结构的相互关系。

(2) 设备管线、井道体系的空间位置、走向与尺寸规格。

(3) 屋顶及室外大型设备的设置与建筑规范、环境污染的关系。

(4) 建筑与设备的防灾处理，防火分区的排烟设备与建筑之间的复杂关系。

(5) 大型室内设备的进入、安装、检修方式等。

随着设计的深入，这种配合会变得更加密切：与设备的散热、噪声、振动相应的建筑构造设施；设备的重量与梁高、板厚的关系；如何处理设备间的防水、防潮；如何规划复杂的设备竖井；设备管线与建筑空间的关系等。在建筑与设备之间频繁的相互配合、反馈中，建筑设计才得以深入与合理化。因而在高层建筑的设计中，了解必要的相关设备知识，特别是了解设备布置与土建设计的关系，掌握与各设备工种相互配合的方法是非常重要的。

9.2　高层建筑空调系统

本节的目的在于了解空调设备与建筑设计相关的内容，使建筑设计人员在工程设计中能够全面地掌握空调工程设计中的技术问题，提高设计的质量。

9.2.1　空调系统的组成
空调系统主要由冷、热源，输送与分配系统，空气处理系统，自动控制系统组成。

9.2.2　空调系统的分类

1）按承担室内荷载所需要的介质分类

（1）全空气系统：全部由处理过的空气负担室内的空调负荷。

（2）空气－水系统：由处理过的空气和水共同负担室内的空调负荷。

（3）全水系统：全部由水负担室内空调负荷。

2）按冷热源设置分类

（1）集中式空调系统：空气处理设备集中在机房内，空气经处理后，由风管送入各房间。

（2）半集中式空调系统：除了有集中的空气处理设备外，在各个空调房间内还分别有处理空气的"末端装置"。

（3）全分散式空调系统：每个房间的空气处理分别由各自的整体式（或分体式）空调器承担。

9.2.3　空调系统的冷、热源

1）空调冷源

（1）电制冷机

电制冷机包括离心式制冷机（图9-1）、螺杆式制冷机等。离心式制冷机通过叶轮

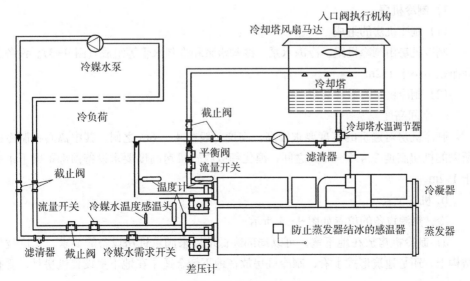

图 9-1　离心式冷水机组水管路系统

旋转产生的离心力压缩冷媒物质制冷。它的特点是能效比高，并且控制方便，造价便宜，维护简单，缺点是噪声大。螺杆式制冷机比离心式制冷机的能效比低。

（2）吸收式制冷

溴化锂吸收式制冷机（图9-2）是通过吸收剂作用制冷的。特点是用油、燃气、蒸汽、热水做动力，用电少，噪声小，但是它造价昂贵，能效比低。

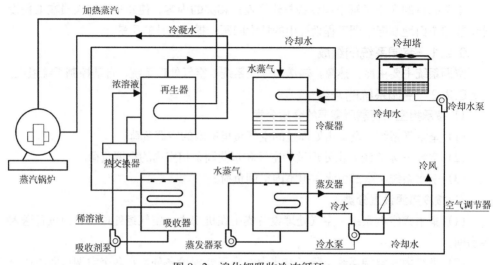

图9-2　溴化锂吸收冷冻循环

2）空调热源

（1）锅炉：产生空调热水。根据燃料的不同，有燃油和燃气等几种。目前，电锅炉也有采用，其环境污染小，安全性高，但运行费用很高。

（2）冷热水机组：既能产生冷水，又能产生热水，集制冷与制热于一体。主要有以下两种形式：直燃式溴化锂吸收式冷热水机组、热泵冷热水机组。

9.2.4　设备机房的设计

1）制冷机房

（1）制冷机房的组成

制冷机房由制冷机组、冷冻水泵、冷却水泵和冷却水管等组成（图9-3）。设备之间净距不小于1.2m。

（2）制冷机房的设计要求

a．空间高度

制冷机房对建筑的高度要求较高，高度一般在4～6m之间，其中离心式制冷机所需的机房高度在4.5～5m之间，溴化锂吸收式机房高度要求设备顶部距梁下不小于1.2m。

b．机房位置

冷、热源设备的位置如图9-4所示。

a）制冷机房放在地下室，可以局部降低地坪来满足机房设备的要求，无论是从结构上，还是建筑形式上看，制冷机房放在地下最合适；在地下室设置机房时，要有

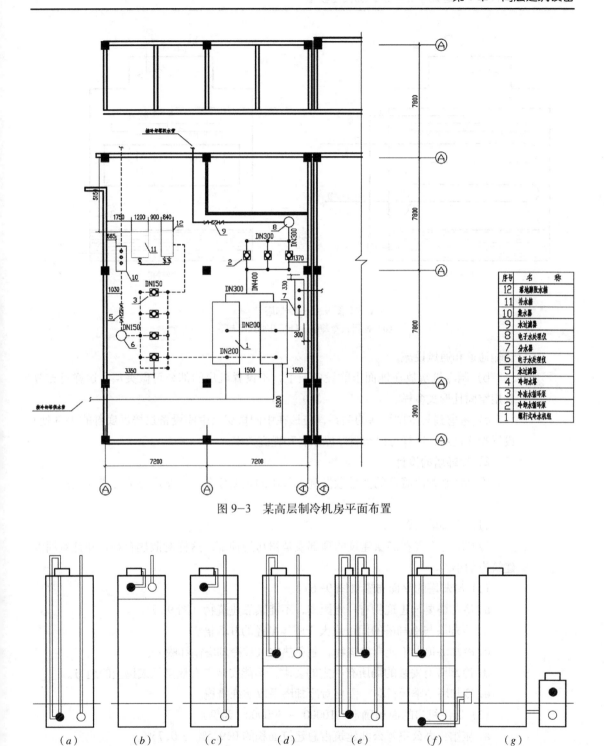

图 9-3 某高层制冷机房平面布置

序号	名 称
12	落地膨胀水箱
11	补水箱
10	集水器
9	水过滤器
8	电子水处理仪
7	分水器
6	电子水处理仪
5	水过滤器
4	冷却水塔
3	冷冻水循环泵
2	冷却水循环泵
1	螺杆式冷水机组

图 9-4 制冷机，锅炉设备的布置

(a) 冷热源集中在地下层 ；(b) 冷热源集中布置在最高层 ；(c) 热源在地下，冷却机在顶层 ；
(d) 冷热源集中在中间层 ；(e) 部分冷却机设在中间层 ；(f) 冷却塔放在地面上 ；(g) 设置独立机房

199

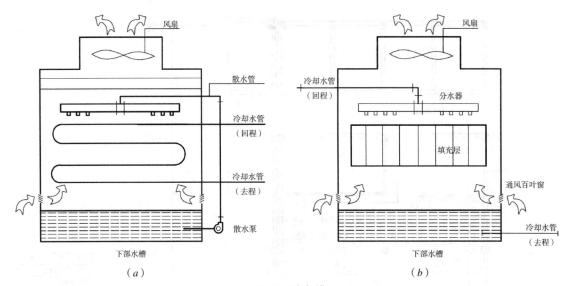

图 9-5 冷却塔

(a) 密闭式冷却塔；(b) 开放式冷却塔

运输通道和通风设施。

　　b) 制冷机房放在地面上的设备层上，不设置机房的部分可做夹层，这样可充分利用空间且形式多样。

　　c) 考虑到与空调机房的关系，应该在中间楼层（中间设备层接近底部的 1/3 处）设置冷冻机房，这样可以节省冷冻水管和提高效率。

2）冷却塔的设计

　　冷却塔是把冷凝器的热量散发到大气中的重要设备。冷却塔分为开式和闭式（图 9-5）。

　　（1）冷却塔位置

　　冷却塔宜布置在高层建筑的顶部或是裙房的顶部。这样对散热有利，并且对周围建筑影响小。

　　（2）冷却塔的平面布置（图 9-6）

　　a. 冷却塔要与建筑物有一定距离，不能紧靠建筑物（图 9-7）。

　　b. 冷却塔与冷却塔的间距应大于塔体半径的 0.5 倍。

　　c. 冷却塔顶上不能有建筑物，避免热空气被冷却塔循环吸入。

　　d. 冷却塔对安装的场所有一定的要求，不能安装在有热空气或扬尘的地方。

　　e. 冷却塔冬季运行时，需要对冷却塔采取防冻措施。

　　（3）制冷机房的面积确定（10000 ~ 30000m² 为例）

　　a. 旅馆、办公室等公共建筑占总建筑面积的 0.925% ~ 0.75%。

　　b. 商业、展览馆等建筑占总能建筑面积的 1.57% ~ 1.31%。

3）空调机房的设计

　　（1）空调机房的位置

　　a. 空调机房应尽量避免东、西朝向或者东、西向开窗。

　　b. 空调机房应该避免布置在拐角处或是伸缩缝附近。

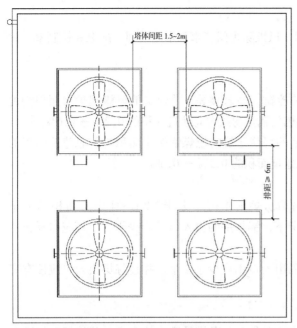

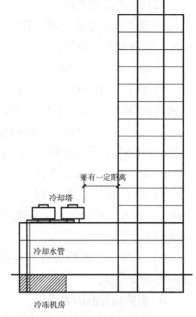

图 9-6　冷却塔平面布置图　　　　图 9-7　冷却塔剖面布置简图

c. 空调机房的位置宜设在地下室或者底层，设置在地下室时，需要使通风管和新风管通向地面。在底层时，尽量靠外墙布置，这样便于进新风和排风。

d. 空调机房应该避免布置在顶层，若设在顶层，必须有良好的隔热措施。

e. 空调机房应该集中布置，上下应该对齐，这样，管道更好处理。

f. 不同的防火分区应该独立布置空调机房。

（2）空调机房的设计要求

a. 门应该向外开，空调机房门为甲级防火门。

b. 空调机房应尽量靠近使用房间布置，空调机房的作用半径应为 30 ～ 40m，且服务的面积在 500m^2 左右。

c. 防止振动、噪声的影响，做好隔声和吸声处理。

（3）空调机房的面积与层高的关系

建筑面积小于 10000m^2 时，层高在 4.0 ～ 4.5m 之间，机房的面积占总建筑面积的 7.0% ～ 4.5%；建筑面积在 10000 ～ 25000m^2 之间时，层高在 5.0 ～ 6.0m 之间，机房面积占总建筑面积的 4.5% ～ 3.7%；建筑面积在 30000 ～ 50000m^2 之间时，层高为 6.5m，机房占总建筑面积的 3.6% ～ 3.0%。

4）锅炉房

（1）锅炉房的位置要求

a. 设置在热负荷集中的地方。

b. 为了减少烟尘的影响，尽可能把锅炉房布置在下风向。

c. 因为锅炉房存在着危险性，所以应该单独设立专用房间，如果条件限制，也可设置在裙房的首层或是地下一层的外墙部分，但是应该避免放置在人员密集房间的上一层、下一层和相邻房间。

（2）锅炉房的布置

ａ．锅炉房的平面包括：锅炉间、风机除尘间、水泵水处理间、配电和控制室、化验室、修理间和浴厕等。

ｂ．锅炉房面积的确定

ａ）面积为 10000 ~ 30000m² 的旅馆、办公楼等公共建筑的燃煤锅炉房面积约占总建筑面积的 0.5% ~ 1.0%，燃油燃气锅炉房约占总建筑面积的 0.2% ~ 0.6%。

ｂ）面积为 100000 ~ 300000m² 的居住建筑的燃煤锅炉房面积约占总建筑面积的 0.2% ~ 0.6%，燃气锅炉房约占总建筑面积的 0.1% ~ 0.3%。

ｃ．锅炉房的出入口设置

ａ）单层布置锅炉房时，若锅炉房炉前走道不大于 12m，且房间面积不大于 200m²，出入口可设 1 个；一般情况下，锅炉房的出入口不应少于 2 个且应布置在不同位置上。

ｂ）多层布置锅炉房时，各层的出入口不应少于 2 个，并且每层出入口应该有直通室外的安全梯。

ｄ．锅炉房井洞的要求

ａ）门：锅炉房通向室外的门应该向外开，以满足逃生的要求；其他辅助间通向锅炉房的门应该向锅炉房开。

ｂ）窗户：锅炉房的外墙窗户应该满足通风、采光和泄压三方面的要求。其中，泄压面积不应该小于锅炉房占地面积的 10%。

ｃ）预留孔洞：预留设备的进出口。

ｅ．锅炉房布置的尺寸要求

ａ）燃烧锅炉房的烟囱高度应该高出半径 200m 范围内最高建 3m 以上。

ｂ）锅炉房上部的检修平台距梁下不小于 2m。

ｃ）炉前净距：根据不同的锅炉型号，燃煤炉不应小于 3 ~ 5m，燃油、燃气锅炉不应小于 1.5 ~ 3m。炉侧面、后面间距，根据不同的锅炉型号，不应小于 0.8 ~ 1.8m。

ｄ）其他设备之间的净距不应小于 0.7m。

9.3 高层建筑电气系统

随着科学技术的不断发展，高层建筑正迈向智能化，智能建筑也成了一个国家发展的标志。智能化建筑依靠的是电气设备的不断发展，所以应该把建筑设计与电气系统设计结合，使建筑更加智能，使建筑的电气设备更完善。

建筑电气系统分为强电系统和弱电系统。强电系统包括建筑供配电系统和防雷系统；弱电系统可分为火灾自动报警与消防联动控制系统、安全防范系统、楼宇自动化控制、信息网络系统、广播音响系统以及电视系统等。

9.3.1 电气系统基本内容

1）高层建筑的电源分类

高层电源的供给分两种：常用电源和备用电源，其中常用电源又分为强电电源和弱电电源。

常用电源一般都直接来自城市的低压三相四线输电网,电压等级为 380V/220V(三相/单相)。

备用电源的作用是当正常电源出现故障或是停电时,使高层建筑能维持运行的设备。

强电电源是指照明、动力等设备的供电电源,其中照明系统通常使用 220V 电压,动力设备使用 380V 电压。

弱电电源泛指为传递信息和控制信号的电子设备供电的电源,用于通信和自动控制系统等。

2）电气系统的构成

整个建筑的电气系统通常有以下一些功能性子系统,分为八小类,分别为供配电系统（变配电所、发电机房）、照明系统（正常照明、应急照明）、建筑防雷系统、火灾报警和消防联动系统、电话系统、有线广播系统、有线电视系统、保安系统（传呼、防盗报警、监控系统）。

9.3.2　高层建筑的供电方式

1）供电过程

发电厂发出电能→变压器升压→高压电力线→城市电网或区域供电系统→降压变电站（用户变电站）→供配电系统→用电设备。

2）区域供电系统的组成

区域供电系统由第一级变电系统和第二级变电站组成。

第一级变电站：城市干线电网的高压经过变电器变为中压,为大型建筑或是居住小区提供电力。

第二级变电站:中压经过变电器变为用户电压,为建筑提供照明、动力设备的电压。

图 9-8 为区域供电系统的组成。

9.3.3　高层建筑的供电要求

电力系统中所有用电设备所耗用的功率为电力负荷,简称负荷。

电力负荷应根据对供电可靠性的要求及中断供电在政治、经济上所造成损失或影响的程度进行分级,并分为三级。根据《供配电系统设计规范》分类如下：

1）一级负荷

（1）供电场所

中断供电将造成人身伤亡的场所。

中断供电将在政治、经济上造成重大损失,例如重大设备损坏,重大产品报废,用重要原料生产的产品大量报废,国民经济中重点企业的连续生产过程被打乱需要长时间才能恢复等。

中断供电将影响有重大政治、经济意义的用电单位的正常工作,例如重要交通枢纽、重要通信枢纽、重要宾馆、大型体育场馆、经常用于国际活动的大量人员集中的公共场所等。

在一级负荷中,中断供电将发生中毒、爆炸和火灾等情况的负荷以及特别重要场所的不允许中断供电的负荷,应视为特别重要的负荷。

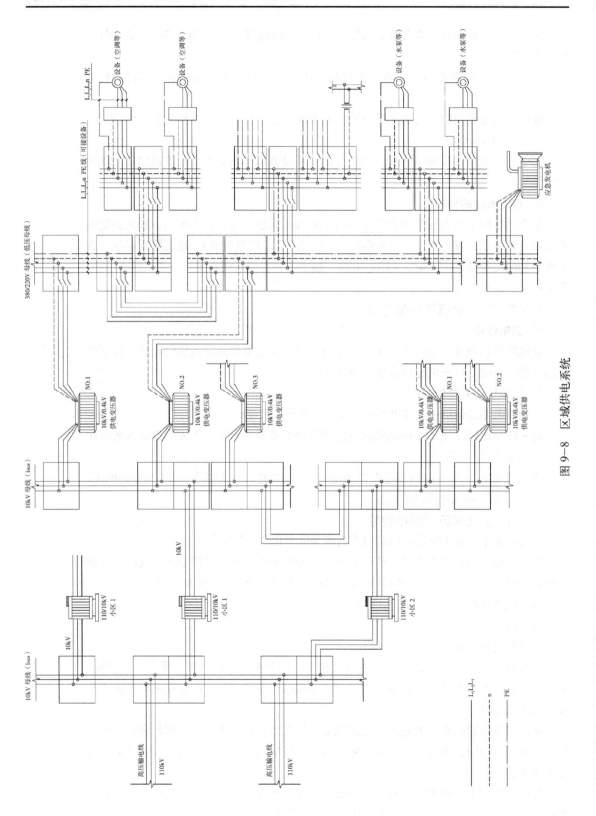

图 9-8 区域供电系统

（2）供电要求

一级负荷是由两个独立电源供电，目的是为了当一个电源发生故障时，另一个电源不同时受到破坏。

2）二级负荷

（1）供电场所

中断供电将在政治、经济上造成较大损失，例如主要设备损坏，大量产品报废，连续生产过程被打乱需较长时间才能恢复，重点企业大量减产等。

中断供电将影响重要用电单位的正常工作，例如交通枢纽、通信枢纽等用电单位中的重要电力负荷以及中断供电将造成大型影剧院、大型商场等较多人员集中的重要的公共场所秩序混乱。

（2）供电要求

二级负荷是由两个回路供电。在负荷较小或地区供电困难时，可由一回 6kV 及以上专用的架空线路或电缆供电。当采用架空线时，可为一回架空线供电；当采用电缆线路供电时，应采用两根电缆组成的线路供电，其每根电缆应能承受 100% 的二级负荷。

3）三级负荷

不属于一级负荷和二级负荷的供电系统，均属三级负荷。

供电方式：三级负荷一般只需要一个电源供电。

9.3.4　电气竖井

1）电气竖井的设计

对于低压配电方式，高层建筑主要是垂直敷设低压配电干线。因为干线为了满足高层的供电，一般截面积都比较大，所以必须设置专门的电缆竖井。与此同时，电缆竖井也可以作为各层的配电小间。

（1）电气竖井的位置

电气竖井在平面上一般在负荷中心，如电梯井、过道两侧和楼梯走道附近，并且应注意与变电所和机房的联系。

（2）电气竖井的尺寸

井道的水平截面积根据建筑的规模和管线的多少而定。

大型电气竖井的截面积为 4 ~ 5m²。

普通住宅的电气竖井截面积为 1500×1200mm²，小型电气竖井截面积为 900×500mm²。

对于电气竖井，按标准层每 600m² 设置一个，大于 600m²，需要另设电气竖井。

（3）电气竖井的要求

a. 电气竖井应为专门的竖井，不能与其他竖井合用。

b. 电气竖井避免与温度较高的井道或房间临近。

c. 强电和弱电竖井应分别布置。

d. 电气竖井应避免与房间、吊顶、壁柜等相互连通。

e. 电气竖井的门需要采用防火门。

f. 敷设电缆或上升管线的电气竖井，每层都应预留管线或是电缆孔洞，但是多余的部分需要用防火材料封堵。

2）配电小间的设计

（1）电气小间的概念

在电气竖井里，除敷设干线外，还需设置各层照明、动力设备的配电箱和弱电设备的端子箱等电气设备，这样的房间被称为电气小间。

（2）配电小间的面积

配电小间的面积是由布线间隔及配电箱、端子箱等必要设备的尺寸决定的，但是还要考虑维护距离，所以需要在箱体前预留不小于0.80m的维护距离。

（3）配电小间的位置

配电小间的层高与每层的高度相同，但是在地坪上的配电小间需要高出外地坪3～5cm。

9.3.5　变配电室

1）变配电室的组成

变配电室是由高压开关箱、低压开关箱和变压器组成的。

2）变配电室的位置

（1）建筑高度小于100m时，设于地下室或裙房中。

（2）建筑高度大于100m时，分别设于地下室、中间层和顶层。

（3）变配电室不宜设在地下室的最底层。

（4）变配电室不宜与有电磁干扰的设备或机房临近或是位于正下方。

（5）变配电室不宜设置在有剧烈振动、高温、高湿房间的正下方。

（6）变配电室不宜设置在有潜在爆炸、火灾危险的房间的正下方。

（7）变配电室不宜设置人员较多房间的正下方。

（8）变配电室不宜设置在多尘或是有腐蚀性气体的房间。

（9）电压为10（6）kV的变配电室，宜装设不能开启的自然采光窗，窗台距室外地坪的距离不宜低于1.8m。临街的一面不宜开设窗户。

（10）变压器室、配电装置室、电容器室的门应向外开，并应装锁。相邻配电室之间设门时，门应向低电压配电室开启。

（11）变配电室各房间经常开启的门、窗，不宜直通含有酸、碱、蒸汽、粉尘和噪声严重的场所。

（12）变配电室应设置防止雨、雪和小动物进入屋内的设施。

3）变配电室的布置要求

（1）长度大于7m的变配电室应设两个出口，并宜布置在配电室的两端。当变配电所采用双层布置时，位于楼上的配电装置室应至少设一个通向室外的平台或通道的出口。

（2）变配电室的电缆沟和电缆室应采取防水、排水措施。当变配电室设置在地下层时，其进出地下层的电缆口必须采取有效的防水措施。

（3）变配电室的平面、剖面布置见图9-9。

9.3.6　发电机房

备用电源是当正常电源出现故障或是停电时，使高层建筑能维持运行的设备。备用电源一般为柴油发电机，所以需要另外设计一个发电机房放置备用电源。

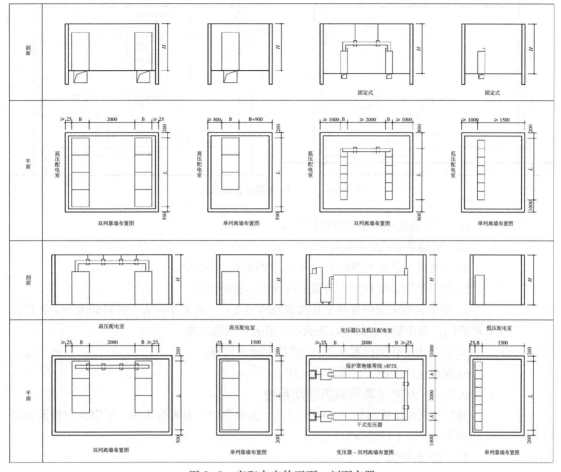

图 9-9 变配电室的平面、剖面布置

1）发电机房的用电设备

（1）疏散照明。

（2）消防电梯。

（3）防排烟系统。

（4）电视监控室。

（5）消防水泵等。

2）发电机房的设计

（1）柴油发电机房的选址

a．考虑到柴油发电机组的进风、排风、排烟等情况，机房应设在首层。但是，由于一层属于黄金地带，因此高层建筑的机房一般都设在地下室，并且应该靠近一级负荷或配电所。

b．不应设在四周无外墙的房间，为热风管道和排烟管道创造条件。

c．尽量避开建筑物的主入口、正立面等部位，以免排烟、排风对其造成影响。

d．注意噪声对环境的影响。

e．宜靠近建筑物的变电所，这样便于接线，减少电能损耗，也便于运行管理。

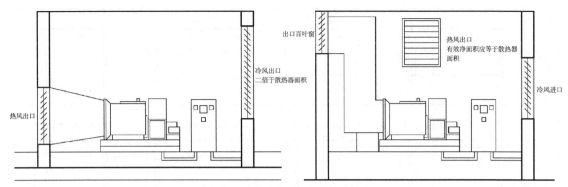

图 9-10 发电机房剖面设计尺寸

图 9-10 为发电机房剖面设计尺寸。

（2）柴油发电机房的设计要求

a．发电机会散发大量热量，需要设置排热、排烟措施。

b．发电机工作噪声大，需要进行吸声、隔声处理。

c．柴油发电机房应有两个直通室外的出入口，其大小应大于机箱的大小，并且设置外开门，与控制室之间应设防火门，并开向发电机房。

d．机房内的管沟应有 0.3% 的坡度和排水设施。

e．发电机房平面、剖面设计尺寸。

9.3.7 火灾报警和消防联动系统

高层建筑由于楼层较高，面积过大，人员集中，易发生火灾，所以火灾报警和消防联动系统成了不可缺少的一部分。

1）火灾自动报警系统

（1）火灾自动报警系统的组成

火灾自动报警系统由触发件、火灾报警装置、电源和消防控制系统四部分组成。

a．触发器件是自动或手动产生火灾报警信号的器件，主要包括火灾探测器和手动火灾报警按钮。

b．火灾报警装置是用于接收、显示和传递火灾报警信号，并能发出控制信号和具有其他辅助功能的控制指示设备。火灾报警控制器就是其中最基本的一种。

c．火灾警报装置是区别于环境声光的火灾警报信号的装置。

d．消防控制设备是当接收到来自触发器件的火灾报警信号时，能自动或手动启动相应消防设备并显示其状态的设备。消防控制系统包括火灾报警控制器、自动灭火系统的控制装置、室内消火栓系统的控制装置、防排烟系统的控制装置、空调通风系统的控制装置等控制装置。

（2）火灾自动报警系统的分类

a．火灾自动报警系统按其用途的不同可分为区域报警控制系统、集中火灾报警控制系统和控制中心报警系统三种基本类型。

b．火灾自动报警系统的保护对象应根据其使用性质、火灾危险性、疏散和扑救难度等分为特级、一级和二级。

（3）火灾自动报警系统形式的选择

a.区域报警系统，宜用于二级保护对象。

b.集中报警系统，宜用于一级和二级保护对象。

c.控制中心报警系统，宜用于特级和一级保护对象。

（4）火灾自动报警系统的建筑设计要求

a.建筑高度小于 100m 的一类高层建筑必须设置火灾自动报警系统：

各类建筑的重要房间、公共活动房间、大厅、重要机房、地下室、净高大于 2.6m 且可燃物较多的技术夹层和交通空间。

b.建筑高度大于 100m 的高层建筑中，只有小于 5m² 的房间不设置火灾自动报警系统，其他房间都设置火灾自动报警系统。

c.二类高层建筑必须设置火灾自动报警系统的部位：

各类建筑的办公室，大于 500m² 的营业厅、机房、控制室，大于 50m² 的存放可燃物的房间和存放贵重物品的房间。

2) 消防控制室

（1）消防控制室的概念

消防控制室设有火灾自动警报控制器和消防控制设备，专门用于接收、显示、处理火灾报警信号，控制有关消防设施的房间。

（2）消防控制室的装置组成

a.火灾报警控制器。

b.自动灭火系统的控制装置。

c.室内消火栓系统的控制装置。

d.防烟、排烟系统及空调通风系统的控制装置。

e.常开防火门、防火卷帘的控制装置。

f.电梯回降控制装置。

g.火灾应急广播。

h.火灾警报装置。

i.消防通信设备。

j.火灾应急照明与疏散指示标志。

（3）消防控制室的设计要求

a.消防控制室的位置

a) 应设在交通方便、容易到达，并且火灾不会蔓延的位置。

b) 应设置在监控室、消防电梯、广播室附近。

c) 不应设置在人员密集的地方。

d) 不应设在锅炉房、厕所、浴室等房间的隔壁、正上方或是正下方。

e) 消防控制室周围不应布置电磁干扰较强及其他影响消防控制设备工作的设备用房。

b.消防控制室的防火要求

a) 消防控制室应设两个出入口，门应向疏散方向开启，且入口处应设置明显的标志。

b) 消防控制室的耐火极限应满足墙不小于 3 小时、楼板不小于 2 小时。

c）消防楼梯到消防控制室的走道处应设置自动喷淋装置。

d）消防控制室的送、回风管在其穿墙处应设防火阀。

e）消防控制室内严禁与其无关的电气线路及管路穿过。

c. 消防控制室内设备布置的要求

a）设备面盘前的操作距离：单列布置时不应小于1.5m；双列布置时不应小于2m。

b）在值班人员经常工作的一面，设备面盘至墙的距离不应小于3m。

c）设备面盘后的维修距离不宜小于1m。

d）设备面盘的排列长度大于4m时，其两端应设置宽度不小于1m的通道。

e）集中火灾报警控制器或火灾报警控制器安装在墙上时，其底边距地面高度宜为1.3～1.5m，其靠近门轴的侧面距墙不应小于0.5m，正面操作距离不应小于1.2m。

d. 消防控制室图例（图9-11～图9-13）。

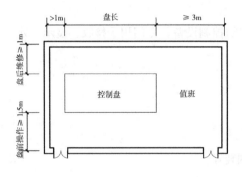

图9-11 消防控制室设备单列布置图

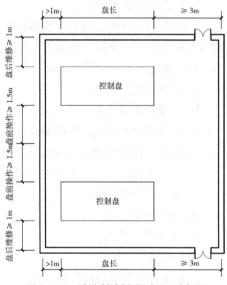

图9-12 消防控制室设备双列布置图

9.3.8 电梯及其他设备

1）电梯

（1）电梯的组成

电梯是高层建筑中重要的垂直交通工具。电梯由机房部分、井道及地坑部分、轿厢部分、层站部分构成。电梯尺寸要求见图9-14。

（2）电梯机房

a. 电梯机房的位置

电梯机房一般位于建筑电梯井道的正上方，也有小部分因为特殊梯种要求而设在井道底端或是侧面。应设专用电梯机房，且通风良好。

b. 电梯机房的面积

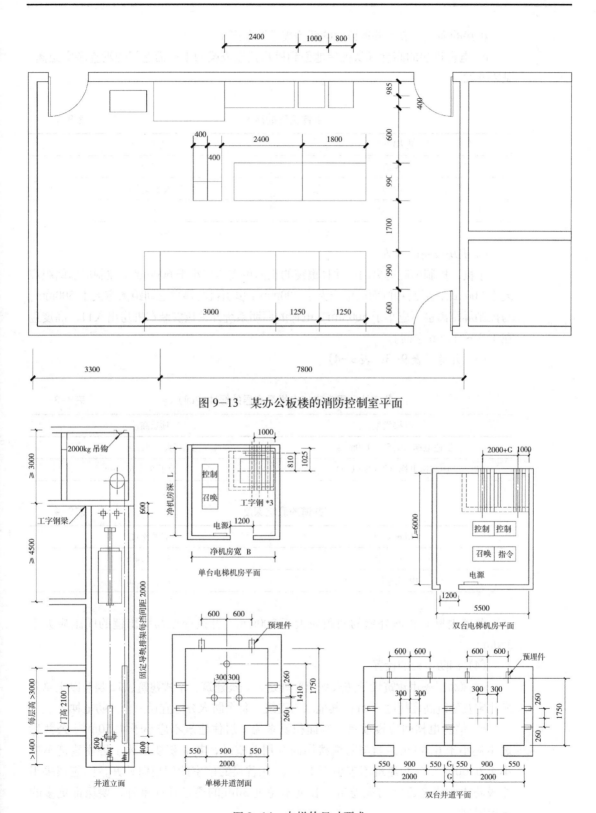

图 9-13 某办公板楼的消防控制室平面

图 9-14 电梯的尺寸要求

机房的面积一般是井道截面的两倍或是两倍以上。

c．电梯机房的高度（从机房地面到机房顶端或梁的下表面之间的垂直净空距离）见表9-2。

电梯机房的高度   表9-2

电梯类型	机房高度
客梯	大于3m
货梯	大于2.5m
杂货梯	大于1.8m

d．机房设备的布置

主机、控制屏应远离门窗并且离窗的正面距离不应小于600mm；控制屏前间距应大于800mm，后面和侧面间距应大于700mm；曳引机与墙壁之间距离应大于500mm，与控制屏距离也不应小于500mm；电梯的照明系统开关应安装在机房出入口，高度应在1.3～1.5m之间。

（3）井道（表9-3、表9-4）

井道的顶层高度（电梯最高层的缓冲空间）   表9-3

电梯类型	顶层高度
低速电梯（0.5～1.0m/s）	大于4.5m
中高速电梯（2m/s以上）	大于5～6m

井道的底坑深度   表9-4

电梯类型	底坑深度
低速电梯	大于1.4m
中高速电梯	大于2.5m

井道内壁与轿厢外壁的间距应大于200mm，井道内壁与平衡锤的间距应大于350mm。

（4）消防电梯的设置

a．《高层民用建筑设计防火规范》规定，一类建筑、塔式建筑、12层及以上单元式住宅及建筑高度超过30m的其他二类建筑，每个防火分区宜设一台消防电梯。

b．消防电梯间应设前室。其面积要求为：居住建筑不应小于4.50m²；公共建筑不应小于6.00m²。当与防烟楼梯间合用前室时，其面积要求为：居住建筑不应小于6.00m²；公共建筑不应小于10m²。在首层的前室的门应向外开，门应该采用乙级防火门或是乙级防火卷帘，长度不超过30m的通道通向室外，要保证更多的逃生时间。

c.消防电梯井、机房与相邻的电梯井、机房之间的井壁或隔墙的耐火极限不低于2.5 小时。若要在防火墙上开洞，应该采用甲级防火门。

d.消防电梯井的底部应采取排水措施，排水井容量不应小于 2.00m³，排水泵的排水量不应小于 10L/s。

e.消防电梯的其他要求

消防电梯轿厢内应设专用电话，并应在首层设供消防队员专用的操作按钮。

2）擦窗机

擦窗机是现阶段最常用的一种设备，它的作用就是维护建筑的清洁，以更好地维护市容环境。

擦窗机是用于建筑物或构筑物窗户和外墙的清洗、维修等作业的常设悬吊接近设备。

按安装方式分为轮载式、屋面轨道式、悬挂轨道式、插杆式、滑梯式等。

（1）水平轨道式

a.布置方式：轨道沿楼顶屋面布置，沿轨道自由行走，完成不同立面的作业。

b.特点：行走平稳，就位准确，使用方便，自动化程度高。

c.适用范围：适用于屋面结构较为规矩、楼顶屋面有足够的空间通道且楼顶屋面有一定的承载能力的建筑物。

d.设计要求：轨道的支撑点不宜过密，间距不小于 1.5m，支撑点之间考虑在最大作用荷载时将轨道简化为简支梁，其轨道的挠度变形不应超过其跨度的 1/500；考虑温度变化引起的轨道的热胀冷缩对轨道连接点和屋面装置所产生的影响，每根轨道段的长度不大于 9m，伸缩缝间隙不大于 3mm，圆弧转弯段轨道不宜设置伸缩缝，并保证两条轨道伸缩缝的位置错开 2000mm 以上；轨道端头应焊接限位挡板，挡板厚度不小于 8mm，宽度不小于轨道宽度，高度应满足限位装置的要求，一般不低于100mm；当轨道在基座外接头时应采用坡口焊接，在轨道底部应搭焊一块长度不小于 200mm、宽度不小于轨道宽加 20mm、厚度不小于 12mm 的镀锌钢板。

（2）附墙轨道式

a.布置方式：轨道沿楼顶女儿墙布置，可沿轨道自由行走，完成不同立面的作业。

b.特点：行走平稳，就位准确，使用方便，自动化程度高。

c.适用范围：适用于屋面结构较为规矩、楼顶屋面有一定的空间通道且楼顶女儿墙结构有一定的承载能力的建筑物。

d.设计要求：墙体结构必须具有足够的高度、厚度和强度，否则将因不能满足预埋件的锚固长度而影响擦窗机的安全，应尽量结合建筑结构将基座设置在结构墙体或较厚的女儿墙上，以减小擦窗机荷载对屋面结构产生的影响；轨道连接处必须打磨光滑，轨道端头应设置厚度不小于 10mm 的端头挡板；必须为设备行走留出足够高度，并充分考虑建筑物装饰占用的空间，以防止设备行走时下部碰到屋面或悬吊平台收回屋面时与建筑物碰撞。

（3）轮载式

a.布置方式：屋面行走通道沿楼顶女儿墙布置，沿通道自由行走，完成不同立面的作业。

b．特点：行走平稳，就位准确，使用方便，自动化程度高。

c．适用范围：适用于屋面结构较为规矩、楼顶屋面有一定的空间通道且楼顶屋面结构有一定的承载能力（刚性屋面）的建筑物。

d．设计要求：此类擦窗机行走通道为刚性屋面，其坡度小于2%；擦窗机吊臂外伸距离较小（一般小于5000mm），整机重量小于5000kg（因设备重量较大时，行走不便）；为使擦窗机作业时就位准确、行走自如，通常在女儿墙或行走楼面上铺设简单的导向轨道。

（4）插杆式

a．布置方式：插杆基座沿楼顶女儿墙或女儿墙内侧屋面布置。插杆换位作业需人工搬移，以完成不同立面的作业。

b．特点：具有结构简单、制造成本低的特点。但插杆、吊船移位麻烦，自动化程度低，作业效率低。

c．适用范围：适用于裙楼、楼顶层面较多，屋面空间窄小，造价要求低的建筑物。

（5）悬挂轨道式

a．布置方式：悬挂轨道沿楼顶女儿墙外侧布置，设备可沿轨道自由行走，完成不同立面的作业。

b．特点：行走平稳，就位准确，使用方便，自动化程度高。

c．适用范围：适用于带帽屋顶结构、建筑物造型复杂别致、楼面错综复杂、单台水平和附墙轨道难以完成或成本较高，且女儿墙有一定的承载能力的建筑物。

（6）滑梯式

a．布置方式：滑梯结构按建筑物屋顶结构设计，滑梯行走有电动和手动两种，可完成不同屋顶和立面的作业。

b．特点：行走平稳，就位准确，使用方便。

c．适用范围：适用于玻璃采光屋顶、球形结构、天桥连廊等建筑物的内外墙清洗和维护作业。

9.3.9　高层建筑的防雷

在一定范围内，建筑越高就越有被雷击中的可能，所以高层作防雷处理很重要，高层住宅楼一般都安有避雷针，以防雷击事故。

1）防雷技术

（1）防雷装置的组成

防雷装置分为雷电接闪器（避雷针、避雷网格和避雷带）、接地装置（地极、接地体）、引下线三部分。

（2）防雷装置的位置

雷电接闪器一般安装在建筑物的屋面上；接地装置一般是设埋在地下；引下线用连接在屋面上的雷电接闪器装置和设埋在地下的接地装置。

（3）防雷装置的设计要求见表9-5。

防雷装置的设计要求　　　　　　　　　　　　　　　　　表9-5

装置	材料	尺寸
避雷针	镀锌圆钢或镀锌钢管	针长 1m 以下：圆钢为 12mm，钢管为 20mm； 针长 1～2m：圆钢为 16mm； 钢管为 25mm； 烟囱顶上的针：圆钢为 20mm
避雷网格或 避雷带	圆钢或镀锌扁钢	圆钢直径不小于 8mm，厚度不应小于 4mm；镀锌扁钢截面不小于 100mm²；架空避雷网的网格尺寸不应大于 5m×5m 或 6m×4m
接闪器		厚度不小于 4mm
引下线	镀锌或涂防锈漆保护的扁钢	截面积不小于 100mm²；采用多根引下线时，在距地面 1.5m 处设断接卡，若易受损的地方在 1.4m 到地面下 0.2m 处，应设保护管
地极	圆钢、角钢、钢管	垂直埋设地下 0.8m 以下；防雷接地装置距建筑物出入口及人行道口应不小于 3m

2）防雷装置的建筑设计要求

（1）高层平屋顶采用避雷针或避雷网格，如图 9-15 所示，水平铺设的避雷带，支架间距约为 1m，转角处变为 500mm。支架用扁钢，并且预埋在女儿墙压顶内。屋顶的金属栏杆也可作为防雷接闪器。

（2）高层建筑的钢结构或混凝土中柱内的钢材也能作为引下线，但必须注意钢材的连接应该是焊接，这样导电性较好，每处引下线的截面积不应小于 100mm²。高层建筑至少有两条引下线，并且引下线之间的距离不大于 24m；如果建筑超过 30m，超过部分每隔 10～12m 还要加设均压环，环间垂直距离不应大于 12m；金属屋面周边每隔 18～24m 应采用引下线接地一次。

（3）可以利用钢筋混凝土基桩作为地极，因此钢筋混凝土基础中的钢筋可以作为防雷装置的接地体。

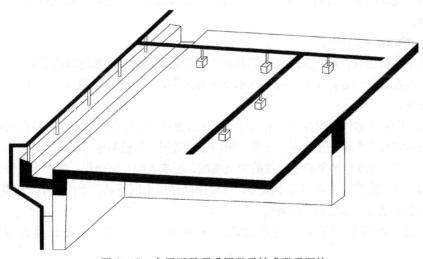

图 9-15　高层平屋顶采用避雷针或避雷网格

3）防雷分类及措施

（1）当第一类防雷建筑物的面积占建筑物总面积的 30% 及以上时，该建筑物宜确定为第一类防雷建筑物。

（2）当第一类防雷建筑物的面积占建筑物总面积的 30% 以下，且第二类防雷建筑物的面积占建筑物总面积的 30% 及以上时，或当这两类防雷建筑物的面积均小于建筑物总面积的 30%，但其面积之和又大于 30% 时，该建筑物宜确定为第二类防雷建筑物。但对第一类防雷建筑物的防雷电感应和防雷电波侵入，应采取第一类防雷建筑物的保护措施。

（3）当第一、二类防雷建筑物的面积之和小于建筑物总面积的 30%，且不可能遭直接雷击时，该建筑物可确定为第三类防雷建筑物；但对第一、二类防雷建筑物的防雷电感应和防雷电波侵入，应采取各自类别的保护措施；当可能遭直接雷击时，宜按各自类别采取防雷措施。

9.4 高层建筑给水排水系统

9.4.1 给水系统

1）给水系统的特点

（1）高层建筑人员众多，功能复杂，需要大量的生活生产用水，因此生活生产供水系统必须十分可靠。

（2）高层建筑楼高人多，疏散困难，火灾蔓延迅速，目前我国消防设备能力有限，因此高层建筑必须保证足够的消防供水。

（3）高层建筑的生活、生产、消防供水系统静水压力大，如果只是一个区供水的话，对管道破坏较大并且影响使用，因此高层建筑要进行合理的竖向分区，采取分区供水。

（4）高层建筑楼层高，设备多，管线长，容易对周围环境造成破坏，产生噪声，因此高层建筑给水系统的设备、水泵、管道等布置必须有一定的防震减噪技术，且位置合理。

2）给水系统的分区

对于高层建筑，给水系统合理的竖向分区是建筑设计中必须解决的重要问题。当建筑物高度超过一定范围时，如不在垂直向分区供水，会使下层给水压力过大，产生许多弊端：

（1）管材、零件等配件受到水压过高，导致维修次数增加，使设备材料费用增加。

（2）容易产生水锤及噪声，水嘴、阀门容易破损，导致漏水，甚至管道损坏。

（3）开启龙头时容易产生水流的射流喷溅，影响人们正常使用，浪费水资源。

（4）高层建筑下层各层出水量大，导致顶部楼层水压不足、水流量小，可能产生水龙头负压抽吸，形成回流污染。

因此，在高层建筑中，居住建筑竖向每 30 ～ 40m 分区，办公建筑竖向每 40 ～ 50m 分区。

3）给水系统的分类

高层建筑给水的基本系统和低层建筑一样，可分为生活给水系统、生产给水系统和消防给水系统。

生活给水系统包括卫生间给水系统，厨房给水系统等。

生产给水系统包括循环冷却给水系统，锅炉房给水系统，观赏水池给水系统等。

消防给水系统包括消火栓给水系统，自动喷淋给水系统，气体和泡沫消防系统等。

4）给水方式

高层建筑的给水可分为高位水箱、气压水箱和无水箱三类给水方式。

（1）高位水箱方式（图 9-16 ~ 图 9-19）

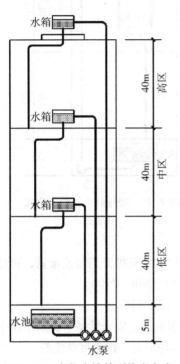 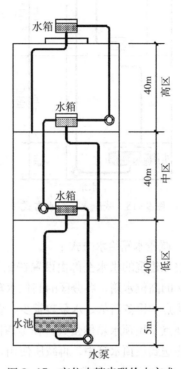

图 9-16　高位水箱并列给水方式　　图 9-17　高位水箱串联给水方式

为保证管网中的水压正常，在每个给水分区上部独立设置水箱和水泵。总的供水方式可分为以下几种：

a. 高位水箱并列给水方式：

独立设置高位水箱给各个分区，在建筑物底层或地下室集中设置水泵，向各个分区供水。

优点：各分区给水系统独立，供水安全可靠，水泵集中管理，泵房占用面积小，当分区合理时节省电量。

缺点：水泵台数多，压水管线较长，部分输水干管需要高压管，设备费用高。

b. 高位水箱串联给水方式：

水泵分散于各分区的楼层中，下一分区的高位水箱兼作上一分区的给水水源。

优点：无高压干管和高压水泵；动力运行费用较少。

缺点：水泵分散设置，易产生噪声干扰，维护不便；水泵房占用面积范围大，平面布置复杂；若下一分区停止运行，上部分区就受到影响，供水可靠性差。

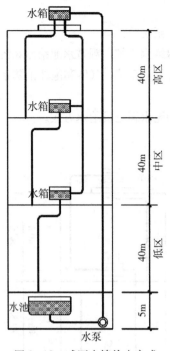

图 9-18　减压水箱给水方式

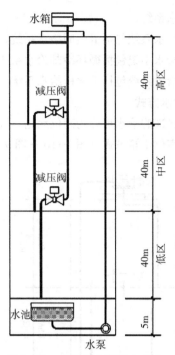

图 9-19　减压阀水箱给水方式

c. 减压水箱给水方式：

整栋建筑的供水全部由设置在底层或地下层的水泵提升到屋顶水箱，再分送到各个分区的高位水箱，各分区的高位水箱只起到减压作用。

优点：设备简单，水泵数量少，费用降低，维护简单。

缺点：屋顶水箱体量大，在地震区对结构影响大，安全性差；供水系统中所有水都要先送到屋顶水箱中，再减压使用，所以有能源浪费，供水可靠性差。

d. 减压阀给水方式：

其工作原理和减压水箱给水方式基本相同，不同之处在于用减压阀代替了减压水箱。

优点：由于减压阀代替了水箱，不占楼层房间面积，简化了设计，国外多采用这种供水方式。

缺点：低分区减压阀减压比较大，对阀后供水存在隐患。

（2）气压水箱方式

取消了高位水箱，而代之以气压水箱，由气压水箱控制水泵工作，同时保证管道中维持一定的水压（图 9-20）。

有两种形式：

a. 并列气压水箱给水方式：每个分区有一个气压水箱，分区明确，但是初始投资大，同时由于水泵启动次数多，所以耗电多（图 9-21）。

b. 气压水箱减压阀给水方式：有一个总的气压水箱，由分区的减压阀控制。此方式可以节省投资，气压水箱大，水泵启动次数较少，缺点是整栋楼一个系统，各个分区间会相互影响（图 9-22）。

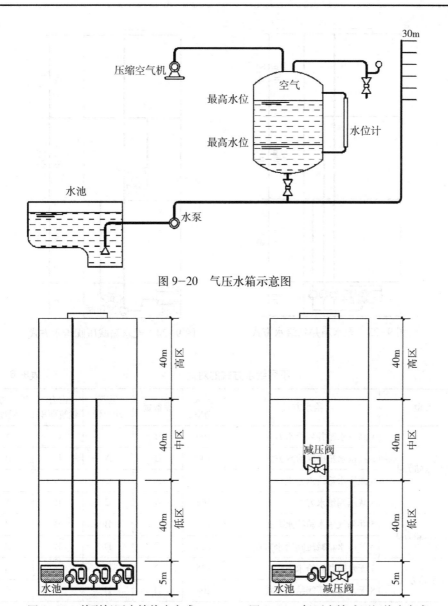

图 9-20　气压水箱示意图

图 9-21　并列气压水箱给水方式　　　图 9-22　气压水箱减压阀给水方式

（3）无水箱方式

随着人们对水质要求的提高，国内外高层建筑采用无水箱的调速水泵供水方式渐渐成为主流。无水箱方式省去了高位水箱，在保证系统压力恒定的情况下，根据供水量的变化，用变频设备来自动改变水泵的转速，来达到较高效率的工作效果。也存在设备昂贵，维修复杂，停电则断水的缺点。

无水箱方式按系统可分成以下两种：

a．无水箱并列给水方式：在不同的高度分区采用不同的水泵组。初始投资较大，但运行费用较少（图 9-23）。

b．无水箱减压阀给水方式：各个分区共用一组水泵，在分区的地方设置减压阀。此方式系统简单，但运行费用较高（图 9-24）。

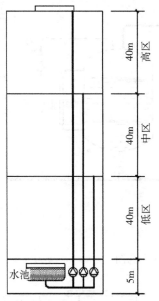

图9-23 无水箱并列给水方式

图9-24 无水箱减压阀给水方式

不同给水方式的对比　　　　　　　　　　　表9-6

类型	给水方式	扬水功率	设备费	运营动力费	占有建筑面积	管理方便程度
高位水箱方式	1 高位水箱并列给水方式	100	B	A	C	A
	2 高位水箱串联给水方式	100	B	A	D	B
	3 减压水箱给水方式	167	A	C	C	A
	4 减压阀给水方式	167	A	C	B	A
气压水箱方式	5 并列气压水箱给水方式	134	C	B	B	B
	6 气压水箱减压阀给水方式	223	C	D	B	B
无水箱方式	7 无水箱并列给水方式	125	D	B	A	B
	8 无水箱减压阀给水方式	208	D	D	A	B

注：表中A、B、C、D为优劣顺序，A为最优。

　　不同给水方式的比较见表9-6。不同给水方式在费用和便利程度上各有优劣，设计中应合理选择合适的给水方式。

5）管道敷设

　　当高层建筑的给水方式确定之后，应根据建筑物的构造、建筑标准规范和供水需求，合理地选择给水管材、敷设管道来满足供水需求，达到安全可靠、经济节省、便于施工维护管理又不失美观的设计要求。

　　（1）给水管材的种类

　　普遍使用的给水管材可分为金属、非金属和复合三大类。

　　a.金属管材

　　金属管材的优点有：优良的机械加工性能，较好的水力条件，较长的使用寿命。

建筑给水系统中常见的金属管材有薄壁不锈钢管、热浸镀锌钢管和铜管三种。

b.非金属管材

非金属管材实质就是各种塑料管。

优点：节约钢材，节能，耐腐蚀，外观光滑美观，比重小，施工运输便利。

缺点：线膨胀系数大，易变形，承压能力有限，抗紫外线能力弱。

目前常见的塑料管有：ABS 塑料管、硬聚氯乙烯管（UPVC）、聚乙烯（PE）、交联聚乙烯管（PEX 聚丙烯管（PP-R）和聚丁烯管（PB））等。

c.复合管材

复合管材是克服了以上两者的缺点又集合了以上两者的优点所结合出来的管道。既保留了塑料管的耐腐蚀、输水性能好的特点，又保持了金属管的高强度。比较常见的复合管有：钢塑复合管、铝塑复合管和铜塑复合管。

（2）给水管材的选择

这里列举的是冷水给水管材的选择。

a.室内明敷或者嵌墙敷设：可以采用塑料管、复合管、薄壁不锈钢管、铜管或经过防腐处理的钢管或热镀锌钢管。

b.地面找平层内敷设：适合用 PE（PEX）管、PP-R 管、PVC-C 管、铝塑复合管、耐腐蚀的金属管。如用薄壁不锈钢管，应防止其与水直接接触。管径均不得超过DN25。

c.室外明敷：通常不宜采用铝塑复合管和给水塑料管。

d.水泵房和水箱间内敷设：用法兰连接的衬塑钢管、涂塑钢管等。

（3）给水管材的敷设

a.对标准较高的高层建筑如饭店、公寓、综合办公楼等，基本采用暗敷。将水平给水管隐藏在顶棚、走廊吊顶、技术夹层或底层楼板下敷设；将给水立管在管道竖井或立槽内敷设。

b.对普通高层建筑如住宅、旅馆、办公楼等，可采用主要房间暗装，或者干管暗装、支管明装等敷设方式来降低造价，而且便于安装和维修。

给水管网敷设可以按照高层建筑的总体规划、建筑装修的要求、卫生设备分布情况，灵活处理，满足装修、隔声、防震、防露的要求，同时又便于安装、施工和维修。

9.4.2　热水系统

为了保证高层建筑的用户能按时得到达到要求的热水，高层建筑热水系统的基本要求就是设计符合要求的水量、水温、水压和水质的热水。在设计中，应综合考虑设备安全性、先进性、设备一次性投资和占用地面积等因素，合理选择。节能方面的主要措施有：提高给水温度、降低使用温度、减少热水耗量、采用高效节能保温材料减少热损失、改进加热方式和热水系统、提高水加热器的传热效率等。

1）热水供应系统

（1）热水的用量标准、水温、水质、管道

a.热水用量标准是由建筑性质、卫生器具设置水平和使用人数来确定的。几种常见的建筑指标如下：集体宿舍 35～50L／人·日；住宅 75～100L／人·日；旅馆120～150L／人·日；旅馆（集体洗浴室）60～20L／人·日，旅馆（带小卫生间）

150～200L/人·日。

b．热水水温是国家规范规定的，供水点的出水温度应为60℃。

c．热水水质必须依照《生活饮用水卫生规程》的规定。同时，生活用水还应多加处理，应符合水的暂时硬度要求，不然容易积垢。

d．热水管道使用寿命一般在10年左右。

(2) 热水供应系统的类型

a．局部热水供应系统：

局部热水供应系统就是不用管道进行长距离输送，各单元独自烧水。

优点：简单的设备，低造价的管网，容易维护管理，热损失小，灵活度大。

缺点：加热器效率低，热水成本高，使用舒适度不够等。

随着家用设备的改进，电热水器越来越普及，体量越来越小，系统越来越简化。常用的加热器有太阳能热水器、电热水器、燃气热水器和蒸汽热水器。

b．集中热水供应系统：

集中热水供应系统就是将冷水集在锅炉房或加热器中集中加热，再分送至各用水点。

优点：热效率高，热水成本低，管理方便，使用舒适度高。

缺点：设备系统复杂，一次投资大，维护人力大，管网长而热损高，改进和扩建的空间有限。

集中热水系统适用于热水用量大且比较集中的建筑，如较高级别的居住建筑、旅馆宾馆或者大型饭店等公共建筑。

c．区域热水供应系统：

区域热水供应系统即一个区域统一供应热水。具体是指利用废热、工业余热或者地热等集中加热站、城区区域性锅炉房、热交换站等设施将冷水集中加热后再通过市政或者小区管网输送到建筑的热水系统。

优点：节约环保，自动化程度高，方便管理，热水成本低，舒适度高。

缺点：设备系统复杂，投资高，扩建难。

适用于小区，建筑集中，热水用量大的城市或者工业企业。

2) 供水方式

高层建筑热水系统供水应竖向分区，其分区原则和方法要求与冷水给水系统一样。

由于高层建筑热水系统与一般建筑类似，因此，供水方式可以按以下几种方式分：

(1) 按设置方式分类

a．集中加热分区热水系统（图9-25）

把各区域加热设备集中设置在地下室等附属建筑内，加热后的热水再分别送往各区域供用户使用。

优点：管道短，集中可以减少噪声，维护方便。

缺点：高、中区域的加热器会受到很大的压力，钢材消耗大。

因此，这种系统适合3个竖向分区以下的高层建筑，不适合超高层建筑。

b．分散加热分区热水系统（图9-26）

按分区将加热器分别设置在各自区域的上部或者下部，加热后再沿本区管道送至

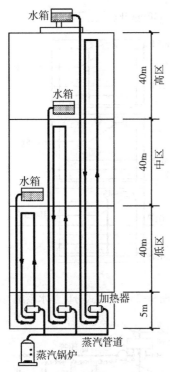

图 9-25　集中加热分区热水系统

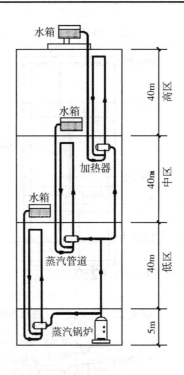

图 9-26　分散加热分区热水系统

各区域供用户使用。

优点：设备压力较低，造价也较低。

缺点：设备分散，维修管理不便，管道长。

这种系统适用于超高层建筑。

（2）按设备位置分类

在高层建筑中，各分区加热设备的位置取决于技术层的位置，根据技术层的位置可分为：

a. 下置式分区热水系统（图 9-27）。

b. 上置式分区热水系统（图 9-28）。

（3）按供水方向分类

高层建筑最好采用有循环的下行上给或者上行下给的热水供应方式。

按管网供水方向分，有以下四种：

a. 没有循环管的热水供应。

b. 有总循环管的热水供应。

c. 下行上给水（图 9-29）。

d. 上行下给水（图 9-30）。

3）加热方式

（1）直接加热（图 9-31）

优点：能量利用率高，加热速度快。

缺点：噪声干扰大。

223

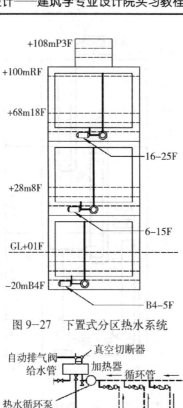

图 9-27　下置式分区热水系统

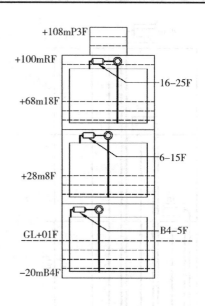

图 9-28　上置式分区热水系统

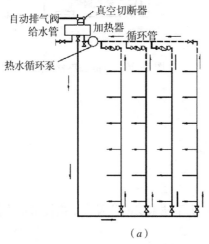

图 9-29　下行上给水

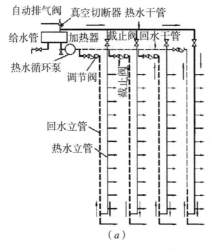

图 9-30　上行下给水

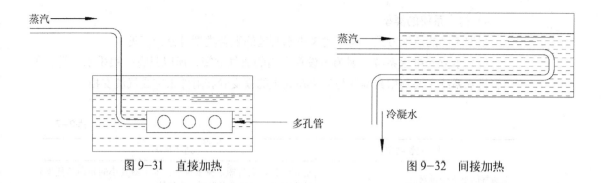

图 9-31　直接加热　　　　　　　　　图 9-32　间接加热

（2）间接加热（图 9-32）

优点：可利用废热、废气或其他余热，噪声小。

缺点：热量低。

在医院、旅馆和住宅等建筑中，应用广泛。

4）供水分区

热水系统的供水分区与冷水系统一致。

9.4.3　排水系统

1）排水系统概述

大部分高层建筑都是公共办公建筑和住宅建筑，其排水系统主要涉及生活废水、粪便污水、雨雪水和设备设施的排水。

2）排水系统的分类

根据排水的来源和水质被污染程度可分为：

（1）生活污水排水系统：排除大小便器等卫生设备排出的污水。

（2）生活废水排水系统：排除洗脸、洗浴等设备排出的洗涤废水以及洗衣房、游泳池等其他设备排放的废水。

（3）屋面雨水排水系统：排除屋面雨水、雪水的排水系统。

（4）特殊排水系统：排除空调、冷冻机、锅炉、冷却塔等设备排出的废水以及车库、洗车场排出的汽车废水，还有餐厅、食堂排出的含油废水和医院的污水等。

3）排水管道的特点

高层建筑排水系统中的排水管道除了一般建筑的设备管道外还具有自身的一些特点：

（1）排水点多，卫生器具较多，排水水质差异较大

原因：高层建筑通常因为体积大、功能复杂、建筑标准高，导致用水设备类型多，排水点的位置不均匀，水质差异自然也大，排水管道类型多。

（2）排水立管长，水量大，流速高

原因：由于建筑高度高，高层的污水汇入下层的立管和横干管中，因此水量和流速都会被提高。

（3）排水干管服务范围大

原因：高层建筑体积大，所以在会有较长的排水横干管用来管道转换，同时沿路收集与之水质差异小的立管排水。

4）排水系统的类型

根据不同的通气方式，高层建筑排水管道的组合类型可分为三类：

（1）单立管排水系统：因为不设置专用的通气立管，所以只有一根排水立管。单立管排水系统主要利用其本身与连接在其上的横支管和附件来完成气流交换。

表9-7

排水立管类型	适用情况
无通气的单立管排水系统	适用于排水立管短，排水量小，卫生器具小的屋顶不便出管的高层建筑裙房或者附属多层建筑
有伸出屋顶通气的普通单立管的排水系统	同样适用于高层建筑裙房或者附属多层建筑，同时也适用于排水量较小、排放水质较清洁的高层建筑
特制配件的单立管排水系统	适用于高层建筑和裙房

（2）双立管排水系统：由一根排水立管和一根专用通气管组成，利用通气管和大气进行气流交换，也可以利用通气管自循坏通气。

（3）三立管排水系统：有两根排水立管，它们共用一根通气立管。

5）特殊类排水系统

目前应用最广泛的排水系统是重力流系统，它具有节能和管理简单等优点。但是当无法采用重力流排水系统时，还可以采用以下两种特殊的排水系统：

（1）压力流排水系统

有微型污水泵设置在卫生器具排水口下，靠微型污水泵启动加压来为卫生器具排水，使排水管内变为压力满流。

（2）真空排水系统

在排水系统的末端设置真空站。卫生器具排水时，真空阀打开，真空泵启动，将污水抽到真空收集器中暂存，定期由污水泵再将污水送到室外。

6）卫生间的布置

（1）卫生间的面积

普通住宅、公寓或旅馆的卫生间面积以 $3.5 \sim 4.5m^2$ 为合适，但是，实际情况中应根据当地条件、生活习惯和卫生器具数量来确定。

（2）卫生器具

应按照建筑标准而定。

住宅卫生间：应设坐便器、洗脸盆和沐浴设备，同时应该预留洗衣设备的位置。

旅馆卫生间：应设坐便器、浴盆和洗脸盆。

办公楼卫生间：女卫生间应设置大便器、洗手盆，男卫生间内还应设置小便器。

（3）卫生间的布置形式

卫生间的布置形式首先应根据卫生间器具的尺寸和数量合理布置，同时要考虑排水管的位置。对于室内粪便污水与生活废水分流系统，排除生活废水的器具或设备应该尽量地靠近，这样有利于管道的布置与敷设。

7）排水管道的布置

在排水管道布置上，高层建筑不同于一般建筑的特点：

（1）高层建筑体量大，建筑的不均匀沉降可能会导致户管平坡或者倒坡。

（2）暗装管道多，建筑吊顶高度有限，所以横管敷设会受到限制。

（3）人员多，若卫生器具使用不合理，不及时冲洗或者管理，容易导致淤积堵塞。

（4）排水横支管多，立管长，流量大，排水管内气压波动大。

因此，高层建筑排水管道在布置与敷设中会面临许多实际问题，所以对它的要求更高。

8）排水系统实例

几种通气管系统图（图 9-33）

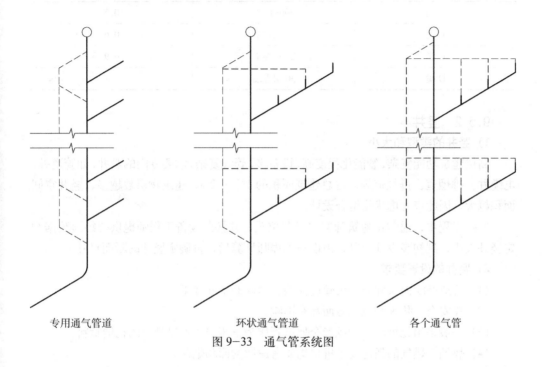

专用通气管道　　　　　　　环状通气管道　　　　　　　各个通气管

图 9-33　通气管系统图

9.5　设备层与竖井

9.5.1　设备层

1）设备层的定义

设备层是指建筑物某层的有效面积大部分用于空调、给水排水、电气和电梯等设备布置的楼层。

2）设备层的功能

高度在 30m 以下的建筑物通常利用地下室或屋顶层作为设备层。

（1）有水泵房和配电间的楼层。

（2）消防逃生（特别指高层楼房）层。

（3）消防设备设施层（消防备用水箱、消防稳压水泵）。

（4）暖气供水、回水管道等。

（5）电梯设备机房。

（6）生活供水管道层（高层楼房采用分段供水方式）。

3）设备层的类型

为保证设备用房的竖向分区以及空调设备的耐压大小及风道、设备所占空间，会设置中间设备层（表9-8）。这样的布置可以减少系统风道占用建筑面积。通常每隔10～20层设置一个中间设备层。

设备层布置类型 表9-8

类别	高度	水压（MPa）
A 类	30m 以下	0.5
B 类	15 层左右	0.6
C 类	25 层左右	0.9
D 类	30 层左右	1.1

9.5.2 竖井

1）竖井的类型和大小

高层建筑功能复杂，智能化程度高，设备多，管线复杂，需要专门的竖井，如管道井、电缆井、排烟道、排气道等，占总建筑面积的1%～2%。建筑物层数越多，竖井空间面积越大，因此应考虑优化组合设计。

实际工程中，通常由建筑师初定竖井位置，并按照设备工程师提供的经验数据初定竖井大小，到初步设计阶段，由设备工程师计算后，再确定竖井的断面尺寸。

2）竖井的设置要求

（1）管道井断面尺寸应满足管道安装、检修的空间要求。

（2）在安全、防火和卫生方面互有影响。

（3）一般采用无机玻璃钢或者金属风管作为正压送风和排烟道的构造材料。

（4）燃油、燃气的任何设备机房均要考虑散烟面和烟囱。

（5）高层建筑不设置垃圾管道时，每层应设置封闭的垃圾分类、贮存收集空间，并宜有冲洗排污设施。

（6）采暖供回水总立管、给水总立管、消防立管、雨水立管和电气干线管道等，应设置在公共管道内，不应布置在住宅套内。

第 *10* 章

高层建筑造型设计

10.1 高层建筑体形设计的发展历程
  10.1.1 高层建筑体形发展的五个
      时期
  10.1.2 高层建筑体形的发展趋势
10.2 高层建筑平面和形体的影响因素
  10.2.1 项目设计纲领影响高层建
      筑的平面和形体构成
  10.2.2 功能排布影响高层建筑的
      平面和形体构成
  10.2.3 基地现状影响高层建筑的
      平面和形体构成
  10.2.4 周边环境影响高层建筑的
      平面和形体构成
  10.2.5 结构和技术影响高层建筑
      的平面和形体构成
  10.2.6 设计创意影响高层建筑的
      平面和形体构成

10.3 高层建筑形体类型
  10.3.1 纯几何体
  10.3.2 象征形
  10.3.3 流动形
10.4 高层建筑形体设计
  10.4.1 高层建筑的主体造型类型
  10.4.2 典型的高层建筑造型形式
  10.4.3 灵活多变的高层建筑造型
      形式
10.5 高层建筑外围护设计
  10.5.1 高层建筑外围护设计概述
  10.5.2 高层建筑外围护系统与环
      境的关系
  10.5.3 高层建筑外围护系统的技
      术运用
10.6 优秀学生作业讲评

高层建筑以往被称作"摩天大楼"（skyscraper）。高层建筑平面大部分为正方形，但也有圆形、三角形、多边形等形式。建筑外立面种类丰富多变。高层建筑的体形设计"有法而不定法"，它的诞生改变了城市的面貌，创造出了动感的天际线，成了市民和建筑师热议的永恒主题。

10.1　高层建筑体形设计的发展历程

18 世纪末，欧洲和美国的工业革命带来了生产力的发展和繁荣，随着城市化进程的高速发展，为了提高土地的使用效率，建筑开始向高空发展。随着科学技术的不断发展和更新，各种建筑材料、施工方式为高层建筑的发展提供了物质基础。

10.1.1　高层建筑体形发展的五个时期

1）芝加哥派时期（1865 ~ 1893 年）

1885 年芝加哥建成的家庭生命保险大楼被认为是世界第一栋真正的高层建筑（图 10-1）。

2）古典复兴时期（1893 年至第一次世界大战前）

随着城市人口密度的不断增长、电梯的发明以及钢材结构的出现，高层建筑开始在美国普遍出现。

3）摩天楼时期（第一次世界大战后至 1929 年前后）

这一时期，一些国家的大城市开始兴建高层建筑，一般形体较为规整，外立面仍沿用古典时期多层建筑的处理手法，立面呈现三段式，顶部带有装饰。

1930 年于纽约建成的克莱斯勒大厦（Chrysler Building），其立面竖向为三段式——基座、墙身、顶部，熟练运用古典划分的手法。横向仍采用三段式划分，两侧横线条，中部竖线条。顶部内收的圆柱形尖塔，是古典时期高耸钟塔的一种再现（图 10-2）。

纽约帝国大厦、洛克菲勒中心、东京帝国旅馆、上海中国银行、国际饭店都是这一时期的作品（图 10-3）。这时期的高层建筑一般具有庄重的性格特点。

4）现代主义时期（第二次世界大战后至 20 世纪 70 年代）

这一时期，高层建筑的关注点集中在功能分布和对材料、结构的应用上，钢结构玻璃盒子是这一时期的主流设计风格。这一时期主张创新，"形式追随功能"等名言反映了当时的建筑风格。另外，幕墙广泛应用，由柱和钢窗组成富有韵律感的立面形式。建筑造型多选择从底到顶连续的垂直集合体造型。"二战"后，框架结构、平屋顶、板式建筑被广泛地应用于高层建筑，整体形式简洁、新颖，而传统的三段式建筑已逐渐消失，如 1950 年建成的纽约联合国秘书处大厦（图 10-4），1952 年建造的广受好评的利华公司办公大厦（Lever House，图 10-5），1958 年建造的纽约希格拉姆大厦（图 10-6）等都是这一时期典型的代表。

图 10-1　芝加哥家庭生命保险大楼

图 10-2　克莱斯勒大厦

图 10-3　上海中国银行

图 10-4　纽约联合国秘书处大厦

图 10-5　利华大厦

图 10-6　希格拉姆大厦

　　70 年代，高层结构理论日趋成熟，工程技术飞速发展，高层建筑的高度增长很快。人们开始强调高层建筑的可识别性，体形设计倾向于传统继承和块体雕塑，高层建筑的体形设计日趋丰富。1968 年于芝加哥建成的约翰·汉考克大厦（图 10-7），1973 年建造的纽约世界贸易中心大厦是这一时期的精品（图 10-8）。

　　5）后现代时期（20 世纪 70 年代至今）

　　这时期建筑造型风格多样，多元化发展，既强调历史形式又突出个人风格，提高对环境和空间的关注度，向生态城市、生态建筑方向发展。SOM、KPF、诺曼·福斯特事务所是当代高层建筑设计的代表公司。在生态建筑方面，福斯特事务所在 1997 年设计的德国法兰克福商业银行成了这方面的代表性建筑（图 10-9），高度约为 300m，在空间、结构和节能方面做出了有益的探索。李祖原设计的台北 101 大厦，通过空中大厅对大楼进行区域划分，造型上体现了中国古塔的特点（图 10-10）。

图 10-7　约翰·汉考克大厦　　　　　　　　图 10-8　纽约世界贸易中心大厦

图 10-9　德国法兰克福商业银行　　　　　　图 10-10　台北 101 大厦

10.1.2　高层建筑体形的发展趋势

　　高层建筑体形的发展经历了从繁到简再到繁的三个过程，每个过程的变化都有成熟的技术支持作为高层建筑发展的后盾，建筑体形的变化只是高层建筑发展的一个方面。高层建筑总的发展趋势呈现为一体化、集群化、生态化。高层建筑造型在适应高层建筑总的发展趋势的前提下，关注城市环境、个性表达、概念展现等。

10.2　高层建筑平面和形体的影响因素

10.2.1　项目设计纲领影响高层建筑的平面和形体构成

在高层建筑建造前，一般会进行可行性研究，用以对项目进行经济性和技术性的综合论证，以避免项目的风险性和盲目性。一般在建设工程中，项目设计纲领的设定由建筑师和业主共同制定。业主根据自己的建设目标规划设计纲领的内容，建筑师应协助业主，保证设计纲领的合理性。设计纲领的设定应以该地段的总体规划为前提，建筑师通过实地调研，运用计算机、数理统计等手段对地段做出客观评价，将总体规划的内容转化为具有指导性的信息。好的设计纲领制定得比较具体且结合实际，是建筑师形体构思的基本依据，建筑师自身也可提出创新性内容。一般而言，设计纲领往往对平面轮廓和造型会产生重要影响，为建筑物的雏形奠定基调。

10.2.2　功能排布影响高层建筑的平面和形体构成

沙利文提出"形式追随功能"，外部造型应是内部功能的合理表现，这点体现了追求建筑真实美的设计原则。但建筑师不能纯粹追求功能，这样会造成建筑形体的单调、空洞。造型与内部功能密不可分，但仍具备很大的发挥余地，优秀的建筑师能准确、巧妙地把控形式与功能的关系。

如今的高层建筑大多由单一功能的竖向体块和功能复杂的横向体块构成。竖向体块体现建筑整体造型的高耸感和时代气息，内部功能一般以写字间、客房、公寓为主，内容比较单一，易于形成统一、富有韵律的形体形式。横向体块一般扁平舒缓，与竖向体块形成鲜明对比，整体造型丰富，内部功能一般较为烦琐，复杂多变。图为中关村

图 10-11　中钢大厦

中钢大厦，中钢大厦是一座综合性建筑，配套设施齐全，是一座集酒店、办公、旅游观光于一体的综合性超高层建筑。横向体块的空间容纳了餐饮、娱乐、会议等功能，竖向体块空间的功能集中于办公及客房设计（图 10-11）。

10.2.3　基地现状影响高层建筑的平面和形体构成

高层建筑的最大特点是：在有限的地段内，使建筑空间向竖向拓展，提高土地的使用效率，同时尽可能多地创造外部空间和绿化面积。由于建筑基地的状况各不相同，建筑师应充分考虑基地的大小、形状、方位、周边环境，设计合理并满足视觉审美的建筑形式。

一般来说，基地类型可分为三类。第一类为规整的方形基地，这类地形大多适宜建造塔楼，以合理利用地形，降低对周边环境的影响。第二类为狭长形基地，这类地形以板式建筑为主。第三类为不规则形基地，这类地形难度较大，对建筑形体影响较为深远，但同时也是创作余地最大的基地面。对这样的地段，建筑师应充分理解基地现状，从功能到造型，做出合理的分析和取舍，实现最终设计。

233

图 10-12　熨斗大厦

图 10-13　波士顿汉考克大厦

美国纽约高层建筑大多集中于曼哈顿地区，该地区街道为纵横交错的棋盘式网格划分，每个格子中的高层建筑都严格受到基地的限制。其中与基地结合最为经典的实例是熨斗大厦（图 10-12），该地段受到百老汇大街斜向切割的影响，形成了狭窄的三角形基地，建筑师巧妙利用地形特点，建造了一座与环境结合紧密的建筑。美国波士顿汉考克大厦造型简洁，全玻璃幕墙将周边建筑及天空反射于简洁的建筑立面上，与环境有机结合（图 10-13）。

10.2.4　周边环境影响高层建筑的平面和形体构成

"人·建筑·环境"三者融为一体是现代建筑理论所提出的。现代建筑大师中，赖特首先提出"有机建筑"，认为建筑是基于环境，从环境中自然生长而成的。流水别墅的纵横交错及建筑材质的选择，充分体现了建筑与环境的关系。建筑周边的环境包括地形、地貌、气候、景观、现有建筑的类型、高度、风格及该地区未来的规划方向等。高层建筑相对城市中的其他建筑，体积庞大。高层建筑的选址、造型、材质对周边环境影响重大。如何巧妙利用周边环境，降低高层建筑给周边环境带来的压抑感，降低高层建筑对周边建筑的遮挡，是建造高层建筑的建筑师应该思考的问题。因此，考虑如何处理高层建筑与周边环境的关系对建筑师是至关重要的。

（1）城市环境对高层建筑的影响

在人口密度高、城市空间紧张的地区，高层建筑已成为该地区的主要建筑形式之一。中国香港地区、美国曼哈顿地区，人口众多，为了有效提高城市的接受力，高层建筑被广泛应用，从而让城市向空中发展，解放了地面空间，在一定程度上舒缓了因人口众多而造成的城市密度过大。

（2）气候环境对高层建筑的影响

气候环境对建筑的整体造型和材料构成至关重要。热带地区气候炎热，建筑应注重通风、遮阳，严寒地区的建筑要做好保温，外墙开窗面积应有所控制。高层建筑应为使用者提供舒适、安全的使用空间，适应当地气候特点，有机发展建筑形式。

（3）群体布局对高层建筑的影响

建筑师应为人类创造出舒适的人居环境，其中包括适宜的建筑高度、尺度舒适的空间环境、充足的阳光、优美的街道等。因此，在城市规划阶段，建筑群体如何布局、高层建筑如何有机植入，对高层建筑的单体设计至关重要。高层建筑因其本身的形体特征，在其一侧会产生大片阴影区，在空气湿度较大的城市中，该片区会形成终年阴冷的环境，严重影响周边建筑的质量。高层建筑间距过于狭窄，在大风多发区，会形成若干风口，过快的风速及呼啸的风声对周边环境影响重大。因此，高层建筑的群体布局应与周边环境结合，制定出合理的高层建筑布局和规模。

10.2.5　结构和技术影响高层建筑的平面和形体构成

结构、技术的发展与革新，常成为建筑形式的创作与飞跃的前提。曾经有人说过，一个好的结构设计必然具有美的形象表现力，好的建筑总是以好的结构为基础的，美的形象总是由结构的精炼来决定的。一个建筑师应该具备更多的关于结构、材料、技术方面的知识，从多方面提高自身的造型能力，开拓自己的方案思路。高层建筑的艺术形象与结构体系相结合的设计思路，已成为国内外建筑师争相采用的建筑形式（图 10-14）。

10.2.6　设计创意影响高层建筑的平面和形体构成

决定建筑形体的因素，除了物质基础外，建筑师的主观能动性也起到了决定性的作用。建筑形体与建筑师的经历、个性和当地的风土人情密不可分。建筑设计是一种体现造型思维的过程，其创作源于

图 10-14　香港汇丰银行

生活。高层建筑的构思是建筑师在一定约束条件下创造力发挥的结果。因为艺术不是抽象的，而是寓理念于现实存在之中（图 10-15）。

图 10-15　各种赋予创新的造型

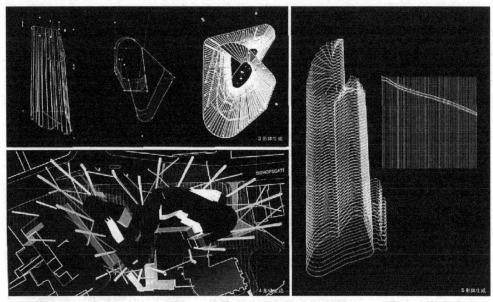

图 10-15　各种赋予创新的造型（续）

10.3　高层建筑形体类型

建筑空间的构成千变万化，高层建筑由于其特殊性而使得平面形式的选择种类繁多，但建筑师在选择形体时，应注重平面形式的可行性和经济性。由于受到多方面的影响和约束，高层建筑的体形千变万化，但大体可分为三类：纯几何体、象征形、流动形。

10.3.1　纯几何体

高层建筑是一种需要大规模施工的建筑物，规整的几何形体，易于施工，因此在实际工程中常被采用。纯几何体是构成建筑形体的基本单元，复杂的建筑形体多是由不同的几何体拼接、组合而成。

高层建筑主体部分的各层平面轮廓基本相同，形体具有一定的规律性和韵律感。总的来说，纯几何体的高层建筑，其主体造型更加强调建筑的整体性、外轮廓的线条感以及时代感。美国 S·O·M 事务所有大量的成功之作，经典之作是美国芝加哥西尔斯大厦。大厦的首层平面为 9 个方形拼接成的规整几何体，每个方形体块高度不同，形成错落有致的外轮廓效果，强化了建筑的整体感，同时又避免了呆板生硬的造型效果（图 10-16）。上海浦东的金茂大厦和英国格拉斯哥克莱德河畔高层住宅都采用了几何体拼接的方式，塑造了令人耳目一新的建筑形体（图 10-17、图10-18）。

10.3.2　象征形

象征体是指借助建筑形象来表达某种思想或主题。建筑应具有自身的精神属性。高层建筑本身就是一种象征性的建筑物，它表现了人们对宏伟建筑的向往，对地标性建筑的追求。因此，每一座高层建筑的诞生都会成为这个城市、地区关

图 10-16　上海金茂大厦

图 10-17　西尔斯大厦

注的焦点。

　　现代高层建筑造型的象征意义屡见不鲜。建筑造型具有明显的政治色彩；建筑造型纪念历史事件或历史人物；建筑造型象征民族传统和文化精神等常是象征性建筑采用的主题。福斯特及合伙人事务所设计的美国纽约世界贸易中心二号塔包含着纪念和再生的双重含义，格林尼治大街 200 号的独特区域位置赋予了大楼钻石般璀璨的顶部造型，从街区的任何角度看二号塔，它都是纪念公园所在地极具象征性的标志建筑（图 10-19）。大都会建筑事务所的法国巴黎拉德方斯观光大厦概念设计，该建筑作为重要的公共建筑，试图以旁观者的态度整合周边区域，使其成为进入拉德方斯这一城市板块的重要通道（图 10-20）。

图 10-18　英国格拉斯哥克莱德河畔高层住宅

10.3.3　流动形

　　近几年，一种新的设计手法在国内崭露头角，即非线性设计。借助计算机创造出令人瞠目的建筑形式。在高层建筑设计领域，这种设计手法通过对一系列参数的分析，营造出了极富动感的建筑造型。MAD 建筑事务所设计的梦露大厦，建筑师运用特别的设计手法表达了建筑的复杂性、多元化，通过不同高度、不同角度的逆转，呼应不同高度的景观文脉（图 10-21）；RMJM 事务所设计的阿联酋阿布扎比资本中心塔，其充满诗意和动感的建筑形式给人留下了深刻的印象（图 10-22）。国外许多设计师吸收相关建筑理论并运用在了设计实践中，但在国内，大多数项目仍局限于形式，缺乏研究。

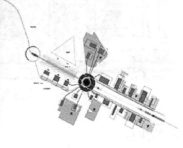

图 10-19　美国纽约世界贸易中心
二号塔

图 10-20　法国巴黎拉·德方斯观光大厦概念设计

图 10-21　MAD 建筑事务所设计的
梦露大厦

图 10-22　RMJM 事务所的阿联酋阿布扎比
资本中心塔

10.4　高层建筑形体设计

高层建筑经常作为一个地区或一个城市的象征性建筑物，形体外观经常作为城市文化的一种展现。高层建筑的造型虽千变万化，但大致可概括为下列两种：一种为典型的造型形式，由裙房、主体、顶部三部分构成；另一种则没有明确的分段形式，建筑形体灵活多变，是现代建筑师较青睐的一种造型形式。

10.4.1　高层建筑的主体造型类型

较典型的高层建筑主体造型类型有两种：板式高层和塔式高层。高层建筑主体造型多是在这两种的基础上演变形成的。

1）板式高层

板式高层是指高楼楼身标准层平面的纵向长度比横向进深尺度大很多，板楼伸展面通过对窗的排布以及材质的处理，易形成有韵律、层次丰富的造型特征。板楼特殊的平面形式较适宜酒店客房和办公楼的功能布局，但由于伸展面过宽且高度较高，对城市建筑的遮挡影响较大。

2）塔式高层

塔式高层是指建筑标准层平面长与宽的尺度等同或相差并不悬殊，而楼的高度又甚大于平面的长或宽，一般称为塔式高层。塔式高层因其合理的长宽比例，结构稳定合理，是高层及超高层建筑经常选用的一种造型。较集中的建筑基底面积可有效减少对城市用地的占用，高层塔式建筑形成的阴影细窄，对城市建筑的遮挡影响较小。

10.4.2　典型的高层建筑造型形式

1）高层建筑底部及裙房的造型设计

底部及裙房是高层建筑的基础，在造型设计上，底部造型可以是建筑整体造型的基础，造型相对独立，也可以与建筑浑然一体，巧妙衔接。

2）高层建筑主体造型设计

高层建筑主体设计即高层建筑楼身造型设计，多为标准层的重复或渐变设计。这一部分通常会表现出建筑的高耸、向上的形态，是高层建筑造型塑造的重点。

3）高层建筑顶部艺术表现

高层建筑顶部是高层建筑造型表现的终端，顶端造型的独特设计对建筑整体造型起到升华的作用。顶部造型要结合结构、设备的需求合理设计。高层建筑顶部造型的表现常常与旋转餐厅、屋顶花园等特殊功能的建筑形式结合塑造。

10.4.3　灵活多变的高层建筑造型形式

这类高层建筑的造型变化丰富，没有固定的模式。其中，具象形的典型代表是迪拜的帆船酒店，这座建筑由英国设计师 W.S.Atkins 设计，外观如同一张鼓满了风的帆（图 10-23）。追求简洁、理性的建筑造型，越来越受到建筑师和使用者的青睐，设计师采用对某一基本单元的复制组合或基本单元的渐变组合，创造简洁却不单调的设计风格。追求动感的建筑形式，多以流线形和折线形作为建筑造型的主要元素，并与功能开窗结合设计（图 10-24）。

图 10-23 迪拜的帆船酒店 　　　　　　　　　　　图 10-24 中钢大厦

10.5 高层建筑外围护设计

10.5.1 高层建筑外围护设计概述

高层建筑表皮设计是近年来建筑设计的热门，同一建筑，由于表皮的不同，给人的印象是不同的。赫尔佐格和德梅隆是著名建筑师中善于利用表皮表现建筑的代表。作为建筑师，对建筑外围护的关注不应局限于表皮，要关注外围护整体结构的衔接形式、表皮与内部空间的结合、建筑材料的自身特性等，从绿色节能的角度思考表皮的形式，丰富高层建筑的体形。

10.5.2 高层建筑外围护系统与环境的关系

高层建筑对周边环境会产生很大的影响，这里的环境主要指物理环境。物理环境是指建筑所处地段的气候条件，包括热辐射、日照、风速、风向等。确定高层建筑朝向时，要结合当地气候条件，确定日照影像图，满足冬天的日照时间并减少夏季的日辐射，从而选择有利于建筑各个立面的建筑材料和材料做法。由于高层建筑会将高空强风引至地面，局部强气流会带来不舒适感并影响行人安全，高层建筑因对空调和照明等能源需求大，会产生大量热辐射，是城市热岛现象形成的原因之一，因此高层建筑的设计与周边物理环境息息相关。

在关注建筑与物理环境的设计中，英国著名事务所福斯特及合伙人建筑师事务所利用计算机模拟技术，分析建筑周边的生态环境，从而根据数据对建筑的平面和造型进行有机设计。例如伦敦市政厅的建筑造型设计是通过对遮阳和采光的分析最终确定的（图 10-25），著名的生态建筑伦敦瑞士再生保险公司总部大厦，是通过对周边风环境和建筑内部通风环境的分析，确定了子弹的造型（图 10-26）。

10.5.3 高层建筑外围护系统的技术运用

1）外围护材料的选择

常用的建筑外围护材料有玻璃、石材、金属、膜及其他人造合成的材料。玻璃幕墙是建筑外围护中最常采用的形式。

（1）明框幕墙：玻璃四边通过压条固定于金属框架上，技术简单可靠，造价比较经济（图 10-27）。

（2）隐框幕墙：玻璃四边通过结构胶黏结于金属边框上形成小块单元，单元整体

图 10-25　伦敦市政厅

图 10-26　伦敦瑞士再生保险公司总部大厦

悬挂固定于金属支撑结构上，对结构胶凝结的要求较高，安全系数相对较低，而且价格较高（图 10-28）。

（3）全玻璃幕墙和点式玻璃幕墙：利于营造通透的效果，造价高。

（4）双层通风幕墙：两层玻璃幕墙中间是空气通道，可安装遮阳设施，利用幕墙系统本身的"呼吸"通风实现温度的调节，隔声效果显著，节能效果最佳，但造价非常高昂（图 10-29）。

2）细部设计

目前中国很多建筑师只设计外围护材料和立面划分，大部分外围护的技术问题都由承包商在建筑设计的基础上进行二次

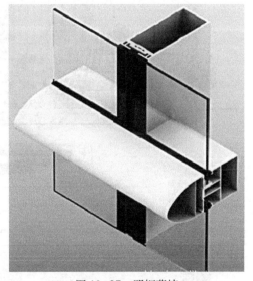

图 10-27　明框幕墙

设计，但实际上，确保建筑的外观效果、技术性能和安全性，与外围护的细部设计密不可分。建筑师应该清楚外围护的整体结构、幕墙结构、幕墙配件和保温防水的逻辑关系与功能作用。

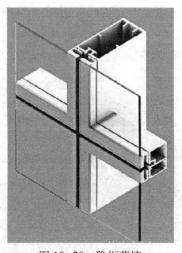

图 10-28　隐框幕墙

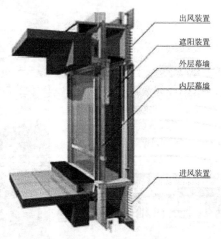

图 10-29　双层通风幕墙

10.6　优秀学生作业讲评

优秀学生作业（1）：概念设计

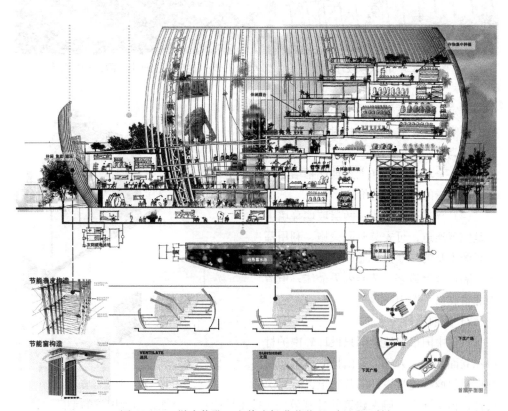

图 10-30　学生作业：立体农场获奖作品（贾玉函等）

以椭圆为基本形体，结合气候条件、建筑功能、设计者的独特见解，运用切割、重组等设计手法，塑造富于创意的建筑造型。外围护结构采用镂空竖向线条，以将充足的阳光引入建筑内部，满足建筑内部种植植物的需求。

优秀学生作业（2）：概念设计

图 10-31　学生作业：立体农场（张乔、刘莹等）

用电脑软件对相关数据进行收集分析，形成螺旋向上的造型，并对关键部位进行细部设计。建筑形体挺拔向上，富有动感。

优秀学生作业（3）：城市设计

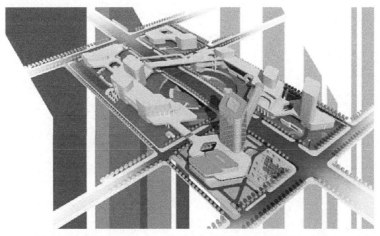

图 10-32　学生作业：北京石景山古城地区城市设计（刘玉）

243

菱形几何体相互叠加拼接，形成了形态丰富、脉络清晰的建筑群体造型，因为采用了相互协调的斜线组合，整体造型统一和谐。

推荐书目

(1) 褚志勇. 建筑设计的材料语言. 北京：中国电力出版社，2006.

(2) 中国建筑科学研究院. 玻璃幕墙工程技术规范（JGJ102−2003）. 北京：中国建筑工业出版社，2003.

(3) 中国建筑设计作品年鉴（2006～2007）. 武汉：华中科技大学，2007.

(4) 马里奥·萨瓦多里. 建筑生与灭：建筑物如何站起来. 天津：天津大学出版社，2007：4.

(5) 刘建荣，翁季. 建筑构造下册. 北京：中国建筑工业出版社，2005：2.

第11章

人防工程

11.1 概述
11.1.1 相关概念
11.1.2 防空地下室的作用及其组成
11.2 人防工程的分类
11.2.1 按构筑形式分类
11.2.2 按战时功能分类
11.2.3 按平时用途分类
11.2.4 按抗力等级分类
11.2.5 按防化等级分类
11.3 人防设计
11.3.1 总平面布局和平面布置
11.3.2 主体设计
11.3.3 出入口设计
11.3.4 通风口、水电口设计
11.3.5 辅助房间设计
11.3.6 柴油电站
11.3.7 防护功能平战转换
11.3.8 消防给水排水和灭火设备

11.1 概述

人民防空工程也叫人防工事，是指为保障战时人员与物资掩蔽、人民防空指挥、医疗救护而单独修建的地下防护建筑以及结合地面建筑修建的战时可用于防空的地下室。人防工程是防备敌人突然袭击，有效地掩蔽人员和物资，保存战争潜力的重要设施；是坚持城镇战斗，长期支持反侵略战争直至胜利的工程保障。

国家规定：一类重点防护城市（省会城市），新建10层以上或基础埋深3m以上的民用建筑，应按地面首层建筑面积修建防空地下室，新建其他民用建筑，地面总建筑面积在2000m²以上的，按地面建筑面积的4%～5%集中修建防空地下室；新建居民小区、开发区和重要经济目标区民用建筑，按一次性规划地面总建筑面积的4%～5%集中修建防空地下室。

11.1.1 相关概念

1) 人民防空地下室

具有预定战时防空功能的地下室，在房屋中室内地坪低于室外地坪的高度超过该房间净高1/2的为地下室，包括外墙、缓冲墙、防爆门、封闭墙、防护隔墙等部分组成，主要用作人民防空临时掩体、战时防空指挥中心、通信中心、隐蔽所等。部分永备防御工事还具有三防功能。

防空地下室一般有两种形式：全埋式（图11-1）和非全埋式（图11-2）。顶板下表面不高于室外地平面的防空地下室称为全埋式防空地下室；顶板下表面高于室外地平面的防空地下室称为非全埋式防空地下室。

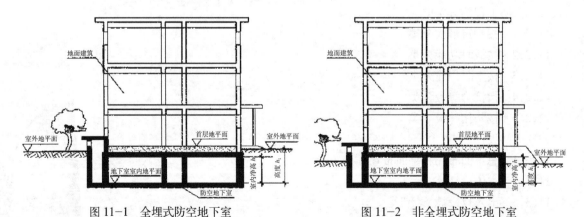

图 11-1　全埋式防空地下室　　　　　　图 11-2　非全埋式防空地下室

2) 主体和口部

主体：防空地下室中能满足战时防护及其主要功能要求的部分，对于有防毒要求的防空地下室，其主体指最里面一道密闭门以内的部分。

口部：防空地下室的主体与地表面，或与其他地下建筑的连接部分。对于有防毒要求的防空地下室，其口部指最里面一道密闭门以外的部分，如扩散室、密闭通道、防毒通道、洗消间（简易洗消间）、除尘室、滤毒室和竖井、防护密闭门以外的通道等。

3）防护单元

在防空地下室中，其防护设施和内部设备均能自成体系的使用空间。

每个防护单元（图 11-3）是一个独立的防护空间，可看作一个独立的防空地下室，每个防护单元的防护设施和内部设备自成系统；单元间平时通行口是因平时的使用（如车道）或防火的需要而设置的，为了保证战时防护单元的抗力、密闭要求，临战时应采取封堵措施。

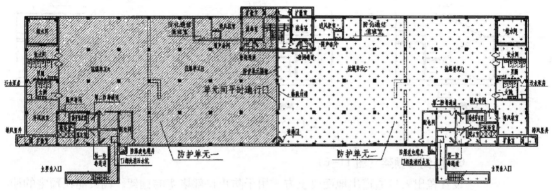

图 11-3　防护单元

4）抗爆单元

在防空地下室（或防护单元）中，用抗爆隔墙分隔的使用空间。

抗爆单元（图 11-4）内并不要求防护设施和内部设备自成系统；抗爆单元间的隔墙是为了防止炸弹气浪及破片伤害掩蔽人员而设置的，故隔墙的材料、强度、做法和尺度等都应满足一定的要求。

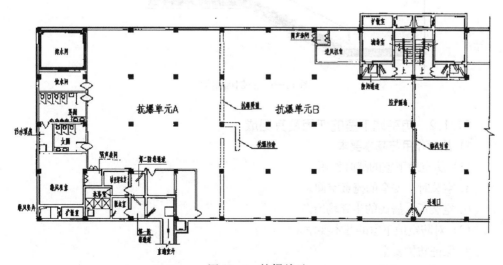

图 11-4　抗爆单元

5) 临空墙（图 11-5）

一侧直接接受空气冲击波作用，另一侧为防空地下室内部的墙体。

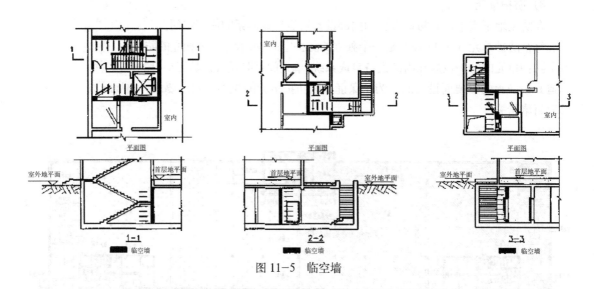

图 11-5 临空墙

6) 防倒塌棚架（图 11-6）

设置在出入口通道出地面段上方，用于防止口部堵塞的棚架。棚架能在预定的冲击波和地面建筑物倒塌荷载作用下不致倒塌。

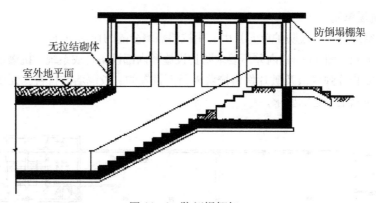

图 11-6 防倒塌棚架

11.1.2 防空地下室的作用及其组成

1) 战时作用与基本要求

（1）防空地下室的战时作用：

a. 空袭时：安全的掩蔽空间。

b. 空袭后：居民的生存场所。

（2）对防空地下室的基本要求：

a. 保证防护安全。

b. 满足使用要求。

c. 提供生存条件。

2）防空地下室的组成

（1）主体：防空地下室中能满足战时防护及其主要功能要求的部分。防空地下室包括主体有防毒要求的（图 11-7）和主体允许染毒的（图 11-8）两种类型。

a. 空袭时主体内有无人员停留，其防护要求、使用要求均不同（有人员停留的主体应为清洁区；无人员停留的主体为染毒区）。

b. 主体除主要功能房间（如人员掩蔽所的人员掩蔽空间）外，还包括必要的辅助房间。

c. 主体的范围：有人员停留的防空地下室，其主体为最里面一道密闭门以内的部分。无人员停留的防空地下室，其主体为防护密闭门以内的部分。

（2）口部：防空地下室的主体与地表面，或与其他地下建筑的连接部分。口部主

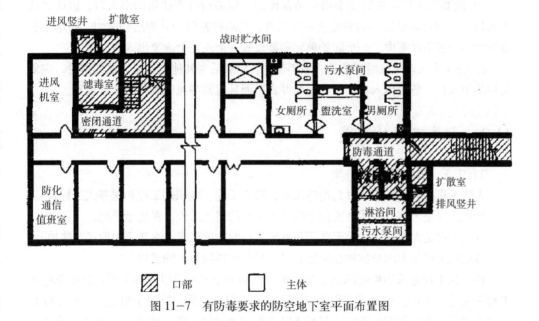

图 11-7 有防毒要求的防空地下室平面布置图

图 11-8 主体允许染毒的防空地下室平面布置图

249

要指战时出入口、战时通风口等。

a.口部的范围：对于有人员停留的防空地下室，其口部不仅包括防护密闭门（防爆波活门）以外的通道、竖井，而且还包括防护密闭门（防爆波活门）与密闭门之间的房间、通道等。

b.室内、室外出入口的界定：按通道的出地面段是处在上部地面建筑投影范围的内、外确定。

c.战时出入口的分工（规范 2.1.27 ~ 2.1.29 条）。

a）主要出入口：战时空袭前、空袭后都要使用的出入口。因此，设计中尤其要重点保证空袭后的出入口使用，如在出入口位置、结构抗力、防毒剂、洗消设施以及出入口防堵塞等方面均应根据战时需要，采取相应的措施。一个防护单元应该设置一个主要出入口。

b）次要出入口：战时主要供空袭前使用、空袭后可不使用的出入口。因此，该出入口除了需要满足口部的强度及密闭以外，其防护密闭门外的结构抗力、防堵塞等方面的问题都不必考虑。一个防护单元需要设置一个或几个次要出入口。

c）备用出入口：战时空袭前一般不使用，空袭后当其他出入口无法使用时，应急使用的出入口。备用出入口一般采用竖井式，而且通常与通风竖井相结合设置。

11.2　人防工程的分类

11.2.1　按构筑形式分类

人防工程按构筑形式可分为地道工程、坑道工程、堆积式工程和掘开式工程。

地道工程是大部分主体地面低于最低出入口的暗挖工程，多建于平地。

坑道工程是大部分主体地面高于最低出入口的暗挖工程，多建于山地或丘陵地。

堆积式工程是大部分结构在原地表以上且被回填物覆盖的工程。

掘开式工程是采用明挖法施工且大部分结构处于原地表以下的工程，包括单建式工程和附建式工程。单建式工程上部一般没有直接相连的建筑物；附建式工程上部有坚固的楼房，亦称防空地下室。早期人防工程多为地道工程。80 年代以来，人防建设实行了指导思想的战略转变，强调平战结合，为经济建设和城市建设服务，新建的人防工程多为掘开式工程，位置较好，质量较高。同时，为了吸引人们到地下来，为人们提供比较舒适的环境，一些人防工程装修的档次普遍高于地面建筑。

11.2.2　按战时功能分类

人防工程按战时功能分为指挥通信工程、医疗救护工程、防空专业队工程、人员掩蔽工程和其他配套工程五大类。

指挥通信工程是指各级人防指挥所及其通信、电源、水源等配套工程的总称。

医疗救护工程是在战时提供医疗救护的地下中心医院、地下急救医院、医疗救护点的总称。

防空专业队工程是指各级抢险抢修、救护、消防、防化、通信、运输、治安专业队工程及相应的附属配套工程。

人员掩蔽工程是指各级党政军机关以及团体、企事业单位、居民区的掩蔽工程及其附属配套工程。

其他配套工程是指地下医院、各类仓库、生产车间、疏散机动干道、连接通道、区域性电站、供水站、核化监测站、音响警报站等。人防工程按平时用途分为地下宾馆（招待所）、地下商场（商店）、地下餐厅（饭店、饮食店、酒吧、咖啡厅）、地下文艺活动场所（包括舞厅、电影院、展览室、录像放映厅、卡拉 OK 厅、射击场、游乐场、台球室、游泳池等）、地下教室、办公室、会堂（会议室）、试验（实验）室、地下医院（手术室、急救站、医疗站）、地下生产车间、仓库、电站、水库、地下过街道、地下停车场、地下车库等。

11.2.3　按平时用途分类

按平时用途可分为商场、游乐场、旅馆、影剧院（会堂）等。

11.2.4　按抗力等级分类

人防工程的抗力级别主要用以反映人防工程能够抵御敌人空袭能力的强弱，其性质与地面建筑的抗震烈度类似，是一种国家设防能力的体现。对于核武器，抗力级别按其爆炸冲击波地面超压的大小划分；对于常规武器，抗力级别按其爆炸的破坏效应划分，主要取决于装药量的大小。

按抗力等级划分，可分为 1、2、2B、3、4、4B、5、6、6B 这 9 个等级，工程可直接称为某级人防工程。

《人民防空地下室设计规范》适用的抗力级别为：防常规武器抗力级别：5 级和 6 级（以下分别简称为常 5 级和常 6 级）；防核武器抗力级别：4 级、4B 级、5 级、6 级和 6B 级（以下分别简称为核 4 级、核 4B 级、核 5 级、核 6 级和核 6B 级）。

11.2.5　按防化等级分类

防化分级是以人防工程对化学武器的不同防护标准和防护要求划分的级别，防化级别也反映了对生物武器和放射性沾染等相应武器（或杀伤破坏因素）的防护。防化级别是依据人防工程的使用功能确定的，与其抗力级别没有直接关系。

11.3　人防设计

11.3.1　总平面布局和平面布置

人防工程的总平面设计应根据人防工程建设规划、规模、用途等因素，合理确定其位置、防火间距、消防水源和消防车道等。人防工程内不宜设置哺乳室、幼儿园、托儿所、游乐厅等儿童活动场所和残疾人员活动场所。电影院、礼堂等人员密集的公共场所和医院病房宜设置在地下一层，当需要设置在地下二层时，楼梯间的设置应符合规范规定。消防控制室应设置在地下一层，并应邻近直接通向（以下简称直通）地面的安全出口；消防控制室可设置在值班室、变配电室等房间内；当地面建筑设置有消防控制室时，可与地面建筑消防控制室合用。总平面布局应注意以下几点：

1）人员掩蔽工程应布置在人员居住、工作的适中位置，其服务半径不宜大于 200m（图 11-9）。

2）防空地下室距生产、存储易燃易爆物品厂房、库房的距离不应小于 50m，距有害液体、重毒气体的贮罐的距离不应小于 100m（图 11-10）。

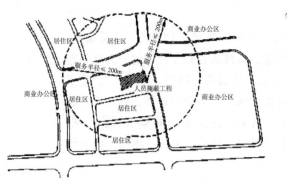

图 11-9　人员掩蔽工程服务半径示意图　　图 11-10　防空地下室距危险构筑物距离要求示意图

3) 医疗救护工程、专业队队员掩蔽部、人员掩蔽工程以及食品站、生产车间、区域供水站、电站控制室、物资库等主体有防毒要求的防空地下室设计，应根据其战时功能和防护要求划分染毒区与清洁区，其染毒区应包括下列房间（图 11-11）：

(1) 扩散室、密闭通道、防毒通道、除尘室、滤毒室、洗消间或简易洗消间。

(2) 医疗救护工程的分类厅及配套的急救室、抗休克室、诊察室、污物间、厕所等。

11.3.2　主体设计

人防工程的主体是指能满足战时防护和主要功能要求的部分，对于有防毒要求的防护工程，即指最后一道密闭门以内的部分。

由于防护工程在平面布局、功能组织、交通联系等方面的指标与设计原理和地面建筑设计相类似，因此这里所阐述的防护工程主体设计主要从战时防护、防护特性以及特殊房间设置等方面进行阐述。

1) 主体设计原则

防护要求、使用要求、地质条件以及周边环境等对防护工程主体设计有较大影响，设计中必须根据工程战术技术要求和客观条件正确处理各种矛盾，使设计达到适用、

图 11-11　有防毒要求的防空地下室染毒区示意图

防护可靠、经济，并达到相应的美观要求。主体设计应遵循以下主要原则：

（1）满足防护要求。在设计中应利用一切可利用的客观有利条件，采取少投入的措施，尽可能提高工程的防护能力。

（2）满足使用要求。对具有平战双重功能的防护工程，在设计中应正确处理及协调两种要求之间的矛盾，尽量做到使两种不同的使用功能对平面布局、空间尺寸以及环境的要求相近，力求使建筑空间在平时和战时都充分发挥作用。

（3）具有良好的经济效果。工程防护措施应用合理与否对工程造价的影响也很大，设法在满足使用要求和防护要求的条件下力求经济是防空地下室设计的重要原则。

2）主体防护设计

主体防护主要是对冲击波、毒剂、早期核辐射、常规武器等的防护。

（1）对于医疗救护工程、专业队队员掩蔽部、人员掩蔽工程和食品站、生产车间、区域供水站、柴油电站、物资库、警报站等战时室内有人员停留的防空地下室，无上部建筑的顶板最小防护厚度见表 11-1，有上部建筑的顶板最小防护厚度见表 11-2。其中，乙类工程厚度不能小于 250mm。

无上部建筑的顶板最小防护厚度　　　　　　　　　　表 11-1

城市海拔（m）	剂量限值（Gy）	防核武器抗力级别			
		4	4B	5	6、6B
≤200	0.1	1150	1000	640	
	0.2	1040	890	540	
200<H H≤1200	0.1	1190	1040	720	250
	0.2	1080	930	610	
>1200	0.1	1250	1110	790	
	0.2	1140	1000	680	

有上部建筑的顶板最小防护厚度　　　　　　　　　　表 11-2

城市海拔（m）	剂量限值（Gy）	防核武器抗力级别			
		4	4B	5	6、6B
≤200	0.1	970	820	460	
	0.2	860	710	360	
200<H H≤1200	0.1	1010	860	540	250
	0.2	900	750	430	
>1200	0.1	1070	930	610	
	0.2	960	820	500	

（2）主体防早期核辐射——顶板

早期核辐射防护的附加材料换算公式：

$$ht \geqslant (hs - dl) \cdot \xi Z$$

式中，ht——附加材料最小厚度（m）；

hs——最小防护厚度（m）；

ξZ——材料换算系数，对覆土和石砌体、实心砖可取1.4，对空心砖可取2.5；

dl——结构厚度（m）（顶板包括上部建筑底层混凝土地面厚度在内）。

（3）主体防早期核辐射——外墙

防空地下室顶板底面不宜高出室外地面，如高于室外地面，必须满足相应条件，当上部建筑为钢筋混凝土结构时，顶板底面不允许高出地面，上部建筑为砌体结构，其顶板底面可高出室外地面，但6B、6级防空地下室顶板底面高出室外地面的高度不得大于1.0m，5级不得大于0.5m，并要求在临战时覆土。

（4）主体防常规武器设计

常5级以下的防空地下室不具备抗炸弹直接命中的能力，防空地下室主要通过划分防护单元来缩小炸弹破坏的范围，通过划分抗爆单元来提高人员与物资的生存概率。

3）主体功能设计

主要功能房间的设计（图11-12）：

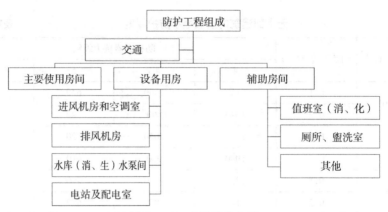

图11-12　主要功能房间

（1）辅助用房设计——厕所、盥洗室

a. 干厕和水冲厕的设置原则；

b. 干厕的设计；

c. 厕所和盥洗室的位置；

d. 厕所蹲位和盥洗室龙头数量的确定参见相关规范；

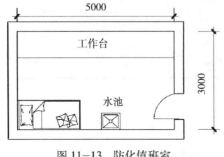

图11-13　防化值班室

e. 厕所地面应比室外地面底，内还应设置拖布池和地漏。

（2）辅助用房设计——防化值班室（图11-13）

医疗救护工程、专业队队员掩蔽部、一等人员掩蔽所、生产车间和食品站等防空地下室的防化通信值班室的建筑面积可按10～12m²确定；二等人员掩蔽所的防化通信值班室的建筑面积可按 8 ~ 10m² 确定。

（3）设备用房设计——通风机房和空调机房

防护工程是一个相对封闭的空间，因此，无论平时还是战时使用，均要考虑设置通风换气设施，安放这些设备的房间主要有通风机室和空调室，由于这些设备工作时噪声较大，因此房间的进出口应设置隔声套间和隔声门，有的房间还应在四周墙面敷设隔声材料。

（4）设备用房设计——水库与水泵间

水库设计要点：

a．应设置集泥坑（槽）。

b．水库底部须有 0.5% ~ 1% 的坡度，坡向集泥坑（槽）。

c．前挡墙厚度不小于 25cm，侧墙厚度 25 ~ 30cm，底板厚度 15 ~ 20cm。

d．前挡墙做人孔，尺寸不小于 70cm×70cm，并设密闭防潮门。

e．水库前挡墙还应设置爬梯。

（5）交通联系设计——过道、楼梯（图 11-14）、门厅及出入口

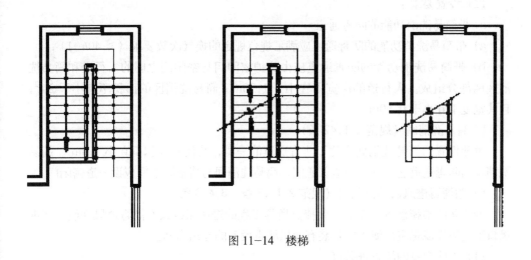

图 11-14 楼梯

11.3.3 出入口设计

1）保证隔绝防护的出入口——密闭通道（规范 2.1.39 条、3.3.21 条）

（1）工作原理：在防护密闭门与密闭门之间构成的，仅仅依靠密闭隔绝作用阻挡毒剂侵入室内的密闭空间（适用于专业队队员掩蔽部、二等人员掩蔽所等工程的次要出入口和备用出入口以及物资库的各个战时出入口）。

（2）设置要求：门与门之间保持必要的空间。

2）室外染毒情况下允许人员通行的出入口——防毒通道（规范 2.1.40 条、3.3.22 条）

（1）工作原理：在防护密闭门与密闭门之间或两道密闭门之间所构成的，具有通风换气条件，依靠超压排风阻挡毒剂侵入室内的空间（适用于专业队队员掩蔽部、二等人员掩蔽所等工程的主要出入口）。

（2）设置要求：

a. 防毒通道宜设置在排风口附近，并应设有通风换气设施，而且应满足滤毒通风条件下的换气次数要求。

b. 防毒通道内，在密闭门门扇开启范围之外应设有人员（担架）停留区。

3) 具有全身洗消功能的出入口——洗消间（规范 2.1.4 条、3.3.23 条）

（1）工作原理：当滤毒通风时，在超压作用下使得不断通风换气的条件下，使染毒人员通过脱衣、淋浴和检查穿衣过程，以便清除全身有害物（适用于专业队队员掩蔽部等工程的主要出入口）。

（2）设置要求：洗消间应设置在防毒通道的一侧，并应由脱衣室、淋浴室和检查穿衣室组成。

（3）注意事项：淋浴器数量、房间大小应满足使用要求，淋浴器布置要避免足迹交叉。

4) 具有简易洗消功能的出入口——简易洗消设施（规范 3.3.24 条）

（1）工作原理：当滤毒通风时，在超压作用下使得不断通风换气的条件下，染毒人员完成清除局部皮肤上有害物的过程（适用于二等人员掩蔽所的主要出入口）。

（2）设置要求：

a. 带简易洗消功能的防毒通道

a）带简易洗消功能的防毒通道应满足规范规定的换气次数要求（$\geqslant 40h{-}1$）；

b）带简易洗消功能的防毒通道应由防护密闭门与密闭门之间的人行道和简易洗消区两部分组成。人行道的净宽不宜小于 1.30m；简易洗消区的面积不宜小于 $2m^2$，且其宽度不宜小于 0.60m。

b. 简易洗消间（规范 2.1.42 条）

单独设置的简易洗消间应位于防毒通道的一侧，其使用面积不宜小于 $5m^2$。简易洗消间与防毒通道之间宜设一道普通门，简易洗消间与清洁区之间应设一道密闭门。

5) 附滤毒进风口的出入口（规范 2.1.38 条、3.4.9 条）

专业队队员掩蔽部、二等人员掩蔽所等工程的进风系统设有滤毒通风功能，其进风口附近应设滤毒室。滤毒室是装有通风滤毒设备的专用房间。

（1）无除尘室的滤毒进风口

滤毒室与进风机室应分室布置。滤毒室应设在染毒区，滤毒室的门应设置在直通地面和清洁区的密闭通道或防毒通道内，并应设密闭门；进风机室应设在清洁区。

（2）带除尘室的滤毒进风口

当进风量大于 $5000m^3/h$ 时，宜设置除尘室。除尘室的设置应符合下列要求：

a. 除尘室应设置在扩散室与滤毒室之间，其进风侧应与扩散室相邻，并设临空墙，其出风侧应与滤毒室相邻，并设密闭隔墙。除尘室属于染毒区。

b. 除尘室宜与滤毒室相通，并设密闭门。

c. 当除尘室不便与滤毒室相通时，除尘室应与密闭通道相通，并设密闭门。

11.3.4 通风口、水电口设计

1) 空袭时连续通风的通风口（规范 3.4.3 条、3.4.6 条、3.4.7 条、2.1.37 条）

（1）防爆波活门：设置在通常处于敞开状态的战时通风口最外端的，当冲击波到来时能够迅速自动关闭的防护设备。

（2）扩散室：设置在防爆波活门与通风管之间的，利用其空间扩散作用削弱冲击波压力的小房间。

2）空袭时暂停通风的通风口（规范 3.4.4 条）

（1）主体要求防毒的通风口（以密闭通道作为集气室）

人防物资库等，战时要求防毒，但不设滤毒通风，且空袭时可暂停通风的防空地下室，其战时进、排风口或平战两用的进、排风口可采用"防护密闭门＋密闭通道＋密闭门"的防护做法。

（2）主体允许染毒的通风口

专业队装备掩蔽部、人防汽车库等战时允许染毒，且空袭时可暂停通风的防空地下室，其战时进、排风口或平战两用的进、排风口可采用"防护密闭门＋集气室＋普通门（防火门）"的防护做法。

11.3.5 辅助房间设计

对于厕所的要求（表 11-3）：医疗救护工程宜设水冲厕所；人员掩蔽工程、专业队队员掩蔽部和人防物资库等宜设干厕（便桶）；专业队装备掩蔽部、电站机房和人防汽车库等战时可不设厕所；其他配套工程的厕所可根据实际需要确定。对于应设置干厕的防空地下室，当因平时使用需要已设置水冲厕所时，也应根据需要确定便桶的位置。干厕建筑面积可按每个便桶 $1.00 \sim 1.40 \text{m}^2$ 确定。厕所宜设在排风口附近，并宜单独设置局部排风设施。干厕可在临战时构筑。

	厕所的设置要求			表11-3
工程类型	医疗救护工程	专业队队员掩蔽部 人员掩蔽工程 人防物资库	专业队装备掩蔽部 电站机房 人防汽车库	其他配套工程
厕所设置	水冲厕所	干厕	可不设	按需要设置

开水间、盥洗室、贮水间等宜相对集中布置在排风口附近（图 11-15）。

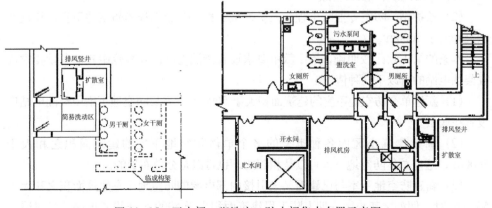

图 11-15 开水间、盥洗室、贮水间集中布置示意图

11.3.6 柴油电站

在战争时期遭敌方空袭及和平时期突发事故时，防空地下室工程承担着保护人民生命、财产安全的重任。随着目前国际局势的日益复杂化，国防建设日益加强，国家对于人民防空地下室的重视程度也越来越高。防空地下室作为特殊的建筑形式，在进行供电系统设计时，应综合考虑平时功能和战时功能，做到"平战结合"，既考虑平时的经济性，也要保证战时供电的可靠性。在防空地下室电气设计中，柴油电站的设计是较为重要和复杂的。

柴油电站的位置，应根据防空地下室的用途和发电机组的容量等条件综合确定。柴油电站宜独立设置，并与主体连通。柴油电站宜靠近负荷中心，远离安静房间（图11-16）。

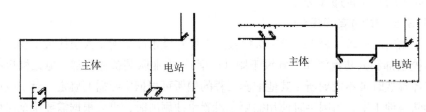

图 11-16　柴油电站位置要求示意图

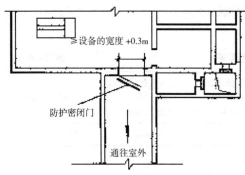

图 11-17　发电机房门洞宽度要求示意图

发电机房的机组运输出入口的门洞净宽不宜小于设备的宽度加0.3m（图11-17）。发电机房通往地面的出入口应设一道防护密闭门。

本文根据现行的有关规范标准，结合平时设计过程中的一些心得，总结了柴油电站的设计原则及设计方法。

根据《人民防空地下室设计规范》GB 50038-2005第7.2.11条，下列工程应在工程内部设置柴油电站：

（1）中心医院、急救医院。

（2）救护站、防空专业队工程、人员掩蔽工程、配套工程等防空地下室，建筑面积之和大于5000m^2。

本条的第1款比较明确，第2款中要求设置柴油电站以及规范中其他条款要求设置柴油电站的有以下几种情况：

（1）新建单个防空地下室的建筑面积大于5000m^2，多层防空地下室中柴油电站应设置在底层。

（2）新建建筑小区内各种类型的多个单体防空地下室的建筑面积之和大于5000m^2，这些单体防空地下室可以是相邻的，也可以是分散布置的。

（3）新建防空地下室与已建而又未引接内部电源的防空地下室建筑面积之和大于5000m^{2}时。例如：某小区一期人防工程建筑面积小于5000m^{2}未设置电站，当建造二期人防工程时，它的建筑面积与一期之和大于5000m^2。

（4）地面建筑因平时使用需要设置的柴油发电机组，为了使其在战时也能发挥作用，有条件时应设置在防护区内，按战时区域内部电源设置。

（5）对于大型防空地下室，如设置一个柴油电站满足不了低压供电半径要求，可设置若干个移动电站或固定电站，分别给各防护单元供电。

防空地下室的柴油电站选址满足下列要求：①靠近负荷中心；②交通运输、输油、取水方便；③管线进出比较方便。

柴油电站的类型应符合下列要求（除中心医院、急救医院）：①发电机组总容量不大于 120kW 时，宜设移动电站，机组台数宜为 1～2 台；②发电机组总容量大于 120kW 时，宜设固定电站，机组台数不应少于 2 台，最多不宜超过 4 台；③当设置固定电站条件受到限制时，可设置 2 个或多个移动电站。

防空地下室的电站，应优先考虑作为区域电站使用，在工程方案设计阶段，应与当地人防主管部门沟通，了解相邻周边地块防空地下室的规划情况，除保证本人防工程战时供电外，还向周边供电半径范围内的防空地下室供电。在进行柴油电站设计时，应预留相应的供电容量及出线回路，这样可以减少柴油电站设置的数量，节约设备投资，减少设备用房的面积，扩大防空地下室平时使用的面积，提高平时的利用率。

11.3.7　防护功能平战转换

平战转换就是平时作为民用（如仓库、商场、旅馆等）设施，战时作为防空洞、指挥所、武器库等。

对防护单元隔墙上开设的平时通行口以及平时通风管穿墙孔所采用的封堵措施应满足战时的抗力、密闭等防护要求，并应在 15 天转换时限内完成。对于临战时采用预制构件封堵的平时通行口，其洞口净宽不宜大于 7.00m，净高不宜大于 3.00m，且其净宽之和不宜大于应建防护单元隔墙总长度的 1/2（图 11-18）。

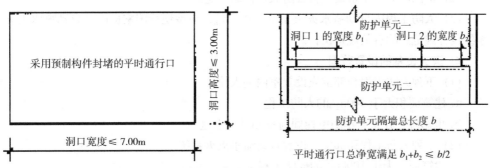

图 11-18　采用预制构件封堵的平时通行口尺寸要求示意图

专供平时使用的出入口，其临战时采用的封堵措施，应满足战时的抗力、密闭等防护要求（甲类防空地下室还需满足防早期核辐射要求），并应在 3 天转换时限内完成。对临战时采用预制构件封堵的平时出入口，其洞口净宽不宜大于 7.00m，净高不宜大于 3.00m，且在一个防护单元中不宜超过 2 个。

通风采光窗的临战时封堵措施，应满足战时的抗力、密闭等防护要求（甲类防空地下室还需满足防早期核辐射要求）。其临战时的封堵方式，设置窗井的可采用填土式（图 11-19）或半填土式（图 11-20），高出室外地平面的可采用挡板式。

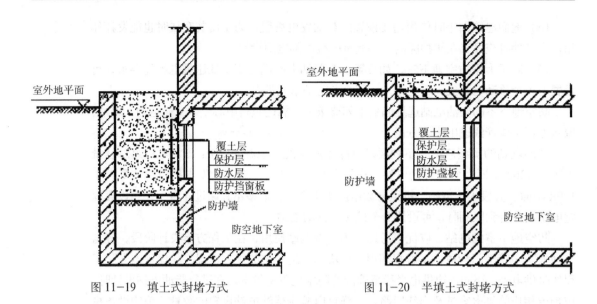

图 11-19 填土式封堵方式 　　　　　图 11-20 半填土式封堵方式

11.3.8 消防给水排水和灭火设备

消防用水可由市政给水管网、水源井、消防水池或天然水源供给。利用天然水源时，应确保枯水期最低水位时的消防用水量，并应设置可靠的取水设施。

采用市政给水管网直接供水，当消防用水量达到最大时，其水压应满足室内最不利点灭火设备的要求。

1）消防用水量

（1）设置室内消火栓、自动喷水等灭火设备的人防工程，其消防用水量应按需要同时开启的上述设备用水量之和计算。

（2）室内消火栓用水量应符合防火规范的规定。

（3）人防工程内自动喷水灭火系统的用水量，应按现行国家标准《自动喷水灭火系统设计规范》的有关规定执行。

2）灭火设备的设置范围

（1）下列人防工程和部位应设置室内消火栓：

a. 建筑面积大于 $300m^2$ 的人防工程。

b. 电影院、礼堂、消防电梯间前室和避难走道。

（2）下列人防工程和部位应设置自动喷水灭火系统：

a. 建筑面积大于 $1000m^2$ 的人防工程；

b. 大于 800 个座位的电影院和礼堂的观众厅，且吊顶下表面至观众席地坪高度不大于 8m，舞台使用面积大于 $200m^2$ 时；观众厅与舞台之间的台口宜设置防火幕或水幕分隔。

c. 采用防火卷帘代替防火墙或防火门，当防火卷帘不符合防火墙耐火极限的判定条件时，应在防火卷帘的两侧设置闭式自动喷水灭火系统，其喷头间距应为 2.0m，喷头与卷帘距离应为 0.5m。有条件时，也可设置水幕保护。

d. 歌舞、娱乐、放映、游艺场所。

e.建筑面积大于 500m² 的地下商店。

（3）柴油发电机房、直燃机房、锅炉房、变配电室和图书、资料、档案等特藏库房，宜设置二氧化碳等气体灭火系统，但不应采用卤代烷 1211、1301 灭火系统，或按现行国家标准《建筑灭火器配置设计规范》的规定设置灭火器。

重要通信机房和电子计算机机房应设置气体灭火系统。

（4）人防工程的灭火器配置应按现行国家标准《建筑灭火器配置设计规范》的有关规定执行。

3）消防水池

（1）具有下列情况之一者应设置消防水池：

a.市政给水管网、水源井或天然水源不能满足消防用水量。

b.市政给水管网为枝状或人防工程只有一条进水管。当室内消防用水总量不大于 10L/s 时，可以不设置消防水池。

（2）消防水池的设置应符合下列要求：

a.消防水池的有效容积应满足在火灾延续时间内室内消防用水总量的要求；建筑面积小于 3000m² 的单建掘开式、坑道、地道人防工程消火栓灭火系统火灾延续时间应按 1.00h 计算；建筑面积大于或等于 3000m² 的单建掘开式、坑道、地道人防工程消火栓灭火系统火灾延续时间应按 2.00h 计算；改建人防工程有困难时，可按 1.00h 计算。自动喷水灭火系统火灾延续时间应按 1.00h 计算。

b.在火灾情况下能保证连续向消防水池补水时，消防水池的容量可减去火灾延续时间内补充的水量。

c.消防水池的补水时间不应大于 48h。

d.消防用水与其他用水合用的水池，应有确保消防用水量的措施。

e.消防水池可设置在工程内，也可设置在工程外，寒冷地区的室外消防水池应有防冻措施。

4）室内消防给水管道、室内消火栓和消防水箱

（1）室内消防给水管道的设置应符合下列要求：

a.室内消防给水管道宜与其他用水管道分开设置，当有困难时，消火栓给水管道可与其他给水管道合用，但当其他用水达到最大小时流量时，应仍能供应全部消火栓的消防用水量。

b.当室内消火栓总数大于 10 个时，其给水管道应布置成环状，环状管网的进水管宜设置两条，当其中一条进水管发生故障时，另一条应仍能供应全部消火栓的消防用水量。

c.在同层的室内消防给水管道，应采用阀门分成若干独立段，当某段损坏时，停止使用的消火栓数不应大于 5 个，阀门应有明显的启闭标志。

d.室内消火栓给水管道应与自动喷水灭火系统的给水管道分开独立设置，有困难时，可合用消防泵，但消火栓给水管道必须在自动喷水灭火系统的报警阀前（沿水流方向）分开设置。

（2）室内消火栓的设置应符合下列规定：

a.室内消火栓的水枪充实水柱应通过水力计算确定，且不应小于 10m。

　　b. 室内消火栓栓口的静水压力不应大于 0.8MPa，当大于 0.8MPa 时，应采用分区给水系统；消火栓栓口的出水压力大于 0.5MPa 时，应设置减压装置。

　　c. 室内消火栓的间距应由计算确定，当保证同层有相邻两支水枪的充实水柱同时到达被保护范围内的任何部位时，消火栓的间距不应大于 30m；当保证有一支水枪的充实水柱到达室内任何部位时，不应大于 50m。

　　d. 室内消火栓应设置在明显易于取用的地点；消火栓的出水方向宜与设置消火栓的墙面相垂直，栓口离地坪高度宜为 1.10m。同一工程内应采用统一规格的消火栓、水枪和水带，每根水带长度不应大于 25m。

　　e. 设有消防水泵给水系统的每个消火栓处，应设置直接启动消防水泵的按钮，并应有保护措施。

　　(3) 单建掘开式、坑道、地道人防工程可不设置消防水箱。

5) 消防水泵

　　(1) 消防水泵应设置备用泵，其工作能力不应小于最大一台消防工作泵。

　　(2) 每台消防水泵应设置独立的吸水管，并宜采用自灌式吸水方式，其吸水管上应设置阀门，出水管上应设置试验和检查用的压力表和放水阀门。

6) 消防排水

　　(1) 设有消防给水的人防工程，必须设置消防排水设施。

　　(2) 消防排水设施宜与生活排水设施合并设置，兼作消防排水的生活污水泵（含备用泵），总排水量应满足消防排水量的要求。

图片来源

第1章

图1-1 亚历山大港灯塔：http://tupian.hudong.com/a2_11_47_013000003242351250 05477874221_jpg.html.

图1-2 巴黎圣母院室内：http://www.nipic.com/show/1/48/8b03dce9949a9b9c. html.

图1-3 巴黎圣母院外观：http://www.nipic.com/show/1/73/3795009kadb5641c. html.

图1-4 古代的望楼：http://hist.cersp.com/tsls/200703/5640_3.html.

图1-5 山西应县木塔：http://gb.cri.cn/9523/2006/05/09/421@1035324.htm.

图1-6 河北定县开元寺料敌塔：http://hi.baidu.com/%C8%D5%D4%C2%D3%C0%C3%F7/ album/item/541ed9d00f603291562c848c.html#IMG=e56ab639bd6f516196ddd883.

图1-7 芝加哥家庭生命保险大楼：http://jp.em.swjtu.edu.cn/courselist/tm/show. asp?id=190&lb=%BF%CE%B3%CC%CD%F8%D5%BE.

图1-8 伍尔沃斯大厦：http://www.jzwhys.com/news/1585018.html.

图1-9 纽约帝国大厦：http://www.chinacon.com.cn/culture/2009/1127/536. html.

图1-10 西格拉姆大厦：http://www.aaead.com/renwu_art.php?id=304.

图1-11 美国银行大厦：http://tupian.hudong.com/a0_81_05_01300001026045129198 056726352_png.html?prd=zhengwenye_left_neirong_tupian.

图1-12 广州珠江城大厦：http://tieba.baidu.com/f?kz=1424154922&fr=image_ tieba.

图1-13 哈利法塔：http://wenwen.soso.com/z/q168137318.htm.

图1-14 台北101大楼：http://twtp.bokee.com/blogger/3328498.html.

图1-15 上海环球金融中心：http://www.longxingguoji.cn/simple/?t11583.html.

图1-16 吉隆坡石油双塔：http://028668.com/jilongposhuangzidasha.html.

图1-17 西尔斯大厦：http://www.shejibaike.com/art/article/2011/02/24/ 264636908.html.

图1-18 上海金茂大厦：http://mm.79mn.com/t/193428.html.

图1-19 香港国际金融中心大厦：http://xinxiang.house.sina.com.cn/bbs/2011-01- 17/10421463_2.shtml.

第 2 章

图 2-1 　加拿大温哥华 UBC 大学某教学楼的门前场地设计 ：作者摄 .

图 3 章

图 3-1 　功能分区示意图 ：作者绘 .

图 3-2 　白云区政府办公楼群平面图 ：肖大威 . 文化是建筑创作的源泉——谈广州市白云区政府办公楼群设计 [J]. 新建筑 .1995.01.

图 3-3 　日照间距系数计算示意图 ：作者绘 .

图 3-4 　尽端式流线组织示意图、环绕式流线组织示意图、通过式流线组织示意图 ：张伶伶，浩 . 场地设计 [M]. 北京 ：中国建筑工业出版社，1999.

图 3-5 　地面停车场、地下停车场、多层停车场 ：同上 .

图 3-6 　停车场沿场地边缘位置示意图、停车场沿场地内部中央位置示意图 ：同上 .

图 3-7 　集中形态布置的停车场示意图 ：同上 .

图 3-8 　分散形态布置的停车场示意图 ：同上 .

图 3-9 　建筑物位于场地中心 ：同上 .

图 3-10 　建筑物位于场地一侧 ：同上 .

图 3-11 　建筑物位于场地一角 ：同上 .

图 3-12 　连续规则的线形空间 ：同上 .

图 3-13 　不连续自由的线形空间 ：同上 .

图 3-14 　围合式建筑限定公共空间示意图 ：作者绘 .

图 3-15 　管线铺设示意图 ：闫寒 . 建筑学场地设计 [M]. 北京 ：中国建筑工业出版社，2006.

图 3-16 　城市设计模型 ：网络图片 .

图 3-17 ～图 3-23 　学生作业 .

第 4 章

图 4-1 　（从左至右）建外 SOHO、保利大厦、北京国贸建筑群 ：http ://v3.cache1.c.bigcache.googleapis.com/static.panoramio.com/photos/original/24754401.jpg?redirect_counter=1、http ://yao66.net/demo_hotel_show.asp?id=1360、http ://static.panoramio.com/photos/original/4934877.jpg.

图 4-2 　办公楼基本组成图 ：作者绘 .

图 4-3 　纽约曼哈顿自由塔 ：网络图片 .

图 4-4 　办公楼门厅组成示意图 ：作者绘 .

图 4-5 　南京绿地国际商务中心入口门厅示意图 ：作者绘 .

图 4-6 　门厅布置示意图 ：作者绘 .

图 4-7 　韩国首尔 LG 电子研发中心门厅示意图 ：作者绘 .

图 4-8 　小间办公室示意图 ：（左）网络图片、（右）吴景祥高层建筑设计 [M]. 北京 ：中国建筑工业出版社，1987.

图 4-9 　成组式办公室示意图 ：同上 .

图 4-10　开放式办公室示意图：同上．

图 4-11　景观办公室示意图：同上．

图 4-12　SOHO 办公室示意图：网络图片．

图 4-13　大空间办公室：http://home.house365.com/news/news_122658_1.html.

图 4-14　集中式核体空间的布置方式：作者绘．

图 4-15　"核体"中心设计：刘玉珠．建筑标准层设计研究 [D]．哈尔滨工业大学，2006.

图 4-16　"核体"对称中心式：雷春浓．现代高层建筑设计 [M]．北京：中国建筑工业出版社，1997.

图 4-17　偏心式：同 4-15.

图 4-18　独立集中式：同 4-8（右）．

图 4-19　对称分散式：同 4-15.

图 4-20　自由分散式：作者绘．

图 4-21　综合式：同 4-15.

图 4-22　板式平面基本形：同上．

图 4-23　板式平面标准层：（左）同 4-16、（中）同 4-15、（右）同 4-8.

图 4-24　塔式平面基本形：同 4-15.

图 4-25　塔式平面标准层：（左）同 4-16、（中）同 4-16、（右）同 4-15.

图 4-26　韩国"双子塔"标准层：http://news.msn.soufun.com/2011-06-16/5226470.html.

图 4-27　标准层平面的细微变化：同 4-15.

图 4-28　大宇玛丽娜 21 世纪城：KPF 建筑师事务所．世界建筑大师优秀作品集锦——KPF 建筑师事务所 [M]．北京：中国建筑工业出版社，1999.

图 4-29　上海环球金融中心：同上；广州广播电视塔：http://lvxing.gzclick.com/bendi/41.html.

图 4-30　香港中国银行大厦：http://arch.hzu.edu.cn/n148c71.shtml；同 4-15.

图 4-31　典型的几种"形生形"的构成手法：同 4-15.

图 4-32　软连接的组合方式：同 4-15.

图 4-33　硬连接的组合方式：同 4-15.

图 4-34　复合叠加图：同 4-16.

图 4-35　梦露大厦、瑞典旋转大厦：网络图片．

图 4-36　简单几何体边角的处理手法：同 4-15.

图 4-37　高层建筑结构示意图：同 4-16.

图 4-38　标准层变形缝位置示意图：同 4-16.

图 4-39　北京华贸中心某座低区平面图：由 BDCL 设计公司提供．

图 4-40　济南鲁商国奥城：同上．

图 4-41　电梯分层分区示意图：同 4-15.

图 4-42　学生作业：梁曼青绘

图 4-43　学生作业：同上．

第 5 章

图 5-1 清明上河图局部中酒楼入口：http://baike.baidu.com/image/647912d7709 ce390a044df2a.

图 5-2 深圳星河丽兹卡尔顿酒店：温震阳.深圳星河丽兹卡尔顿酒店[J].城市建筑，2010.05.

图 5-3 浙江合耀江开元名都大酒店：殷建栋.城市商务酒店设计探讨——合耀江开元名都大酒店设计为例[J].浙江建筑，2010.07.

图 5-4 上海金茂君悦大酒店：上海市房地产行业教育中心.上海优秀建筑鉴赏[M].上海.上海远东出版社，2009.

图 5-5 北京钓鱼台芳菲苑：作者自摄.

图 5-6 青岛国际亚健康休闲度假中心：网络图片.

图 5-7 北京香格里拉新阁客房：作者自摄.

图 5-8 远望楼会议室：作者自摄.

图 5-9 万豪宾馆健身室：作者自摄.

图 5-10 米福士客房布草间：作者自摄.

图 5-11 金花工程部办公室：作者自摄.

图 5-12 美国亚特兰大海特摄政酒店大堂：网络图片.

图 5-13 大型高级旅馆基本功能分析图、旅馆各种流线分析图示：《建筑设计资料集》编委会.建筑设计资料集 4（第二版）[M].北京：中国建筑工业出版社，1994.

图 5-14 客人流线图：安娟绘.

图 5-15 服务流线分析：安娟绘.

图 5-16 物品、垃圾处理流线分析图：安娟绘.

图 5-17 电梯排列与电梯厅平面形式：唐元思，张皆正.旅馆建筑设计[M].北京：中国建筑工业出版社，1993.

图 5-18 单廊双侧布房客房层平面实例：同上.

图 5-19 双廊并列布房和双廊多侧布房客房层平面实例：同上.

图 5-20 塔式客房层平面实例：同上.

图 5-21 交叉式客房层平面实例：同上.

图 5-22 环式客房层平面实例：同上.

图 5-23 客房层柱网布局示意图：作者自绘.

图 5-24 单开间客房和普通套间客房功能区布局示意图：作者自绘.

图 5-25 客房卫生间位置示意图：作者自绘.

图 5-26 部分卫生间功能区布局示意图：作者自绘.

图 5-27 北京希尔顿酒店：http://www.top086.com/WebBBSNewsDetail.aspx? NEWSID=306.

图 5-28 济南国奥城剖面图：同上.

图 5-29 济南国奥城地下一层平面图：同上.

图 5-30 济南国奥城三层平面图：同上.

图 5-31 北京金融街丽思卡尔顿酒：http://www.top086.com/WebBBSNewsDetail.

aspx?NEWSID=306．

图 5-32 三亚文华东方酒店：http://www.mandarinoriental.com.cn/．

图 5-33 北京希尔顿酒店入口：网络图片．

图 5-34 三亚天鸿度假村酒店入口：http://hotel.elong.com/search/52201004-reviews/?campaign_id=4051378/．

图 5-35 城市商务星级酒店大堂：作者自绘．

图 5-36 集中形式大堂功能与流线关系图例：程大锦．建筑：形式、空间和秩序[M]．天津：天津大学出版社，2008．

图 5-37 线式形式大堂功能与流线关系图例：同上．

图 5-38 放射形式大堂功能与流线关系图例：同上．

图 5-39 组团形式大堂功能与流线关系图例：同上．

图 5-40 塔楼围合形式大堂空间体块与酒店各体块关系：作者自绘．

图 5-41 嵌入塔楼形式大堂空间体块与酒店各体块关系：作者自绘．

图 5-42 裙房自由形式大堂空间体块与酒店各体块关系：作者自绘．

图 5-43 北海香格里拉酒店自助餐厅：http://www.beihai2000.com/hotel/archives/1.html．

图 5-44 香格里拉北京嘉里中心大酒店：http://www.mcixi.com/info/infoview.aspx?infoid=139134．

图 5-45 东方明珠空中旋转餐厅：http://www.daoda.net/2010/0103/10652.html．

图 5-46 现在餐饮服务系统流线图：安娟绘．

图 5-47 餐饮服务系统图：安娟绘．

图 5-48 餐饮服务系统流线图：安娟绘．

图 5-49 厨房工艺流程图：安娟绘．

图 5-50 主食制作间布置图：安娟绘．

图 5-51 副食烹饪间布置方式一：安娟绘．

图 5-52 副食烹饪间布置方式二：安娟绘．

图 5-53 冷荤间布置图：安娟绘．

图 5-54 北京万达铂尔曼大饭店会议厅：http://jiudian.qunar.com/city/beijing_city/dt-3738/image_detail.html#d-9336．

图 5-55 北京帝景豪庭酒店爱丽舍：http://hotel.elong.com/Howard_Johnson_Regal_Court_Hotel_Beijing-50101076-photo．

图 5-56 北京华侨大厦多功能厅：http://hotel.elong.com/Prime_Hotel_Beijing-50101012-photo．

图 5-57 北京万达铂尔曼大饭店游泳池：http://jiudian.qunar.com/city/beijing_city/dt-3738/image_detail.html#d-933f．

图 5-58 北京贵宾楼饭店健身房：http://hotel.elong.com/Grand_Hotel_Beijing-50101001-photo．

图 5-59 会议部分平面功能关系图：作者自绘．

图 5-60 康乐部分平面功能关系图：作者自绘．

图 5-61　物品、垃圾处理流线分析：安娟绘．

图 5-62　垃圾间：安娟绘．

图 5-63　收货区功能空间关系图：安娟绘．

图 5-64　收货间：安娟绘．

图 5-65　金花豪生宾馆安控室：安娟摄．

图 5-66　金花豪生宾馆机房：安娟摄．

第 6 章

图 6-1　不同建筑结构体系内部建筑空间特点示意图：高向玲，蔡惠菊，田瑞华．建筑结构：概念与设计 [M]．天津：天津大学出版社，2004．

图 6-2　不同建筑结构体系内部建筑空间特点示意图：高向玲，蔡惠菊，田瑞华．建筑结构：概念与设计 [M]．天津：天津大学出版社，2004．

图 6-3　框架结构体系示意图：作者自绘．

图 6-4　框架结构变形示意图：作者自绘．

图 6-5　北京长富宫饭店标准层平面图：作者自绘．

图 6-6　剪力墙结构体系示意图：作者自绘．

图 6-7　不同类型的剪力墙结构示意图：网络图片．

图 6-8　剪力墙结构变形示意图：网络图片．

图 6-9　广州白云宾馆和北京国际饭店标准层平面图：网络图片．

图 6-10　框架－剪力墙结构体系示意图：作者自绘．

图 6-11　框架－剪力墙结构变形示意图：作者自绘．

图 6-12　北京民族饭店标准层平面图和上海明天广场实景照片：网络图片．

图 6-13　芝加哥德威特斯切特纳特公寓标准层平面图：吴景祥．高层建筑设计 [M]．北京：中国建筑工业出版社，1987．

图 6-14　中国香港合和中心标准层平面图和实景照片：吴景祥．高层建筑设计 [M]．北京：中国建筑工业出版社，1987．

图 6-15　美国西尔斯大厦设计示意图：网络图片．

图 6-16　框架－筒体结构平面布置示意图：作者自绘．

图 6-17　南京金陵饭店标准层平面图和实景照片：网络图片．

图 6-18　东京 NEC 办公大楼平面图和剖面图：网络图片．

图 6-19　中国香港中银大厦和约翰·汉考克大厦实景照片：左图：http://www.pic. sayingfly.com/img/tupian/img/201104/14/xianggang_zhongyindasha-008.jpg；右图：http://blog.tyloo.com/attachments/2008/05/724_200805161628461njJQ.jpg.

图 6-20　悬挂式结构体系示意图：同图 6-13．

图 6-21　中国香港汇丰银行总部大楼实景图片：http://www.szjs.com.cn/szjseditor/ uploadfile/20080928144256257.jpg

图 6-22　不同基础体系示意图：樊振和．建筑构造原理与设计（上）[M]．第二版．天津：天津大学出版社，2006．

图 6-23　建筑平面形状（长宽比）示意图：JGJ 3-2010,高层建筑混凝土结构技术规程 [S].

北京：中国建筑工业出版社，2011.

图 6-24　框架结构平面布置示意图：网络图片.

图 6-25　剪力墙结构平面布置示意图：网络图片.

图 6-26　剪力墙截面平面示意图：作者自绘.

图 6-27　筒中筒结构楼面布置：吴景祥. 高层建筑设计 [M]. 北京：中国建筑工业出版社，1987.

第 7 章

图 7-1　回车场面积示意图：吴景祥. 高层建筑设计 [M]. 北京：中国建筑工业出版社，1987.

图 7-2　防火步骤示意图：同上.

图 7-3　防火分隔处理示意图：雷春浓. 现代高层建筑设计 [M]. 北京：中国建筑工业出版社，1997.

图 7-4　防烟分区做法示意图：同上.

图 7-5　封闭楼梯间布置示意图：同上.

图 7-6　防烟楼梯间平面布置形式：同上.

图 7-7　剪刀楼梯布置示意图：同上.

第 8 章

图 8-1　坡道式地下汽车库和高层建筑组合关系示意图：童林旭. 地下汽车库建筑设计 [M]. 北京：中国建筑工业出版社，1996.

图 8-2　坡道式地下汽车库形式：雷春浓. 现代高层建筑设计 [M]. 北京：中国建筑工业出版社，1997.

图 8-3　汽车库库址车辆出入口通视要求：JGJ 100—1998, 汽车库建筑设计规范 [S]. 北京：中国标准出版社，1998.

图 8-4　停车间内行车通道与停车位的关系：童林旭. 地下汽车库建筑设计 [M]. 北京：中国建筑工业出版社，1996.

图 8-5　车辆停驶方式：同图 7-3.

图 8-6　车辆停放方式：同图 7-3.

图 8-7　缓坡设计示意图：同图 8-3.

第 9 章

图 9-1　离心式冷水机组水管路系统：根据资料自绘.

图 9-2　溴化锂吸收冷冻循环：同上.

图 9-3　某高层制冷机房平面布置：同上.

图 9-4　制冷机，锅炉设备的布置：同上.

图 9-5　冷却塔：同上.

图 9-6　冷却塔平面布置图：同上.

图 9-7　冷却塔剖面布置简图：同上.

图 9-8　区域供电系统：根据资料自绘.

图 9-9　变配电室的平面、剖面布置：同上.

图 9-10　发电机房剖面设计尺寸：同上.

图 9-11　消防控制室设备单列布置图：同上.

图 9-12　消防控制室设备双列布置图：同上.

图 9-13　某办公板楼的消防控制室平面：同上.

图 9-14　电梯的尺寸要求：同上.

图 9-15　高层平屋顶采用避雷针或避雷网格：同上.

图 9-16　高位水箱并列给水方式：同上.

图 9-17　高位水箱串联给水方式：同上.

图 9-18　减压水箱给水方式：同上.

图 9-19　减压阀水箱给水方式：同上.

图 9-20　气压水箱示意图：同上.

图 9-21　并列气压水箱给水方式：同上.

图 9-22　气压水箱减压阀给水方式：同上.

图 9-23　无水箱并列给水方式：同上.

图 9-24　无水箱减压阀给水方式：同上.

图 9-25　集中加热分区热水系统：同上.

图 9-26　分散加热分区热水系统：同上.

图 9-27　下置式分区热水系统：同上.

图 9-28　上置式分区热水系统：同上.

图 9-29　下行上给水：同上.

图 9-30　上行下给水：同上.

图 9-31　直接加热：同上.

图 9-32　间接加热：同上.

图 9-33　通气管系统图：同上.

第 10 章

图 10-1　芝加哥家庭生命保险大楼：http://www.americancorner.org.tw/zhtw/american_story/jb/reform/jb_reform_otis_3_e.html.

图 10-2　克莱斯勒大厦：http://www.elite-view.comartBlack_and_White_PhotographyArchitectural_BW_Photography659~Chrysler-Building-Posters.jpg.

图 10-3　上海中国银行：网络图片.

图 10-4　纽约联合国秘书处大厦：http://image.baidu.comict=503316480&z=&tn=baiduimagedetail&word=%C5%A6%D4%BC%C1%AA%BA%CF%B9%FA%C3%D8%CA%E9%B4%A6%B4%F3%CF%C3&in=7551&cl=2&lm=-1&pn=1&rn=1&di=15308258385&ln=331&fr=&fmq=&ic=&s=&se=&sme.

图 10-5　利华大厦：张勃摄.

图 10-6　希格拉姆大厦：http://159.226.2.282gatebig5www.kepu.net.cngbcivilizatio

narchitecture20centuryimages20c303_03b_pic.jpg.

图 10-7　约翰·汉考克大厦：左图 http://top.gaoloumi.comindexpic2010102720101027160406 53.jpg；右图 http://a4.att.hudong.com04510120000000004811185351261488 04_s.gif.

图 10-8　纽约世界贸易中心大厦：http://tool.114la.comhistoryupload5e1b1.jpg.

图 10-9　德国法兰克福商业银行：左图 http://image.baidu.com/i?ct=503316480&z=&tn=baiduimagedetail&word=%B7%A8%C0%BC%BF%CB%B8%A3%D2%F8%D0%D0&in=24752&cl=2&lm=-1&pn=108&rn=1&di=26219296548&ln=2000&fr=&fmq=&ic=&s=&se=&sme=0&tab=&width=&height=&face=&is=&istype=#pn108&-1&di26219296548&objURLhttp%3A%2F%2Fhiphotos.baidu.com%2F%25B8%25DF%25BC%25CE%25C1%25BA%2Fpic%2Fitem%2Fc8262d09280e402795ca6bea.jpg&fromURLhttp%3A%2F%2Fhi.baidu.com%2F%25B8%25DF%25BC%25CE%25C1%25BA%2Falbum%2Fitem%2Fc8262d09280e402795ca6bea.html&W681&H1024；右图 http://www.desinia.tw/design/pdetail.php?c=3034&id=d013467.

图 10-10　台北 101 大厦：http://sydcch.comupimgallimg090427031R32212-0.jpg.

图 10-11　中钢大厦：http://www.louqu.com/UploadFiles/20071119165649860.jpg.

图 10-12　熨斗大厦：http://tieba.baidu.com/f/tupian/pic/38d1d2169988476f962b43bf?kw=gta4&fr=image_tieba#id=113e9c510fb30f24d20b3544c895d143ac4b031f.

图 10-13　波士顿汉考克大厦：http://blog.artintern.net/uploads/weblogs/7972/201101/1295519944779.jpg.

图 10-14　香港汇丰银行：http://lvyou.xooob.com/tslysj/20089/340361_923175.html.

图 10-15　各种赋予创新的造型：英国伦敦尖塔 [J]. 城市建筑，2008.10.

图 10-16　上海金茂大厦：http://www.showchina.org/tour/lyd/wysh/8/201004/t615569.htm.

图 10-17　西尔斯大厦：http://gjdt.org/newsdetail15733.htm.

图 10-18　英国格拉斯哥克莱德河畔高层住宅：克莱德河畔高层住宅 . 格拉斯哥，英国 [J]. 城市建筑，2008.10.

图 10-19　美国纽约世界贸易中心二号塔：世界贸易中心二号塔 .

图 10-20　法国巴黎拉·德方斯观光大厦概念设计：http://www.oma.nl/projects/2008/la-defense-masterplan.

图 10-21　MAD 建筑事务所设计的梦露大厦：http://image.baidu.com/i?ct=503316480&z=&tn=baiduimagedetail&word=%C3%CE%C2%B6%B4%F3%CF%C3&in=11226&cl=2&lm=-1&st=-1&pn=50&rn=1&di=254041870550&ln=1849&fr=&fm=result&fmq=1279948375039_R&ic=0&s=&se=1&sme=0&tab=&width=&height=&face=0&is=&istype=2#pn50&-1&di254041870550&objURLhttp%3A%2F%2Feclass.shisu.edu.cn%2Fupload%2F20110825%2F101202213804_53.jpg&fromURLhttp%3A%2F%2Feclass.shisu.edu.cn%2Fshow.php%3Farea%3D19%26aid%3D231665&W300&H514&T8299&S140&TPjpg.

图 10-22　RMJM 事务所的阿联酋阿布扎比资本中心塔：http://www.jianzhu01.com/a1005120505.htm.

图 10-23　迪拜的帆船酒店：http://job.3ddl.net/tuku_tukupic/5938.html.

图 10-24 中钢大厦：http://i1.sinaimg.cn/hs/ul/2009/0713/U2617P361DT20090713091901.jpg.

图 10-25 伦敦市政厅：http://gzsnsj.edutt.com/book-show-21563/default.html；http://photo.zhulong.com/detail5593.htm.

图 10-26 伦敦瑞士再生保险公司总部大厦：http://baike.baidu.com/albums/465986/465986/1/2719200.html#2719200$6648d73de52b2eaf9e3d62e9.

图 10-27 明框幕墙：http://detail.china.alibaba.com/buyer/offerdetail/1152862269.html.

图 10-28 隐框幕墙：http://detail.china.alibaba.com/offerdetail/view_large_pics_1148884200.html.

图 10-29 双层通风幕墙：http://www.alwindoor.com/info/2010-9-30/22697-1.htm.

图 10-30 ～图 10-32 学生作业.

第 11 章

图 11-1 全埋式防空地下室：05SFJ10 人民防空地下室设计规范图示——建筑专业 [S].北京：中国标准出版社，2005.

图 11-2 非全埋式防空地下室：同上.

图 11-3 防护单元：同上.

图 11-4 抗爆单元：同上.

图 11-5 临空墙：同上.

图 11-6 防倒塌棚架：同上.

图 11-7 有防毒要求的防空地下室平面布置图：同上.

图 11-8 主体允许染毒的防空地下室平面布置图：同上.

图 11-9 人员掩蔽工程服务半径示意图：同上.

图 11-10 防空地下室距危险构筑物距离要求示意图：同上.

图 11-11 有防毒要求的防空地下室染毒区示意图：同上.

图 11-12 主要功能房间：网络图片.

图 11-13 防化值班室：网络图片.

图 11-14 楼梯：网络图片.

图 11-15 开水间、盥洗室、贮水间集中布置示意图：同上.

图 11-16 柴油电站位置要求示意图：同上.

图 11-17 发电机房门洞宽度要求示意图：同上.

图 11-18 采用预制构件封堵的平时通行口尺寸要求示意图：同上.

图 11-19 填土式封堵方式：同上.

图 11-20 半填土式封堵方式：同上.

参考文献

[1] 唐玉恩，张皆正．旅馆建筑设计［M］．北京：中国建筑工业出版社，1993．

[2] 卡伦德等（美）．建筑师设计手册（中）［M］．建设部建筑设计院．北京：中国建筑工业出版社，1990．

[3] 王捷二，彭学强．现代饭店规划与设计［M］．广州：广东旅游出版社，2002．

[4] 《建筑设计资料集》编委会．建筑设计资料集4［M］．第二版．北京：中国建筑工业出版社，1994．

[5] 瓦尔特 A·鲁茨，理查德 H·潘纳，劳伦斯·亚当斯（英）．酒店设计·规划与发展［M］．温泉译．沈阳：辽宁科学技术出版社，2002．

[6] 《全国民用建筑工程设计技术措施》（2009 年版）编委会．全国民用建筑工程设计技术措施（2009）规划·建筑·景观［M］．北京：中国计划出版社，2010．

[7] GB/T 14308—2010 旅游饭店星级的划分与评定［S］．北京：中国标准出版社，2011．

[8] 高向玲，蔡惠菊，田瑞华．建筑结构：概念与设计［M］．天津：天津大学出版社，2004．

[9] 吴景祥．高层建筑设计［M］．北京：中国建筑工业出版社，1987．

[10] 何益斌．建筑结构［M］．北京：中国建筑工业出版社，2005．

[11] JGJ 3—2010 高层建筑混凝土结构技术规程［S］．北京：中国建筑工业出版社，2010．

[12] 李必瑜，魏宏杨．建筑构造（上）［M］．第三版．北京：中国建筑工业出版社，2005．

[13] 樊振和．建筑构造原理与设计（上）［M］．第二版．天津：天津大学出版社，2006．

[14] GB 50010—2010 混凝土结构设计规范［S］．北京：中国计划出版社，2005．

[15] GB 50011—2010 建筑抗震设计规范［S］．北京：中国建筑工业出版社，2010．

[16] 雷春浓．现代高层建筑设计［M］．北京：中国建筑工业出版社，1997．

[17] 章孝思．高层建筑防火［M］．北京：中国建筑工业出版社，1985．

[18] GB 50045—1995 高层民用建筑设计防火规范（2005 年版）［S］．北京：中国计划出版社，1995．

[19] GB 50016—2006 建筑设计防火规范［S］．北京：中国建筑工业出版社，2006．

[20] 童林旭．地下汽车库建筑设计［M］．北京：中国建筑工业出版社，1996．

[21] 佳隆，王丽颖，李长荣．都市停车库设计［M］．杭州：浙江科学技术出版社，1999．

[22] JGJ 100—1998 汽车库建筑设计规范［S］．北京：中国标准出版社，1998．

[23] GB 50067—1997 汽车库、修车库、停车场设计防火规范［S］．北京：中国标准出版社，1998．

[24] GB/T 14308—2010 旅游饭店星级的划分与评定［S］．北京：中国标准出版社，2010．

[25] GB 50352—2005 民用建筑设计通则［S］．北京：中国建筑工业出版社，2005．

[26] 张伶伶，孟浩．场地设计［M］．北京：中国建筑工业出版社，1999．

[27] 闫寒．建筑学场地设计［M］．北京：中国建筑工业出版社，2006．

[28] 李圭白．给排水科学与工程概论（第二版）［M］．北京：中国建筑工业出版社，2010．

[29] 王春燕，张勤 . 高层建筑给水排水工程 [M]. 重庆：重庆大学出版社，2009.

[30] 王增长 . 建筑给水排水工程（第六版）[M]. 北京：中国建筑工业出版社，2010.

[31] 潘云钢 . 高层民用建筑空调设计 [M]. 北京：中国建筑工业出版社，1999.

[32] 刘天川 . 超高层建筑空调设计 [M]. 北京：中国建筑工业出版社，2004.

[33] 贺平，孙刚 . 供热工程（第四版）[M]. 北京：中国建筑工业出版社，2009.

[34] 田玉卓 . 供热工程 [M]. 北京：机械工业出版社，2008.

[35] 张九根 . 高层建筑电气设计基础 [M]. 北京：中国建筑工业出版社，1998.

[36] 段春丽，黄仕元 . 建筑电气 [M]. 北京：机械工业出版社，2006.

[37] 李英姿 . 建筑电气 [M]. 北京：华中科技大学出版社，2010.